数据库

SQL Server 2008

实用教程

主　编／曾　丽

副主编／张海波

中国人民大学出版社

·北京·

图书在版编目（CIP）数据

数据库实用教程：SQL Server 2008/曾丽主编 . —北京：中国人民大学出版社，2016.12
ISBN 978-7-300-23607-0

Ⅰ.①数… Ⅱ.①曾… Ⅲ.①关系数据库系统-教材 Ⅳ.①TP311.138

中国版本图书馆 CIP 数据核字（2016）第 278667 号

数据库实用教程（SQL Server 2008）
主　编　曾　丽
副主编　张海波
Shujuku Shiyong Jiaocheng（SQL Server 2008）

出版发行	中国人民大学出版社			
社　　址	北京中关村大街 31 号		**邮政编码**	100080
电　　话	010－62511242（总编室）		010－62511770（质管部）	
	010－82501766（邮购部）		010－62514148（门市部）	
	010－62515195（发行公司）		010－62515275（盗版举报）	
网　　址	http://www.crup.com.cn			
	http://www.ttrnet.com（人大教研网）			
经　　销	新华书店			
印　　刷	北京东方圣雅印刷有限公司			
规　　格	185 mm×260 mm　16 开本		**版　　次**	2016 年 12 月第 1 版
印　　张	17.5		**印　　次**	2016 年 12 月第 1 次印刷
字　　数	415 000		**定　　价**	39.00 元

前 言

20 世纪 70 年代以来，数据库技术飞速发展，在日常生活、生产经营、金融证券、网上购物、异地购票、事务管理等各方面都得到了广泛的应用，数据库技术实现了数据的共享和高效处理，满足了人们数据管理的各种需要。因此，互联网时代离不开后台数据库的支持。

SQL Server 2008 是 Microsoft 公司的新一代数据库管理系统，它为用户提供了一个安全、可靠和高效的平台用于企业数据管理和商业智能应用。SQL Server 2008 是一个重要的产品版本，它提供一系列丰富的集成服务，可以对数据进行查询、搜索、同步、报告和分析等操作。

本课程是普通高等教育应用型本科院校计算机专业及相关专业的一门专业基础课，它的主要任务是使学生了解现代信息管理技术、关系数据库的基本概念、关系数据模型及其设计、关系数据库设计、关系数据库操作（SQL 语言）、企业级关系数据库管理系统的基本使用及开发方法，着眼于学习过程中分析问题和解决问题能力的提高，并为学生开发基于数据库的管理信息系统软件、学习大型关系数据库系统管理打下基础。

本书内容更侧重于应用，把必须掌握的关系数据库的基本概念融入 SQL Server 关系数据库系统的使用中来介绍，以一个学生管理应用系统的案例贯穿本课程的教学。

全书共分 11 章、4 个部分：

第 1 部分，基础篇（第 1 章），主要介绍数据库系统的组成，关系数据库理论，关系数据库设计的方法与步骤，数据模型的基本概念，数据库的基本概念，数据库的发展阶段，数据库的体系结构等内容。

第 2 部分，应用篇（第 2 章～第 6 章），介绍 SQL Server 2008 的体系结构和特点，SQL Server 2008 的安装和管理工具的使用，数据库管理，数据表管理，数据查询，视图和索引等内容。

第 3 部分，提高篇（第 7 章～第 10 章），介绍 T-SQL 语言基础，存储过程、触发器和游标，SQL Server 2008 备份与恢复，数据库安全管理等内容。

第 4 部分，实验篇（第 11 章），本部分设计了 3 个综合实验，包括"物流公司管理系统""医院病例管理系统""商品销售管理系统"，通过综合实验进行巩固训练。

本书由曾丽担任主编并负责定稿工作，张海波担任副主编并负责审阅工作。具体编写分工如下：曾丽编写第 2 章和第 5 章、附录 A 和附录 B，张海波编写第 3 章和第 4 章，王邦千编写第 6 章～第 8 章，侯红梅编写第 1 章，李志编写第 11 章，王珂编写第 9 章的 9.1～9.4 和第 10 章，岳佳欣编写第 9 章的 9.5～9.6。

由于编者水平有限，书中错误在所难免，恳请各位同行和读者赐教。

编者

目　录

第1章

数据库概念与设计

 本章学习目标

- 熟练掌握数据库系统的组成；
- 熟练掌握关系数据库理论；
- 熟练掌握关系数据库设计；
- 掌握数据库设计的方法与步骤；
- 了解数据模型的基本概念；
- 了解数据库的基本概念；
- 了解数据库的发展阶段；
- 了解数据库的体系结构；
- 了解关系模型的组成、特点；
- 掌握关系数据结构、运算、关系模型的完整性约束。

 单元任务书

1. 创建公司部门的层次模型；
2. 创建销售机构的网状模型；
3. 创建学生情况表的关系模型；
4. 创建班级与班长之间的一对一联系；
5. 创建班级与学生之间的一对多联系；
6. 创建学生与课程之间的多对多联系；
7. 学生实体及属性局部 E-R 图；
8. 创建客户订购商品局部 E-R 模型和供应商供应商品局部 E-R 模型。

1.1　数据库系统概述

20世纪70年代以来，数据库技术得到了飞速发展，在日常生活、生产经营、金融证券、网上购物、异地购票、事务管理等各方面都得到了广泛的应用。数据库技术实现了数据的共享和高效处理，满足了人们数据管理的各种需要。因此，互联网时代更离不开后台数据库的支持。

1.1.1　数据处理的基本概念

1. 数据（Data）

数据是对客观事物及其活动的抽象符号表示，定义为可鉴别的物理符号。从数据库技术的角度来说，数据指能被计算机识别和处理的符号。这些符号的具体形式是数字、文字、图形、图像、符号、声音，以及学生档案、图书管理和员工情况等。例如：两名学生的考试成绩分别为88分和52分，这里88和52就是数据。数据可以分为两大类形式：数值型数据和非数值型数据。数值型数据能进行加、减、乘、除等数值运算；非数值型数据是不能进行数值运算的，如人的姓名、一幅图片等都可以认为是非数值型数据。正是有了这些非数值型数据，才使数据处理的内容变得复杂而又丰富。

2. 信息（Information）

信息是指数据经过加工处理后所获取的有用知识，是以某种数据形式表现的，是客观世界可通讯的知识。客观世界存在着各种各样的事物，它们无时无刻不在发展变化，它们的存在、状态和特征反映在人们的大脑中就是知识。信息是一种经过加工的数据，且对其接收者的行为产生一定影响。

例如：某学生看到自己的考试成绩是88分和52分，通过思考判断成绩及格或不及格，这里的及格或不及格就是通过处理数据88分或52分所获取的信息。

3. 数据与信息的关系

数据和信息是两个相互联系但又相互区别的概念，数据是信息的具体表现形式，信息是各种数据所包括的意义。也有人说信息是事物及其属性标识的集合。信息可用不同的数据形式去表现，信息不随数据的表现形式而改变。例如：2015年10月1日和2015—10—01。信息和数据的关系可以总结为：数据是信息的载体，它是信息的具体表现形式。

4. 数据处理（Data Processing）

数据处理是指对数据进行加工的过程，即将数据转换成信息的过程。数据的处理过程包括数据收集、分类、转换、组织、存储、计算、加工、检索和输出等一系列活动。

　　数据、信息、数据处理三者之间存在这样的关系：数据是一种符号象征，它本身是没有意义的，而信息是有意义的知识。但数据经过加工处理、解释就能成为有意义的信息，也就是数据处理把数据和信息联系在一起。以下式子可以简单明确地表明三者的关系：信息＝数据＋数据处理。

1.1.2　数据库技术的发展

　　数据库技术是 20 世纪 60 年代末出现的以计算机技术为基础的数据处理技术。数据处理的核心问题是数据管理。在计算机发明以后，人们一直在努力寻求如何用计算机更有效地管理数据。随着计算机硬件和软件技术的发展，数据库技术的发展经历了人工管理阶段、文件系统阶段和数据库系统阶段。

1. 人工管理阶段

　　20 世纪 50 年代，计算机没有磁盘这样的能长期保存数据的存储设备。这个时期的数据管理是用人工方式把数据保存在卡片、纸带这类介质上，所以称为人工管理阶段。这个阶段数据管理的最大特征是数据由计算数据的程序携带，与程序混合在一起，因此有以下主要缺点：

　　（1）数据不能独立。

　　由于数据和程序混合在一起，这样就不能处理大量的数据。更谈不上数据的独立与共享，一组数据只能被一个程序专用，不能被别的程序使用。此外，当程序中的数据类型、格式发生变化，相应的程序也必须进行修改。

　　（2）数据不能长期保存。

　　这个阶段计算机的主要任务是科学计算。计算机运行时，程序和数据在计算机中，程序运行结束后，它们也就从计算机中释放出来。

　　（3）数据没有专门的管理软件。

　　由于计算机系统没有数据管理软件管理数据，也就没有数据的统一存取规则，数据的存取、输入输出方式就由编写程序的程序员自己确定，这就增加了程序编写的负担。

2. 文件系统阶段

　　随着计算机对数据处理要求的不断增加，人们对数据处理的重要性越来越重视，从 20 世纪 50 年代末至 60 年代，计算机操作系统中专门有了文件系统来管理数据，计算机的数据管理就进入了文件系统阶段。这个阶段的主要特征是数据文件和处理数据的程序文件分离，数据文件由文件系统管理。与人工阶段相比，文件系统阶段有所进步，但还是存在以下缺点：

　　（1）数据独立性差，不能共享。

　　数据虽然从程序文件分离出来，但文件系统管理的数据文件只能简单地存放数据，且一个数据文件一般只能被相应程序文件专用，相同的数据如果要被另外的程序使用，则需再产生数据文件，由此就出现了数据的重复存储问题，这就是数据冗余的概念。

（2）数据文件不能集中管理。

由于这阶段的数据文件没有合理规范的结构，数据文件之间不能建立联系，使得数据文件不能集中管理，数据使用的安全性和完整性都得不到保证。

3. 数据库系统阶段

到 20 世纪 60 年代末，计算机的数据管理进入数据库系统阶段。这时，由于计算机的数据处理量迅速增长，数据管理得到人们的高度重视，在美国产生了技术成熟、具有商业价值的数据库管理系统。数据库管理系统不仅有效地实现了程序和数据的分离，而且它把大量的数据组织在一种特定结构的数据库文件中，多个不同程序都可以调用数据库中相同的数据，实现数据的集中统一管理及数据共享。与文件系统相比，数据库系统具有以下特性：

（1）实现数据共享，减少数据冗余度。

由于数据库文件不仅与程序文件相互独立，而且具有合理规范的结构，使得多用户、不同的程序可以使用数据库中相同的数据，这样大大节省了存储资源，减少了数据的冗余度。

（2）实现数据独立。

数据独立包括物理数据独立和逻辑数据独立。物理数据是数据在硬件上的存储形式，其独立性是指当数据的存储结构发生变化时不影响数据的逻辑结构，也就不会影响应用程序，这就是逻辑数据的独立性。这两个数据的独立性有效地保证了数据库运行的稳定性。

（3）采用合理的数据结构，加强了数据的联系。

数据库采用合理的结构安排、组织其中的数据，不仅数据文件中数据有特定的联系，各数据文件之间也可以建立关系，这是以前文件系统不能做到的。

（4）加强数据保护。

与文件系统相比，数据库系统增加了数据的各种控制功能，如并发控制能保证多个用户同时使用数据时不产生冲突；数据的安全性控制能保证数据的安全，不被非法用户使用和破坏；数据的完整性控制保证了数据使用过程中的正确性和有效性。

1.1.3 数据库系统的基础知识

1. 数据库

数据库（Data Base，DB）：是按一定方式组织存储在一起的相关数据的集合，也可通俗地称之为数据仓库。数据库是存储诸多数据表、表的视图、表之间的关联、表的属性、表的完整性等信息的磁盘文件。

2. 数据库管理系统

数据库管理系统（Data Base Management System，DBMS）：是负责数据库的定义、建立、操纵、管理、维护的软件系统。该系统是用户和数据库的接口，属于系统软件，是数据库系统中最重要和最核心的部分。

DBMS 提供对数据库的各种操作命令，可具体归纳为以下四大功能：

（1）数据库定义功能。

DBMS 使用数据库定义语言（Data Definition Language，DDL），来定义和描述数据库的结构，这就需要用相应的解释和编译程序来实现该功能。例如定义表结构的命令 create。

（2）数据操作功能。

DBMS 提供了数据操作语言（Data Manipulation Language，DML），用于实现数据的追加、插入、修改、删除、检索等功能。不同的数据库语言提供的功能命令格式不同，但这些功能是对数据库管理最基本的操作，也是构成应用程序必不可少的命令。

（3）数据控制功能。

DBMS 提供了数据控制语言（Data Control Language，DCL）。为保障数据库中数据使用的安全性和可靠性，DBMS 要提供一定的手段保护数据，这就是数据控制的概念，它包括的内容有：数据完整性控制、并发控制、数据安全性控制、数据恢复控制等。

（4）数据字典。

数据字典（Data Dictionary，DD）是以数据文件的方式存放关于数据库的结构描述和说明信息，是一种特殊的数据库。软件开发者可以通过数据字典的查阅来方便数据库的使用和操作，这对数据量大的应用程序是很有帮助的。大型数据库管理系统有专门创建数据字典的功能。

3. 数据库系统

数据库系统（Data Base System，DBS）：是引进数据库技术的计算机系统。一个完整的数据库系统由数据库管理员和用户、计算机硬件、操作系统、数据库管理系统、应用程序、数据库组成。数据库系统的运行需要用户的操作和数据库管理员的维护，计算机硬件是各类软件的物理支持，数据库管理系统和应用程序都需要操作系统作支撑平台。由以上这些部分组成的数据库系统才能正常运行，满足人们数据管理的需要。

数据库应用系统（Data Base Application System，DBAS）：是程序员在 DBMS 支持下为解决实际应用问题而编写的数据库应用软件，如工资管理系统、人事管理系统、学籍管理系统等。

4. 数据模型

数据库中数据组织结构被称为数据模型。数据库系统之所以能有减少数据冗余度、实现数据共享和集中管理的特点，是由于数据库中数据有特定组织结构。数据库中数据描述的对象是客观存在的、可以相互区别的事物，称为实体，如：一个学生、一门课程、一个学校等。从数据结构的角度来看，描述一个实体的相关数据（记录）可以看成数据组织中的一个节点。不同的数据库系统采用不用的数据模型，它们可以分为四种：

（1）层次模型。

层次模型又可形象地称为树型模型，像一颗倒挂的树，开头有一个根节点是没有父节点的，其他每个节点只能有一个父节点，但可有一个或多个子节点。从层次结构上可理解为一个实体对上面只能和一个实体发生联系，对下面可和一个或多个实体发生联系。

（2）网状模型。

网状模型是一种较为复杂的数据模型，这种结构中的每一数据节点可有多个上级节点，也可有多个下级节点，也就是实体之间都可以发生联系。

（3）关系模型。

20世纪80年代后开发的数据库管理系统大多采用关系模型。关系模型中数据节点之间的联系是一对一的关系，每个实体只能和前面一个以及后面一个实体发生联系。关系模型以关系数学理论为坚实基础，这在数据库的设计和操作上比前面两种模式更为可靠和实用。

（4）关系对象模型。

在20世纪90年代面向对象编程技术流行以后，人们意识到关系模型的某些缺陷，开始研究关系对象模型。它在关系模型的基础上引入对象操作的概念和手段，使数据模型更能适用面向对象的编程方法，这也是数据模型今后的发展方向。

5. 关系数据库的术语及特点

（1）术语。

根据关系模型创建的数据库称为关系数据库，关系数据库存在以下术语。

关系：关系在逻辑结构上是一个由行和列组成的二维表，有一个关系名，在用户面前的表现如表所示。

属性：二维表中的一行，反映实体相关特性。

元组：二维表中的一列，是某实体所有属性的集合。

域：属性的取值范围。

关键字：也称为主属性，是属性或属性组合，能唯一标识一个元组。在选取哪个字段作为关键字字段的时候注意字段值的唯一性，即不能有重复值。姓名之所以不作为关键字，是因为姓名有可能有一样的。二维表中有多个字段都可以选作关键字，但只能选其中一个为关键字，其他的选作候选关键字。

关系模式：关系模式是用属性名对关系的描述。关系模式的格式：

关系名(属性名1,属性名2,…)

关系模式强调的是关系表的字段组成，如学生（学号，姓名，性别，出生年月……）。

关系数据库：若干关系及相关信息的集合。

（2）特点。

关系的最基本的要求是属性不可分割，即一个字段下面不能再包括其他字段。

关系中不能有相同的属性名，也就是说数据表中不允许有相同字段名称。

同一字段数据类型相同，同一字段下面的字段值必须具有相同的数据类型是数据库概念的基本要求。

元组和字段次序无关紧要，关系表记录和字段顺序可以任意排列，不影响数据管理。

1.1.4　关系数据库理论

数据库技术发展到今天，已有成熟的数据库理论，为数据库的设计奠定了理论基础，这就是关系数据库规范化的理论。埃德加·弗兰克·科德（E. F. Codd）于 1970 年提出关系数据库规范化理论。他定义了五种规范化模式（Normal Form，NF），简称范式。范式表示的是关系模式的规范化程度，即满足某种约束条件的关系模式，根据满足的约束条件的不同来确定范式。如满足最低要求，为第一范式。符合第一范式而又进一步满足一些约束条件的，则为第二范式、第三范式等。不同程度的设计要求构成不同级别的范式。一般的关系数据库的设计都应满足第三个范式。

1. 关系规范化理论

（1）第一范式。

第一范式指关系模式中属性不可分割，也就是一个字段下面不可再包括其他的字段。满足第一范式是数据库最基本的要求。

（2）第二范式。

要求关系模式中非主属性完全依赖主属性（关键字）是满足第二范式。例如：学生表中（学号、课程号、成绩、学分），其中的学分和学号就没有依赖关系（仅部分依赖课程号），应该分为两个表——成绩表（学号、课程号、成绩）和学分表（课程号、学分），这样的两个表就各自满足了第二范式。

（3）第三范式。

消除非主属性之间的传递依赖是满足第三范式。如学生表中（学号、姓名、系号、系名、系地址），学号确定了所在的系号，知道系号也就确定了系名和系所在的地址。非主属性系名、系地址和主属性学号之间存在传递依赖，应分解为两个表——学号表（学号、姓名、系号）和系表（系号、系名、系地址），这样就消除了它们之间的传递依赖。

数据库的理论和实践都已经证明，满足这三个范式所设计的数据库能有效减少数据存储的冗余度，简化数据之间的关系，避免数据插入、删除、更新时出现异常问题。更高级别的关系范式还有第四、五范式，同学们如果感兴趣，可以查阅相关数据库理论的专门书籍。

2. 关系完整性

为了保证关系中数据的正确、有效使用，需建立数据完整性的制约机制加以控制。关系完整性是指关系中的数据以及有关联关系的数据必须遵循的制约和依存关系，以保证数据的正确性、有效性和相容性。

（1）实体完整性。

关系中的关键字描述了实体的唯一性，如表中的学号是主关键字，该字段值不允许有重复值和空值。实体完整性是指关系中的主关键字（主属性）不能有重复值和空值，以保证实体有效。

（2）域完整性。

域完整性是对关系中的属性值限定数据类型和范围。如总分是数值型数据，范围可限定为 ≥ 0 且 ≤ 100，因为负数是没有意义的。

（3）参照完整性。

参照完整性指关系的值受限于外关键字。如关系课程（课程号、课程名、学分）和选课（学号、课程号、成绩），关系课程的主关键字是"课程号"，它是另一个关系选课的外关键字，选课表中课程号的值必须参照课程表中课程号的值。如果选课表中课程号的值在课程表中不存在，就意味着选了一门没有开设的课程。

1.1.5　数据模型

数据模型（Data Model）是现实世界数据特征的抽象，是站在计算机的角度，用模型的方式来描述数据、组织数据、处理数据的一种思想或一种方法。

1. 数据模型的基本概念

数据模型用来抽象、表现和处理现实世界中的数据和信息，是现实世界的模拟。为了把现实世界中的具体事物抽象、组织为某种 DBMS 支持的数据模型，人们常常首先把现实世界转换为信息世界，然后将信息世界转换为某一个 DBMS 支持的数据模型。如图 1—1 所示。

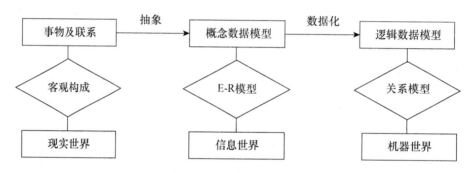

图 1—1　三个世界的转换

（1）现实世界：是由客观存在的事物及其联系构成。

例如：学校里学生和课程均为客观事物，学生选课存在学生和课程之间的联系。

（2）信息世界（概念模型）：是对现实世界的认识和抽象描述，按用户的观点对数据和信息进行建模，不考虑在计算机和 DBMS 上的具体实现，所以被人们称为概念数据模型，简称概念模型。

例如：学校教务管理系统中的学生实体和课程实体，以及实体之间的选课联系，并派生出成绩属性，构成概念模型，如图 1—2 所示。

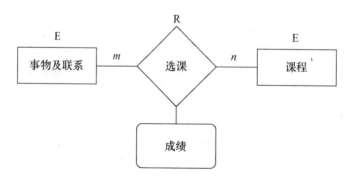

图 1—2　概念模型

（3）机器世界（数据模型）：是建立在计算机上的逻辑数据模型，简称数据模型。按计算机系统的观点，根据概念模型进行某种数据模型的转换，用于 DBMS 的实现。

例如：学校教务管理系统中采用关系型数据模型，其学生选修课程中的数据为学生（学号，姓名，性别，出生日期……）、课程（课程号，课程名）和学生选课（选课号，成绩）关系。

2. 数据模型的组成要素

数据模型是严格定义的一组概念的结合。这些概念精确地描述了系统的静态特性、动态特性和完整性约束条件。因此数据模型通常由数据结构、数据操作和数据完整性约束三部分组成。

（1）数据结构。

数据结构是所有研究对象类型的集合。这些对象是数据模型的组成成分，它们包括两类：一类是与数据类型、内容、性质有关的对象，另一类是与数据之间的联系有关的对象。在数据库系统中，人们通常按照其数据结构的类型来命名数据模型。例如：层次模型、网状模型和关系模型。

数据结构用于描述系统的静态特征。DBMS 的 DDL 实现数据库的数据结构定义功能。例如：用 SQL Server 的 T-SQL 定义一个学生表的语句如下：

```
Create TABLE Student(SID cahr(10),Sname char(8), Sex nchar(1),Birthdate
date NULL)
```

（2）数据操作。

数据操作是指对数据模型中数据对象允许执行的操作的集合，包括操作及有关的操作规则。其主要有检索和修改（包括插入、删除、更新）两大类操作。数据模型必须定义这些操作的确切含义、操作符号、操作规则以及实现操作的语言。数据操作用于描述系统的动态特性。DBMS 的 DML 实现数据库的数据操作功能。例如：用 SQL Server 的 T-SQL 实现数据库的操作功能，对学生表插入一行数据的语句如下：

```
INSERT Student(SID,Sname,Sex,Birthday)values('2015106001','张三','男','1992-
5-5')
```

（3）数据完整性约束。

数据完整性约束是为了保证数据模型中数据的正确性、一致性和可靠性，对数据模型提出一系列约束或规则。它可以防止数据库中存在不符合语义规定的数据和防止因错误信息的输入输出造成无效操作。DBMS 的 DDL 和 DCL 提供多种方法保证数据完整性。

Create TABLE Student(SID cahr(10),Sname char(8),Sex nchar(1) NULL CHECK(Sex＝'男'OR Sex＝'女'),Birthdate date NULL)，对于这种定义的学生表，用户在输入学生的学号 SID 时，如果发生学号重复或者为空的时候，系统将提示错误信息并要求纠正错误。当用户输入性别时，也只能输入男或女。当用户输入出生日期时，只能输入合法的日期数据，从而保证了数据的正确性。

3. 数据模型的结果分类

按照数据结构分类，数据库领域中的数据模型有以下四种。

（1）层次模型（Hierarchical Model）是用树形结构来表示各类实体以及实体之间的联系。现实世界中许多实体之间的联系本来就呈现出一种自然的层次关系，但由于这种数据结构常用链接指针来表示，在需要动态访问数据时效率不高。对于某些应用系统要求很高的情况，数据的插入与删除等操作也有许多限制，现在已经很少采用了。图1—3所示为某公司组织部门的层次模型。

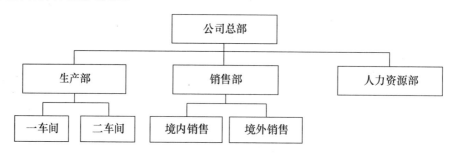

图1—3　某公司组织部门的层次模型

（2）网状模型（Network Model）是用图形来表示各类实体以及实体之间的联系。网状模型是对层次模型的扩展。网状模型的缺点是结构复杂，用户不易掌握，而且扩充和维护都比较复杂。与层次模型的数据结构相同，数据的插入与删除等操作限制更多，现在也很少采用。图1—4所示为某销售机构的网状模型。

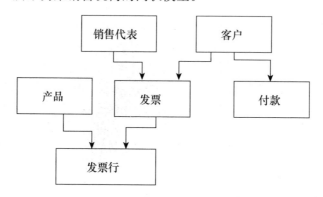

图1—4　销售机构的网状模型

（3）关系模型（Relational Model）是用二维表结构来表示各类实体以及实体之间的联系，如表1—1所示。关系模型建立在严格的关系数学和集合论的基础上，是目前最重要的一种数据模型。

表1—1　　　　　　　　　　　　　　**关系 Student（学生情况表）**

SID	Sname	Sex	Birthdate
2015106001	张三	男	1996—06—03
2015106002	李四	女	1997—07—22
……	……	……	……

1970 年，美国 IBM 公司 Sun Jose 研究室的研究员埃德加·弗兰克·科德首次提出了数据库系统的关系模型，开创了数据库关系方法和关系数据理论的研究，为数据库技术奠定了理论基础。20 世纪 80 年代以来，计算机厂商新推出的数据库管理系统几乎都支持关系模型，非关系系统的产品也大多加上了关系接口。数据库领域当前的研究工作也都是以关系方法为基础的。而我们学习的 SQL Server 就是一种支持关系模型的数据库管理系统。

（4）面向对象模型（Object Oriented Model）是用面向对象观点来描述现实世界实体（对象）的逻辑组织、对象间限制和联系等的模型。一系列面向对象核心概念构成了面向对象模型的基础。由于其复杂性，面向对象模型目前还是一个发展方向，属于第二代数据库系统。

1.2　关系数据库理论

1.2.1　关系模型

1970 年，美国 IBM 公司的研究员埃德加·弗兰克·科德在《大型共享数据库的关系数据模型》中提出了关系数据模型的概念。之后，他提出了关系代数和关系演算的概念。

1. 关系模型的概念

用二维表结构来表示实体以及实体之间联系的模型称为关系模型。关系模型中基本数据逻辑结构是一张二维表。在关系模型中，无论是概念世界中的实体还是实体之间的联系均由关系（表）表示。关系数据模型是指实体和联系均用二维表来表示的数据模型。

在关系模型中有五点：（1）通常把二维表称为关系；（2）一个表的结构称为关系模式；（3）表中的每一行称为一个元组，相当于通常的一个记录（值）；（4）每一列称为一个属性，相当于记录中的一个数据项；（5）由若干个关系模式（相当于记录型）组成的集合，就是一个关系模型。如表 1—2 所示。

表 1—2　　　　　　　　　　　　学生信息表

学号	姓名	性别	出生年月	专业
2015227001	唐瑶	女	1996—10—02	计算机应用
2015227002	杨文	男	1997—05—12	会计
2015227003	黄家明	男	1996—09—07	电子商务

2. 关系模型的组成要素

关系模型由关系数据结构、关系操作集合、关系完整性约束三部分组成。

（1）关系数据结构。

数据结构是所研究的对象类型的集合，包括与数据类型、内容、性质有关的对象。如网状模型中的数据项、记录以及关系模型中的域、属性、关系等；与数据有联系的对象（网状模型中的系型）。数据结构是对系统静态特征的描述。

（2）关系操作集合。

数据操作是指对数据库中对象的实例允许执行的操作的集合，包括操作及有关操作规则。数据库主要有检索和更新（包括插入、删除、修改）两大类操作。数据模型必须定义这些操作的确切含义、操作符号、操作规则（如优先级）及实现操作的语言。数据操作是对系统动态特性的描述。

（3）关系完整性约束。

数据的约束条件是一组完整性规则的集合。数据模型应该反映和规定本数据模型必须遵守的基本的、通用的完整性约束条件。此外，数据模型还应提供定义完整性约束条件的机会，从而反映具体应用所设计的数据必须遵守的语义约束条件。

3. 关系模型的特点

关系模型的特点是：数据结构单一或模型概念单一化（实体和实体之间的联系用关系表示；关系的定义也是定义关系—元关系；关系的运算对象和运算结果还是关系）；采用集合运算（关系是元组的集合，所以对关系的运算就是集合运算；运算对象和结果都是集合，可采用数学上的集合运算）；数据完全独立（只需告诉系统"做什么"，不需要给出"怎么做"；以数学理论为依据对数据进行严格定义、运算和规范化）。

4. 关系数据结构

关系是满足一定条件的二维表。关系具有以下特性：（1）有一个关系名，并且跟关系模式中所有其他关系不重名；（2）每一个单元格都包含且仅包含一个原子值；（3）每个属性都有一个不同的名字；（4）同一属性中的各个值都取自相同的域；（5）各属性的顺序并不重要；（6）理论上讲，元组的顺序并不重要。

关系：对应于关系模式的一个具体的表称为关系，又称表（Table）。通常将一个没有重复行、重复列的二维表看成一个关系。每个关系都有一个关系名。

元组：表中的每一行称为关系的一个记录，表示一个实体，又称行（Row）或记录（Record）。例如表1—2中的"2015227001，唐瑶，女，1996—10—02"，在计算机应用中就是一个记录。

属性（Attributes）：二维表中的每一列称为关系的一个属性，又称列（Column）。给每一个属性起一个名称，即属性名，属性值则是各元组属性的取值。例如表1—2中的属性有学号、姓名、性别、出生年月。

域（Domain）：关系中的每一个属性所对应的取值范围叫属性的域。同一属性只能在相同域中取值。例如表1—2中性别的域是"男"或"女"。

主键（Primary Key）：如果关系模式中的某个或某几个属性组成的属性组能唯一地标识对应于该关系模式的关系中的任何一个记录，这样的属性组即该关系模式及其对应关系的主键。例如表1—2中的学号。

外键（Foreign Key）：关系中某个属性或属性组合并非该关系的键，但是另一个关系的主键，称此属性或属性组合为本关系的外键。例如表1—2中的学号。

属性值：表中的一列对应的数据，描述实体或联系的特征。例如表1—2中专业列的属性值"计算机应用""会计""电子商务"。

候选键：关系中能够成为关键字的属性或属性组合可能不是唯一的。凡在关系中能够唯一区别不同元组的属性或属性组合，称为候选键。包括在候选键中的属性称为主属性，不包含在候选键中的属性称为非主属性。例如表1—2中的学号和姓名。

5. 专门的关系运算

（1）投影。

从关系R中按所需顺序选取若干个属性构成新关系称为投影。

- 投影的结果中要去掉相同的行。
- 从列的角度进行运算，即垂直方向抽取元组。

例如：对表1—2进行投影运算得到学生信息表的学号、姓名和出生年月，见表1—3。

表1—3　　　　　　　　　　学生信息表的投影运算结果

学号	姓名	出生年月
2015227001	唐瑶	1996—10—02
2015227002	杨文	1997—05—12
2015227003	黄家明	1996—09—07

（2）选择。

从关系R中找出满足一定条件的所有元组称为选择。具体条件为：

- 从行的角度进行运算，即水平方向抽取元组。
- 经过选择和运算得到的结果可以形成新的关系，其关系模式不变，但新关系小于或等于原来关系中的元组个数，它是原关系的一个子集。

例如：对表1—2进行选择运算查询出男生，见表1—4。

表1—4　　　　　　　　　　学生信息表的选择运算结果

学号	姓名	性别	出生年月	专业
2015227002	杨文	男	1997—05—12	会计
2015227003	黄家明	男	1996—09—07	电子商务

（3）连接。

从两个关系中选取满足一定条件的元组，即在两个关系中进行的选择运算称为连接。

6. 关系数据模型完整性约束

（1）实体完整性规则。

- 基本关系的所有主关键字对应的主属性都不能取空值。
- 实体完整性是针对表中行的完整性。要求表中的所有行都有唯一的标识符。
- 主关键字是否可以修改，或整列是否可以被删除，取决于主关键字与其他要素之间要求的完整性。

例如：学生（学号，姓名，性别，出生年月）中的学号为主关键字，则学号属性不能为空。

（2）参照完整性。

在关系模型中，实体及实体之间的联系都是用关系来描述的，因此可能存在关系与关系的引用。参照关系（子表）的外码取值不能超出被参照关系（父表）的主码取值。

● 参照完整性属于表间规则。

● 对于永久关系的相关表，在更新、插入或删除记录时，如果只改其一、不改其二，就会影响数据的完整性。

例如：学生成绩表作为子表，引用了父表学生信息表，其外码学号的取值可以超出父表主码学号的取值。

学生信息表（学号，姓名，性别，出生年月）。

学生成绩表（学号，课程号，成绩）。

（3）域（用户）定义完整性。

● 属性取值满足某种条件或函数要求，用户定义的完整性是针对某一具体关系的约束条件，反映某一具体应用所涉及的数据必须满足的语义要求。

● 关系模型应提供定义和检验这类完整性的机制，以便用统一的系统的方法处理数据，而不应由应用程序实现这一功能。

例如：对于学生信息表和学生成绩表，性别取值范围（"男""女"），成绩取大于等于0、小于100的整数值。

学生信息表（学号，姓名，性别，出生年月）。

学生成绩表（学号，课程号，成绩）。

1.2.2　关系代数

关系代数是一种抽象的查询语言，用对关系的运算来表达查询，是研究关系数据语言的数学工具。

关系代数的运算对象是关系，运算结果亦为关系。关系代数用到的运算符包括四类：集合运算符、专门的关系运算符、算术比较符和逻辑运算符。算术比较符和逻辑运算符是用来辅助专门的关系运算符进行操作的，所以按照运算符的不同，主要将关系代数分为传统的集合运算和专门的关系运算两类。

1. 传统的集合运算

传统的集合运算是二目运算，包括并、差、交、广义笛卡尔积四种运算。

（1）并（Union）。

设关系 R 和关系 S 具有相同的目 n（即两个关系都有 n 个属性），且相应的属性取自同一个域，则关系 R 与关系 S 的并由属于 R 或属于 S 的元组组成，其结果关系仍为 n 目关系。记作：$R \cup S = \{t \mid t \in R \lor t \in S\}$。

（2）差（Difference）。

设关系 R 和关系 S 具有相同的目 n，且相应的属性取自同一个域，则关系 R 与关系 S 的差由属于 R 而不属于 S 的所有元组组成，其结果关系仍为 n 目关系。记作：$R - S = \{t \mid t \in R \land t \notin S\}$。

（3）交（Intersection Referential Integrity）。

设关系 R 和关系 S 具有相同的目 n，且相应的属性取自同一个域，则关系 R 与关系 S 的交由既属于 R 又属于 S 的元组组成，其结果关系仍为 n 目关系。记作：$R \cap S = \{t \mid t \in R \wedge t \in S\}$。

（4）广义笛卡尔积（Extended Cartesian Product）。

两个分别为 n 目和 m 目的关系 R 和关系 S 的广义笛卡尔积是一个（$n+m$）列的元组的集合。元组的前 n 列是关系 R 的一个元组，后 m 列是关系 S 的一个元组。若 R 有 $k1$ 个元组，S 有 $k2$ 个元组，则关系 R 和关系 S 的广义笛卡尔积有 $k1 \times k2$ 个元组。

2. 专门的关系运算

专门的关系运算包括选择、投影、连接、除等。

为了叙述上的方便，我们先引入几个记号。

第一，设关系模式为 R（$A1$，$A2$，…，An）。它的一个关系设为 R。$t \in R$ 表示 t 是 R 的一个元组。$t[Ai]$ 则表示元组 t 中相应于属性 Ai 的一个分量。

第二，若 $A = \{Ai1, Ai2, …, Aik\}$，其中 $Ai1$，$Ai2$，…，Aik 是 $A1$，$A2$，…，An 中的一部分，则 A 称为属性列或域列。$\overline{A}$ 则表示 $\{A1, A2, …, An\}$ 中去掉 $\{Ai1, Ai2, …, Aik\}$ 后剩余的属性组。$t[A] = (t[Ai1], t[Ai2], …, t[Aik])$ 表示元组 t 在属性列 A 上诸分量的集合。

第三，R 为 n 目关系，S 为 m 目关系。设 $t_r \in R$，$t_s \in S$，则 $\widehat{t_r t_s}$ 称为元组的连接。它是一个（$n+m$）列的元组，前 n 个分量为 R 中的一个 n 元组，后 m 个分量为 S 中的一个 m 元组。

第四，给定一个关系 $R(X, Z)$，X 和 Z 为属性组。我们定义，当 $t[X] = x$ 时，x 在 R 中的象集为：$Zx = \{t[Z] \mid t \in R, t[X] = x\}$，它表示 R 中属性组 X 中值为 x 的诸元组在 Z 中分量的集合。

（1）选择（Selection）。

选择又称为限制（Restriction）。它是在关系 R 中选择满足给定条件的诸元组，记作：$\sigma F(R) = \{t \mid t \in R \wedge F(t) = '真'\}$。其中 F 表示选择条件，它是一个逻辑表达式，取逻辑值'真'或'假'。

逻辑表达式 F 的基本形式为：$X1 \theta Y1 [\phi X2 \theta Y2] …$$\theta$ 表示比较运算符，它可以是 $>$、$\geqslant$、$<$、$\leqslant$、$=$ 或 $\neq$。$X1$、$Y1$ 等是属性名、常量或简单函数。属性名也可以用它的序号来代替。ϕ 表示逻辑运算符，它可以是 $\wedge$ 或 $\vee$ 等。"[ ]"表示任选项，即"[ ]"中的部分可以要也可以不要，"…"表示上述格式可以重复下去。

因此，选择运算实际上是从关系 R 中选取使逻辑表达式 F 为真的元组。这是从行的角度进行的运算。

（2）投影（Projection）。

关系 R 上的投影是从 R 中选择出若干属性列组成新的关系。记作：$\Pi A(R) = \{t[A] \mid t \in R\}$。其中 A 为 R 中的属性列。

（3）连接（Join）。

连接包括 θ 连接、自然连接、外连接、半连接。它是从两个关系的笛卡尔积中选取属

性间满足一定条件的元组。连接运算从 R 和 S 的笛卡尔积 $R \times S$ 中选取（R 关系）在 A 属性组上的值与（S 关系）在 B 属性组上的值满足比较关系 θ 的元组。连接运算中有两种最为重要也最为常用的连接，一种是等值连接，另一种是自然连接。θ 为"＝"的连接运算，称为等值连接。它是从关系 R 与 S 的笛卡尔积中选取 A、B 属性值相等的那些元组。自然连接是一种特殊的等值连接，它要求两个关系中进行比较的分量必须是相同的属性组，并且要在结果中把重复的属性去掉。一般的连接操作是从行的角度进行运算，但自然连接还需要取消重复列，所以是同时从行和列的角度进行运算。

（4）除（Division）。

给定关系 $R(X, Y)$ 和 $S(Y, Z)$，其中 X，Y，Z 为属性组。R 中的 Y 与 S 中的 Y 可以有不同的属性名，但必须出自相同的域集。R 与 S 的除运算得到一个新的关系 $P(X)$。P 中只包含 R 中投影下来的 X 属性组，且该 X 属性组应满足 $R(Y) = S(Y)$。

1.3　关系数据库设计

1.3.1　数据库设计概述

数据库设计（Database Design）是根据应用需求，构造最优的数据库模式，建立数据库及其应用系统，使之能够有效地存储数据，满足各种用户的应用需求。数据库设计一直是项目开发中一个非常重要的环节，由于系统的大量信息都会存储在数据库中，并且要使用数据库完成对信息的读取和处理等操作，所以数据库设计的重要性是不言而喻的。

1. 数据库设计过程中面临的问题

（1）同时具有数据库知识和系统业务知识的人较少，即懂计算机和数据库知识的人一般缺乏业务知识和实际经验，而熟悉应用业务的人往往又不懂计算机和数据库知识。

（2）项目初始阶段不能明确应用业务的数据库系统的目标。

（3）缺乏完整的设计工具和方法。

（4）应用业务系统千差万别，很难找到一种适合所有业务的工具和方法，必须人为设计，而且具体问题要具体分析。

（5）需求的不确定性导致在数据库设计过程中需要不断修改、完善。

因此，设计数据库时，必须先确定系统的目标，才能确保后续工作进展顺利，提升工作效率，保证数据模型的准确及完整性。数据库设计的最终目标是数据库必须满足客户对数据的存储和处理需求，同时定义系统的长期和短期目标，提高系统的服务性和数据库期望值。

2. 数据库设计的特点

数据库设计是一项复杂且工作量大的工程，软件工程各个阶段的一些方法和工具统一适用于数据库工程，但数据库设计要结合用户的业务需求和自身的一些特点。数据库设计涉及的范围相当广泛，包含了计算机专业知识和业务系统知识，还需要解决棘手的非技术问题。非技术问题包括组织机构调整和经营方针、管理变更等。数据库建设是硬件、软件、技术和管理的界面的结合。

3. 数据库设计的基本步骤

数据库设计的过程可以使用软件工程中的生存周期的概念来说明，称为数据库设计的生存期，是指数据库开始研制到不再使用它的整个时期。按照规范设计法，考虑数据库及其应用系统的开发全过程，将数据库设计分为以下六个阶段。

（1）需求分析阶段。

需求分析是指收集和分析用户对系统的性能需求和处理需求，得到设计系统所必需的需求信息，是整个数据库设计过程的基础。其目标是通过调查、研究，了解用户的数据要求和处理要求，并按照一定格式整理成需求说明书。需求说明书是需求分析阶段的成果，需求分析阶段是最费时、最复杂的一个阶段，但也是最重要的一个阶段，它的效果直接影响后续设计阶段的进程和质量。进行数据库设计时，首先要了解与分析用户的应用需求（数据与处理），收集资料并对资料进行分析、整理，依据用户的组织结构画出数据流程图（Data Flow Diagram，DFD），进一步描述数据处理的功能需求，然后建立数据字典（Data Dictionary，DD），并把数据字典图集和数据字典的内容返给客户，进行用户确认，最后形成文档资料。

（2）概念设计阶段。

概念设计是指根据系统需求分析的结果，使用 E-R 或 IDEF1X 建模方法，建立实体及其属性、实体间的联系以及对信息的制约条件等抽象的概念数据模型。所建立的模型是以一种抽象的形式表示出来的，独立于计算机和各种 DBMS 产品。

（3）逻辑设计阶段。

逻辑设计是将概念设计 E-R 或 IDEF1X 概念模型转化成具体 DBMS 产品支持的数据模型，如关系模型（基本表），形成数据库的模式，并对数据进行优化处理。然后根据用户处理的要求，在基本表的基础上建立必要的视图，形成数据库的外模式。

（4）物理结构设计阶段/物理设计阶段。

物理结构设计阶段根据 DBMS 的特点和处理的需要，对逻辑结构设计的关系模型进行物理存储安排并设计索引，形成数据库的内模式。

（5）数据库实施阶段。

数据库实施阶段是运用 DBMS 提供的数据语言及数据库开发工具，根据物理结构设计的结果建立一个具体的数据库，调试相应的应用程序，组织数据入库并进行试运行。

在上述设计的基础上，收集数据并具体建立一个数据库，运行一些典型的应用任务来验证数据库设计的正确性和合理性。一个大型数据库的设计过程往往需要经过多次循环反复。当在设计的某步骤发现问题时，可能就需要返回到前面进行修改。因此，在做上述数据库设计时就应考虑到今后修改设计的可能性和方便性。

（6）数据库运行和维护阶段。

数据库应用系统通过试运行后即可投入正式运行。在数据库系统运行过程中必须不断地对其进行调整与修改，尽量减少运行故障，达到最佳运行状态。数据库经常性的维护工作主要由数据库管理员来完成，包括数据库的转储和恢复，数据库的安全性、完整性，数据库性能监视、分析和改造，以及数据库的重构。

上述六个阶段，每完成一个阶段，都需要进行组织和评审，评价一些重要的设计指标，评审文档产出物和用户交流，如不符合要求，要不断修改，以求最后完成的数据库能够比较合适地表现现实世界，准确反映用户的需求。这六个阶段的前四个阶段统称为"分析和设计阶段"，后两个阶段统称为"实现和运行阶段"。

1.3.2　概念模型设计

1．概念模型的基本概念

（1）实体（Entity，E）。

● 实体：是一个数据对象，指应用中客观存在并且可以相互区别的事物。实体可以是具体的人、事、物，如一个客户、一种商品、一本书等；也可以是抽象的事件，如一场比赛、一次订单等。

● 实体集：具有相同属性或特征的客观现实和抽象事物的集合，在不会混淆的情况下一般称为实体。例如学生、课程、教材、教师等。

● 实体实例：客观存在并且可以相互区别的事物和活动的抽象，是实体集的一个具体实例。例如：学生"张三"，课程"高等数学"，教材"网络技术"，教师"张芳"等。

● 实体型：对同类实体的共有特征的抽象定义。例如："学生"实体型（学号，姓名，性别，出生年月……），"课程"实体型（课程名，课程号……）。

● 实体值：符合实体型定义的每个具体实例。例如："学生"实体型（2015106001，李四，男，1994—06—02……）。

（2）联系（Relationship，R）。

● 联系集：实体之间相互关系的集合。在不会混淆的情况下一般称为联系。例如：联系集"选课"是实体，"学生"中的每位学生与实体"课程"中各门课程的相互关系。

● 联系实例：客观存在并且可以相互区别的实体之间的关系，是联系集中的一个具体例子。例如：实体"学生"中的学生"张三"选择了实体"课程"中的课程"高等数学"。

● 联系型：对同类联系共有特征的抽象定义。例如："选课"联系型（学号，课程号，成绩）。

● 联系值：符合联系型定义的每个具体联系实例。例如："选课"联系值（2015106001，xm301，87）。

（3）属性（Attribute，A）。

● 属性：描述实体和联系的特征。例如：实体"学生"中的学号、姓名、性别等，联系"选课"中的学号、课程号、成绩等。

实体所具有的某一特性称为属性。一个实体可以由若干个属性共同来刻画。例如：客户有编号、姓名、性别、地址、电话等属性。在一个实体中，唯一标识实体的属性集称为码。例如：客户的编号就是客户实体的码，而客户实体的姓名属性有可能重复，则不能作为客户实体的码。属性的取值范围称为该属性的域。

- 属性值：属性的具体取值。例如：实体"学生"中某位学生的学号、姓名分别为2015106001、张三。

（4）候选键（Candidate Key，CK）。

能够唯一标识实体集或者联系集中每个实例的属性或属性组合的要素称为候选键，候选键可以有多个。例如：实体"学生"中的学号、身份证号、姓名（如果无重名）均为实体"学生"的候选键。

（5）主键（Primary Key，PK）。

能够唯一标识实体集或者联系集中每个实例的属性或属性组合的要素称为主键，主键可在多个候选键中选择，只能有一个。主键中的属性为主属性，其他属性称为非主属性。例如：实体"学生"的主键为"学号"，实体"课程"的主键为"课程号"，联系"选课"的主键为"学号＋课程号"。

能作为实体的主键通常有以下几种类型：

- 自然键：一些原本就可以唯一标识实例的属性，可直接选择作为主键。例如学号、员工编号、社会保险号、驾照号码、发票号、订单号、产品号等。
- 智能键：用几部分信息构造起来的属性，其内部包含多种信息，帮助人们识别真实世界的某些事物。例如身份证号。

（6）外键（Foreign Key，FK）。

外键是指一个或一组属性，其中包含另一个实体的主键，用于实现实体之间的联系与参照完整性。例如联系"课程选用教材"中的外键"课程号"和"教材号"，它们分别是实体"课程"和"教材"中的主键，联系"课程选用教材"通过这两个外键可以关联到实体"课程"和实体"教材"中的相应实例，得到某课程和所选教材的具体信息。再如联系选课中的外键"学号"和"课程"，它们分别是实体"学生"和"课程"的主键，联系"选课"通过这两个外键可以关联到实体"学生"和实体"课程"中的相应实例，得到此学生和其所选课程的具体信息。

2．概念模型设计的一般步骤

数据库的概念设计需要设计者有很丰富的行业管理经验和较高水平的数据库管理技术。

（1）初始化工程。

这个阶段的任务从目的描述和范围描述开始，确定建模目标，制订建模计划，组织建模队伍，收集源材料，制定约束和规范。其中，收集源材料是这个阶段的重点。通过调查和观察结果，由业务流程、原有系统的输入输出、各种报表、收集的原始数据形成数据资料表。

（2）定义实体。

实体集合的成员都有一个共同的特征和属性集，可以从收集的源材料和基本数据资料表中直接或间接标识出大部分实体。根据源材料名字表中表示物的术语及具有"代码"结尾的术语，如客户代码、代理商代码、产品代码等将其名词部分代表的实体标识出来，如客服代理商、产品等，从而初步找到潜在的实体，形成初步实体表。

（3）定义联系。

根据实际的业务需求、规则和实际情况确定连接联系、联系名和说明，在确定联系类型即一对一、一对多、多对多的基础上，进一步确定是标识联系、非标识联系（强制的或可选的）还是分类联系。如果子实体的每个实例都需要通过和父实体的联系来标识，则为标识联系，否则为非标识联系。如果每个子实体的实例都只与一个父实体的一个实例关联，则为强制的，否则为可选的。如果父实体与子实体代表的是同一个现实对象，那么它们为分类联系。

（4）定义主键。

为实体标识候选键属性，以便唯一识别每个实体，再从候选键中确定主键。为了确定主键和联系的有效性，通过非空规则和非多值规则来保证，即一个实体的一个属性不能是空值，也不能在同一时刻有一个以上的值。

（5）定义属性。

从源数据中抽取说明性的名称开发出属性表，确定属性的所有者。定义非主键属性，检查属性的非空及非多值规则。此外，还要检查完全依赖函数规则和非传递依赖规则，保证一个非主键属性依赖于整个主键且仅仅依赖于主键，以此得到至少符合关系理论的第三范式。

（6）定义对象和规则。

定义属性的数据类型、长度、精度、非空、默认值和约束规则等。定义触发器、存储过程、视图、角色、同义词和序列等对象信息，可在后续逻辑设计、物理设计和程序设计中逐步完成。

3. E-R方法概念设计

概念模型是对信息世界的建模，所以概念模型可以方便、准确地表示出信息世界的常用概念。概念模型的表示方法有很多，其中最为著名且常用的是实体—联系方法，简称E-R方法，它是描述现实世界概念结构模型的有效方法。

（1）概念模型设计的E-R方法。

E-R方法用E-R图表示实体、属性和实体间的联系，基本构件如下：

● 实体：在E-R模型中用矩形框表示，矩形框内注明实体名称。

● 属性：在E-R模型中用椭圆形框表示，椭圆形框内注明属性名称，用无向边将其与相应的实体连接起来。

● 联系：在E-R模型中用菱形表示，菱形框内写明联系名称，用无向边将其与相应的实体相连，并在无向边旁用数字或字母表明联系的类型。

现实世界中事物内部以及事物之间的联系在信息世界中反映为单个实体型内部的联系和实体型之间的联系。单个实体型内部的联系通常是指组成实体的各属性之间的联系，实体型之间的联系通常是指不同实体集之间的联系。联系可分为两个实体型之间的联系以及两个以上实体型之间的联系。两个实体型之间的联系可以分为以下三种类型：

第一，一对一联系（1：1）。

对于实体集 A 中的每一个实体，实体集 B 中至多有一个实体与之联系，反之亦然，则称实体集 A 与实体集 B 具有一对一联系，记作 1：1。例如：学生与床位的联系，一个学生只能有一个床位，一个床位只能由一个学生使用。

例如学校班级和班长的联系。每个班级都只有一个班长，而这个班长也只能在这一个班级中任职，所以班级与班长之间具有一对一的联系。

第二，一对多联系（1：n）。

若对于实体集 A 中的每一个实体，实体集 B 中有 n 个实体（$n \geq 0$）与之对应/联系；反之，对于实体集 B 中的每一个实体，实体集 A 中至多只有一个实体与其对应/联系，则称实体集 A 和实体集 B 具有一对多的联系，记为 1：n。

例如学校班级和学生的联系。每个班级包含若干个学生，但每个学生只能属于一个行政班级，所以班级和学生之间具有一对多的联系。

再如学校与区县的关系，一个学校只能属于一个区县，而一个区县可以有多所学校，所以学校与区县之间具有一对多的联系。

第三，多对多联系（m：n）。

若对于实体集 A 中的每一个实体，实体集 B 中有 n 个实体（$n \geq 0$）与之对应；反之，实体集 B 中的每一个实体，实体集 A 中也有 n 个实体（$n \geq 0$）与之对应，则称实体集 A 和实体集 B 具有多对多的联系，记为 m：n。

例如学生和课程的联系。一个学生可以同时选修多门课程，而一门课程可以被多个学生选修，所以学生和课程具有多对多的联系。两个实体型之间的联系如图 1—5 所示。

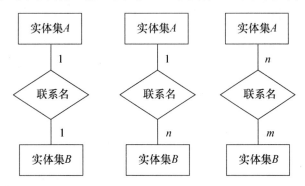

图 1—5　两个实体型之间的联系

以上介绍的是实体型之间的联系，但在实际应用中，两个以上的实体型之间会存在相互联系。两个以上的实体型之间也存在一对一、一对多、多对多的联系。例如课程、教师与参考书三个实体型之间的联系，若一门课程可以有若干个教师讲授，使用若干本参考书，而每个教师只讲授一门课程，每本参考书只供一门课程使用，则课程、教师、参考书三个实体型之间的联系是一对多的联系，如图 1—6（a）所示。

再如供应商、项目、零件三个实体型之间的联系，若一个供应商可以供给多个项目、多种零件，而每个项目可以使用多个供应商供应的零件，每种零件可由不同供应商供给，则供应商、项目、零件三个实体型之间的联系是多对多的联系，如图 1—6（b）所示。

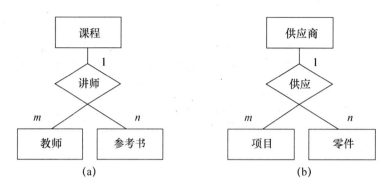

图 1—6　多个实体型之间的联系

在图 1—7（a）中，实体教材、学生、课程、班级分别用矩形表示，而课程与教材 1：1的选用联系、班级与学生 1：n 的属于联系、学生与课程之间 m：n 的选课联系则用菱形表示。

实体本身存在内在的联系吗？在图 1—7（b）中，实体职工内部有领导和被领导的联系，即某职工为部门领导，领导若干职工，而一名职工仅被另外一名职工即领导直接领导。

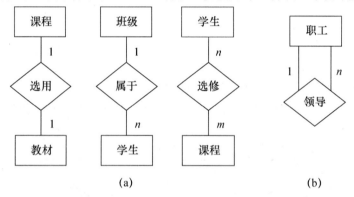

图 1—7　学生和课程之间的多对多联系

4. 概念模型的 E-R 设计过程

（1）设计出局部 E-R 图。

局部 E-R 图设计从系统需求分析数据流图和需求文档出发确定实体和属性，并根据数据流图中表示的对数据的处理确定实体之间的联系。

（2）合并为综合 E-R 图。

局部 E-R 图设计完成之后，将所有的局部 E-R 图综合成全局概念结构。综合 E-R 图不仅要支持所有的局部 E-R 模式，而且必须合理地表示一个完善、一致的数据概念结构。一般同一个实体只出现一次，可进行两两合并，消除合并带来的一些属性、命名和结构冲突，逐步生成综合 E-R 图。

（3）优化成基本 E-R 图。

综合 E-R 图是在对现实世界进行调查研究之后综合出来的全局和整体概念模型，但并不一定是最优的。需要经过仔细分析并找出潜在的数据冗余，再根据应用需求确定是否消除冗余的属性或者冗余的联系。

5．概念设计的具体案例

（1）商品进销存管理系统数据库的概念设计。

根据系统需求分析可以得到实体"订单"，属性有"订单号"（主键）、"物料号"、"数量"、"价格"、"订货时间"等。其局部 E-R 图如图 1—8 所示。

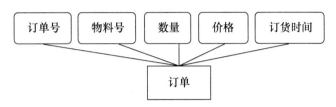

图 1—8　实体订单及属性局部 E-R 图

根据系统还可以得出实体"供应商"，属性有"供应商号"（主键）、"供应商名"、"地址"、"电话"、"账号"等，其局部 E-R 图如图 1—9 所示。

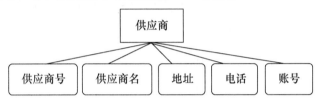

图 1—9　实体供应商及属性局部 E-R 图

根据系统需求分析，得到订单与供应商的联系"订货"。假定一个供应商可以有多个订单，而一个订单只能有一个供应商，供应商和订单之间具有一对多的联系。其综合 E-R 图如图 1—10 所示。

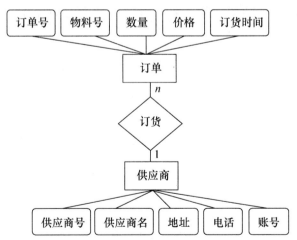

图 1—10　供应商与订单的综合 E-R 图

使用 Microsoft Office Visio 建立 E-R 概念模型。E-R 图的绘制可以采用多种绘图软件工具，也可以使用一些专门的数据库设计工具。其中，Microsoft Office Visio 是一个多功能的绘图工具，包含数据库设计工具，可以使用其中的数据库模型图工具建立数据库的概念模型，但此概念模型有自己独立的风格，支持 IDEF1X。

（2）教务管理数据库的概念设计。

根据系统需求分析，采用 E-R 方法定义实体、属性、主键和联系等。为了方便学习，对系统需求分析的数据字典进行了简化，仅选取信息的主要数据项。教务管理系统中存在实体"学生"，主键为"学号"；还存在实体"课程"，主键为"课程号"。实体"学生"与"课程"之间通过联系"选课"建立关联，并派生出新的属性"成绩"。了解到一门课程有若干名学生选修，而一名学生可以选修多门课程，课程和学生之间具有多对多的联系。学生选修课程局部 E-R 图如图 1—11 所示。

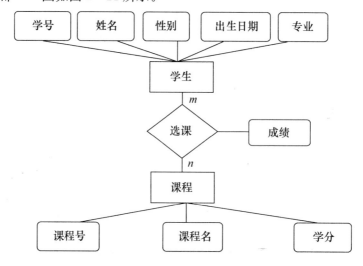

图 1—11　学生选修课程局部 E-R 图

根据系统需求分析，还可以得出实体"教师"，主键为"职工号"，与实体"课程"之间通过联系"授课"建立关联，并派生出新的属性"评价"。了解到一门课程可以有若干名教师讲授，每一名教师可以讲授多门课程，教师和课程之间具有多对多的联系。教师讲授课程局部 E-R 图如图 1—12 所示。

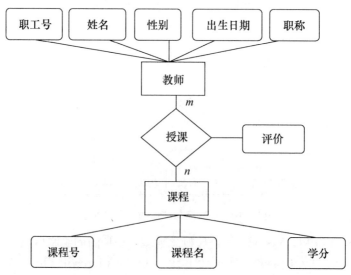

图 1—12　教师讲授课程局部 E-R 图

　　根据系统需求分析，还可以得出实体"教材"，主键为"教材号"，与实体"课程"之间通过联系"选用"建立关联，并派生出新的属性"数量"。了解到学习一门课程要选用一种教材，一种教材被一门课程选用，教材和课程之间具有一对一的联系。综合课程选用教材、学生选修课程和教师讲授课程的局部 E-R 图，构成教务管理系统 E-R 图。为简单起见，学生、课程和教师实体只保留其主键属性，如图 1—13 所示。

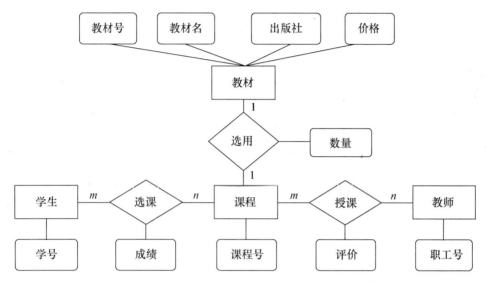

图 1—13　教务管理系统 E-R 图

6. E-R 模型设计概念结构的步骤

（1）数据抽象与局部 E-R 模型设计。

　　概念结构实际上是对现实世界的一种抽象。抽象是对实际的人、物、事和概念抽象共同的特性，忽略非本质的细节，并把这些特性用各种概念精确地加以描述，构成概念模型。

（2）常用的数据抽象有分类、聚集两种。

　　● 分类：定义某一类概念作为现实世界中一组对象的类型，将一组具有某些共有的特性和行为的对象抽象为一个实体。对象和实体之间是成员的关系，在 E-R 模型中，实体型就是这种抽象。例如，在客户订购系统中，张三是一个客户，表示张三是客户中的一员，他具有客户共同的特性和行为。

　　● 聚集：定义某一个类型的组成成分，将对象类型的组成成分抽象为实体的属性，组成成分和对象类型之间是部分或所属的关系。在 E-R 模型中，若干属性的聚集组成了实体型就是这种抽象。例如，客户编号、姓名、性别、地址、邮编和电话等可以抽象成客户实体的属性，其中客户编号是标识客户实体的主键。

　　利用 E-R 模型设计概念结构，首先需要根据需求阶段得到的多层数据流图、数据字典和需求规格说明书，以及现实世界进行抽象，设计出局部 E-R 模型。而设计局部 E-R 模型的关键就是正确划分实体和属性。实体和属性之间在形式上并无明显的区别界限，通常是按照现实世界中事物的自然划分来定义实体和属性，将现实世界中的事物进行数据抽象，得到实体和属性，并分析出实体与属性之间的联系。

将数据抽象后得到了实体和属性，但在实际应用中，往往还要根据实际情况进行必要的调整，在调整中需要遵循以下两条规则：

（1）实体具有描述信息，而属性没有，属性必须是不可分割的数据项。

（2）属性不能与其他实体具有联系，联系只能发生在实体之间。

1.3.3 关系模型设计

将 E-R 图转化为关系模型时，不但要将实体转换为关系，而且在关系中还应反映出 E-R 图中各实体集之间的联系。因此，在设计完 E-R 图之后，需要按照一定的规则将 E-R 图转换为关系模型。将 E-R 图向关系模型转换时要解决两个主要问题：一是如何将实体和联系转换为关系；二是如何确定这些关系的属性和码。

1. E-R 图转化为关系模式的一般原则

（1）将 E-R 图中的所有实体转换成相应的关系，属性转换为关系的属性。

（2）用关系代替联系，该关系的属性是联系本身的属性和参与联系的实体的主键的集合。

（3）根据需要可以将多个关系合并为一个关系。

2. 实体转换成关系的方法

将 E-R 模型中的每一个实体都直接转换为一个关系，实体的属性就是关系的属性，实体的码就是关系的码。

例如：将实体"学生"转换为关系。

实体→学生（学号，姓名，性别，出生日期）   PK：学号

关系模式→Student（SID，Sname，Sex，Birthdate）   PK：SID

3. 联系转换成关系的方法

概念模型向关系模型转换时，除了将实体转换为关系外，设计者还要考虑如何将实体之间的联系正确转换为关系。实体之间的联系类型不同，转换规则也不同。

（1）对于 1:1 联系，将联系与任意端实体所对应的关系合并，并加入另一端实体的主键和联系本身的属性。

一个 1:1 联系可以转换为一个独立的关系模式，也可以与任意一端对应的关系模式合并。如果将该联系转换为一个独立的关系模式，则与该联系相连的各实体的码以及联系本身的属性均转换为关系的属性，每个实体的码均是该关系的候选码。

例如，假设实体"学校（学校编号，名称）"与实体"校长（校长编号，姓名）"之间的任职联系是 1:1，E-R 模型（实线部分）试将其转换为关系模型，如图 1—14 所示。将联系"任职"并入实体"校长"端的关系，加入实体"学校"端的主键"学校编号"和联系本身的属性"任职日期"。或者将联系"任职"并入实体"学校"端的关系，加入实体"校长"端的主键"校长编号"和联系本身的属性"任职日期"。

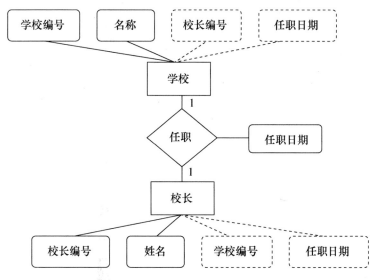

图 1—14 联系是 1:1 的 E-R 模型

将中文实体名称和属性名称转换为英文标识的标准命名标识符。转换的关系模式分别为：

实体"学校"→School（SchoolCode，SchoolName） PK：SchoolCode

实体"校长"→SchoolMaster（MasterCode，MasterName，SchoolCode，Employed-Date） PK：MasterCode FK：SchoolCode

或者：

实体"学校"→School（SchoolCode，SchoolName，MasterCode，EmployedDate）PK：SchoolCode FK：MasterCode

实体"校长"→SchoolMaster（MasterCode，MasterName） PK：MasterCode

从图 1—14 的 E-R 模型中可以看出，为实体"学校"增加的属性"校长编号"（如虚线框所示）起到了联系实体"校长"的作用。同样，为实体"校长"增加的属性"学校编号"（如虚线框所示）起到了联系实体"学校"的作用。

（2）对于 1:n 联系，将联系与 n 端实体所对应的关系合并，加入 1 端实体的主键和联系的属性。

一个 1:n 联系可以转换为一个独立的关系模式，也可以与 n 端对应的关系模式合并。如果将该联系转换为一个独立的关系模式，则与该联系相连的各实体的码以及联系本身的属性均转换为关系的属性，而关系的码为 n 端实体的码。

例如，在商品进销存管理系统中，实体"供应商"和实体"订单"的联系是 1:n 的。E-R（实线部分）模型试将其转换为关系模型，如图 1—15 所示。将联系"订货"与 n 端实体"订单"关系合并，加入 1 端实体"供应商"的主键"供应商号"。

将中文实体名称和属性名称转换为英文标识的标准命名标识符。转换的关系模型为：

实体"订单"→Order（OrderNo.，VendorCode，MaterialNo.，Quantity，Price，OrderTime） PK：OrderNo. FK：VendorCode

实体"供应商"→Vendor（VendorCode，VendorName，Address，Telephone，AccountNumber） PK：VendorCode

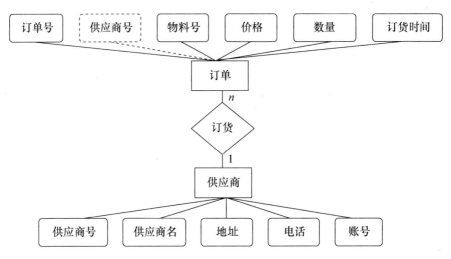

图 1—15　联系是 1∶n 的 E-R 模型

从图 1—15 所示的 E-R 模型中可以看出，实体"订单"中迁入的属性"供应商号"（如虚线框所示）起到了联系"订单"实体和"供应商"实体的作用。

（3）一个 $m∶n$ 联系只能单独转换为一个关系模式，与该联系相连的码以及联系本身的属性均转换为关系的属性，而关系的码为各实体码的组合。

对于 $m∶n$ 联系，将联系转换成一个关系，将联系相连的各实体的主键迁移至新关系并加上联系本身的属性。

例如，将学生与课程的选课联系可转换为如下关系模型：

学生（学号，姓名……），课程（课程号，课程名……），选课（学号，课程号……）。

又如，在教务管理系统中，实体"教师"和实体"课程"的联系是多对多的，试将 E-R 模型（实线部分）转换为关系模型，如图 1—16 所示。

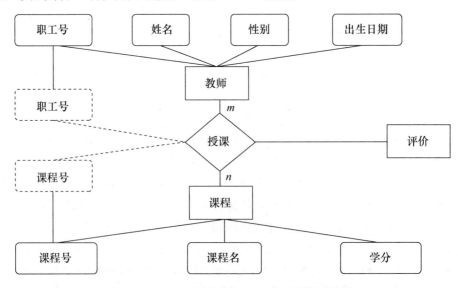

图 1—16　实体间联系是 $m∶n$ 的 E-R 模型转换

联系"授课"转换成一个关系"TC"，实体"教师"的主键"职工号"、实体"课程"

的主键"课程号"迁移至新关系"TC"并加上联系本身的属性"评价"。

将文中实体名称和属性名称转换为英文标识的标准命名标识符。转换的关系模式为：

实体"教师"→ Teacher（EID，Ename，Sex，Birthdate）　PK：EID

联系"授课"→ TC（EID，CID，Evaluation）　PK：EID+CID　FK：EID，CID

实体"课程"→ Course（CID，Cname，Credit）　　PK：CID

其中，关系"TC"中的属性"EID"是该关系相连的关系"Teacher"的主键，是本关系的外键；关系"TC"中的属性"CID"是该关系相连的关系"Course"的主键，是本关系的外键；"Evaluation"是关系"TC"本身的属性。

从图1—16的E-R模型中可以看出，实体"授课"中迁入的属性"职工号"和"课程号"起到了联系实体"教师"和实体"课程"的作用。

4. 实例：教务管理数据库逻辑设计

根据教务管理系统数据库的概念设计适当进行简化，按照概念模型转换为关系模型的方法进行逻辑设计。

（1）实体转换为关系。

前面已经讲述实体可以直接转换为一个关系，实体的属性就是关系的属性，实体的主键就是关系的主键。根据标识要求，将中文实体名称和属性名称转换为英文标识的标准命名标识符，转换关系模式为：

实体"教材"→Textbook（TID，Tname，Publisher，Price）　PK：TID

实体"课程"→Course（CID，Cname，Credit）　PK：CID

实体"学生"→Student（SID，Sname，Sex，Birthdate）　PK：SID

实体"教师"→Teacher（EID，Ename，Sex，Birthdate，Title）　PK：EID

（2）联系转换为关系。

● 一对一。实体"教材"与"课程"是1：1的联系，将联系"选用"并入实体"教材"一端所对应的关系"Textbook"，加入实体"课程"端的主键"CID"和联系本身的属性数量"Quantity"。转换的关系模式修改为：

实体"教材"→ Textbook（TID，Tname，Publisher，Price，CID，Quantity）PK：TID　FK：CID

实体"课程"→Course（CID，Cname，Credit）　　PK：CID

● 多对多。如前所述，实体"教师"和实体"课程"的联系是多对多的，联系"授课"转换的关系为：

联系"授课"→TC（EID，CID，Evaluation）　　PK：EID+CID　FK：EID，CID

实体"学生"和实体"课程"的联系也是多对多的，E-R模型（实线部分）如图1—17所示。

联系"选课"转换成一个关系"SC"，实体"学生"的主键"学号"、实体"课程"的主键"课程号"迁移至新关系"SC"并加上联系本身的属性"成绩"。转换的关系模式为：

实体"学生"→Student（SID，Sname，Sex，Birthdate）　　PK：SID

联系"选课"→SC（SID，CID，Scores）　　PK：SID+CID　FK：SID，CID

实体"课程"→Course（CID，Cname，Credit）　　PK：CID

其中，关系"SC"中的属性"SID"关联被参照关系"Student"的主键，是本关系的外键；关系"SC"中的属性"CID"关联被参照关系"Course"的主键，是本关系的外键；"Scores"是关系"SC"本身的属性。从图 1—17 中可以看出，实体"选课"中迁入的属性"学号"和"课程号"（虚线框部分）起到了联系实体"学生"和实体"课程"的作用。

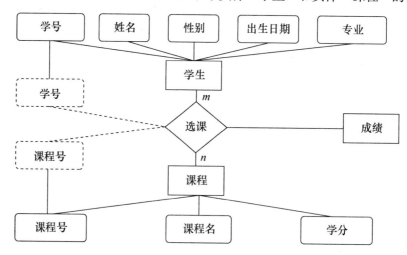

图 1—17 实体间联系是 $m : n$ 的 E-R 模型

综上所述，教务管理系统数据库逻辑设计得到的关系模型由以下关系模式组成：

实体"教材"→ Textbook（TID，Tname，Publisher，Price，CID，Quantity）
PK：TID FK：CID

实体"课程"→ Course（CID，Cname，Credit）   PK：CID

实体"学生"→ Student（SID，Sname，Sex，Birthdate）   PK：SID

实体"教师"→ Teacher（EID，Ename，Sex，Birthdate，Title）   PK：EID

联系"授课"→ C（EID，CID，Evaluation）   PK：EID+CID FK：EID，CID

联系"选课"→ SC（SID，CID，Scores）   PK：SID+CID FK：SID，CID

5. 关系规范化

范式是衡量关系模式好坏的标准。在关系模式中存在函数依赖时就可能存在数据冗余，从而引起数据操作异常。对每个关系进行规范，可以提高数据的结构化、共享性、一致性和可操作性。使用范式来规范关系。

数据库逻辑设计得好坏主要看所含的各个关系设计的好坏。如果各个关系结构合理，功能简洁明确、规范化程度比较高，就能够确保所建立的数据库具有较少的数据冗余、较高的数据共享度、较好的数据一致性，以及较灵活和方便的数据更新能力。一个不规范的关系模型设计将会导致整个数据库系统崩溃，因此，对由概念模型转换过来的关系模型进行规范化是非常重要的。关系规范化的理论依赖于数据依赖、范式和模式设计方法三个方面。

（1）第一范式（First Normal Form，1NF）。

定义：设 R 是一个关系，R 的所有属性不可再分，即原子属性。记作：$R \in$ 1NF。

从关系模式 R 的每个关系 r 中看，如果每个属性值都是不可再分的原子值，那么称 R 是第一范式的模式，换句话说，就是在 1NF 中不允许出现表中表。

关系规范化：假设一个通讯录如表 1—5 所示，试对其进行规范化。

表 1—5 　　　　　　　　　　　　　　　**学生通讯录**

学号	姓名	性别	电话		
			手机	家庭	宿舍
2015106001	李华	男	13418462572	67653233	38091468
2015106002	张芳	女	15608034689	83285892	38097862

在表 1—5 中存在以下问题：电话属性可以再分，不符合关系的特性，不是二维表，未达到 1NF 要求。

解决方法一：把电话属性展开为手机号码、家庭号码、宿舍号码三个单独的属性，如表 1—6 所示。

表 1—6 　　　　　　　　　　**把电话属性展开的学生通讯录**

学号	姓名	性别	手机号码	家庭电话	宿舍电话
2015106001	李华	男	13418462572	67653233	38091468
2015106002	张芳	女	15608034689	83285892	38097862

解决方法二：利用投影分解法，把表 1—6 分解为学生情况和学生通讯录两个关系，如表 1—7、表 1—8 所示。

表 1—7 　　　　　　　　　　　　　　　**学生情况关系**

学号	姓名	性别
2015106001	李华	男
2015106002	张芳	女

表 1—8 　　　　　　　　　　　　　　　**学生通讯录关系**

学号	手机号码	家庭电话	宿舍电话
2015106001	13418462572	67653233	38091468
2015106002	15608034689	83285892	38097862

（2）第二范式（Second Normal Form，2NF）。

定义：如果关系模式 $R \in 1NF$，且每个非主属性（非候选码）完全函数依赖于候选码，那么 R 属于 2NF 的模式。记作 $R \in 2NF$。

关系规范化：假设教师授课情况的关系模式为教师授课（职工号，姓名，性别，职称，住址，课程号，课程名，学分，评价），主键（候选号）为职工号，课程号、部分数据如表 1—9 所示，试对其进行规范化。

表 1—9 　　　　　　　　　　　　　　　**教师授课情况关系**

职工号	姓名	性别	职称	住址	课程号	课程名	学分	评价
1001	刘红	女	教授	启明花园 3—5	X01032	税务会计	4	良
1001	刘红	女	教授	启明花园 3—5	X01027	管理会计实务	3	优
1002	张娟	女	讲师	蜀都别苑 2—8	B10064	SQL Server 数据库	3	良
1003	甘晓东	男	助教	国际花都 6—2	B10064	SQL Server 数据库	3	优

表 1—9 存在以下四个问题。

● 数据冗余：不同课程由同一个教师授课（表 1—9 中灰色部分），任教的教师的姓名、性别、职称、住址等存在大量数据重复；同一门课程由不同教师授课（表 1—9 中灰色部分），其课程名与学分等也存在大量数据的重复。

● 更新异常：冗余会带来更新的不一致。如教师刘红要更新职称或住址，课程数据库开发与维护要更新课程名或学分，多次输入可能因表达方式的不同，造成遗漏或失误，从而使同样的数据在表中不一致。

● 插入异常：没有上课的教师的主属性"课程号"无值，将不能允许插入其相关信息。

● 删除异常：删除某一课程，致使删除该门课程授课教师的信息。

出现以上四个问题的主要原因是关系属性之间存在部分函数依赖，达不到 2NF 的要求。

所有非主属性如姓名、性别、职称、住址、课程名、学分和评价函数均依赖主键（职工号，课程名）。但存在主键的"职工号"可以决定教师的姓名、性别、职称、住址的情况，即非主属性如姓名、性别、职称和住址部分函数依赖主键（候选键），依赖关系表现如下：

（职工号，课程号）　→　　　　姓名，性别，职称，住址
（职工号）　→　　　　　　　　姓名，性别，职称，住址

同样，还存在主键的"课程号"可以决定课程的课程名和学分的情况，即非主属性课程名和学分部分函数依赖主键（候选键），依赖关系表现如下：

（职工号，课程号）　→　　　　课程名，学分
（课程号）　→　　　　　　　　课程名，学分

解决方法：对关系进行拆分，原则是概念单一，数据完整（无损）。将上述达不到 2NF 要求的关系分解如下：

联系类型	关系分解
多	教师（职工号，姓名，性别，职称，住址）
对	授课（职工号，课程号，评价）
多	课程（课程号，课程名，学分）

分解后，三个关系的数据表如表 1—10、表 1—11、表 1—12 所示。

表 1—10　　　　　　　　　　　　　　教师关系

职工号	姓名	性别	职称	住址
1001	刘红	女	教授	启明花园 3—5
1002	张娟	女	讲师	蜀都别苑 2—8
1003	甘晓东	男	助教	国际花都 6—2

表 1—11　　　　　　　　　　　　　　授课关系

职工号	课程号	评价
1001	X01032	良
1001	X01027	优
1002	B10064	良
1003	B10064	优

表1—12 课程关系

课程号	课程名	学分
X01032	税务会计	4
X01027	管理会计实务	3
B10064	SQL Server 数据库	3

从分解后的关系模式可以看出，教师授课关系中仅存在职工号和课程号少量和必要的重复数据，关系"教师"与关系"课程"通过关系"授课"的外键"职工号"和外键"职工号"相关联，这与前面根据 E-R 模型转换的教师授课的关系模式相同，其规范化程度已经达到了第二范式（2NF）。

（3）第三范式（Third Normal Form，3NF）。

定义：如果关系模式 $R \in 1NF$，且每个非主属性（非候选码）都不传递依赖于 R 的候选码，那么称 R 属于 3NF 的模式，记作 $R \in 3NF$。

关系规范化：假设图书管理系统中读者的关系模式为：读者（读者编号，姓名，读者类型，借阅数量），其中"读者类型"还包括"类型编号""类型名称""限借数量"和"限借天数"子属性。为了达到第一范式，展开了属性，则读者的关系模式为：读者（读者编号，姓名，类型编号，类型名称，限借数量，限借天数，借阅数量），主键（候选键）为读者编号，部分数据如表1—13所示，试对其进行规范化。

表1—13 读者情况关系

读者编号	姓名	类型编号	类型名称	限借数量	限借天数	借阅数量
2012080004	张路	1	教师	20	100	3
2014120106	周倩	3	学生	10	60	2
2015100082	廖春红	3	学生	10	60	1

表1—13存在以下四个问题：

● 数据冗余：同一读者类型的多位读者对于类型名称、限借数量和限借天数等数据存在大量数据的重复（见表中灰色部分）。

● 更新异常：冗余会带来更新的不一致。如果要修改借阅数量、限借天数，那么可能要改动上万条，很可能造成遗漏或不一致等错误。

● 插入异常：在某种读者类型没有对应读者的情况下，将不能允许插入其相关信息。

● 删除异常：如果某类型的读者只有一位，则该读者被删除将致使删除对应的读者类型。

导致以上四个问题的主要原因是关系属性之间存在传递函数依赖，达不到 3NF 的要求。

主键"读者编号"决定属性"类型编号"，而"类型编号"决定非主属性"类型名称""限借数量"和"限借天数"，即这些非主属性通过"类型编号"传递函数依赖主键（候选键）"读者编号"，依赖关系如下：

读者编号→类型编号

类型编号→（类型名称、限借数量、限借天数）

类型编号→读者编号

解决办法：拆分关系，原则是概念单一，数据完整（无损）。将上述达不到 3NF 要求的关系分解如下：

联系类型　　关系分解

多　　　　　读者（读者编号，姓名，类型编号，借阅数量）　PK：读者编号　FK：类型编号

对　　　　　所属类型（读者编号，类型编号），此联系可以通过在多端加外键省略

一　　　　　读者类型（类型编号，类型名称，限借数量，限借天数）　PK：类型编号

分解后两个表的数据见表 1—14 和表 1—15。

表 1—14　　　　　　　　　　　　读者情况关系

读者编号	姓名	类型编号	借阅数量
2012080004	张路	1	3
2014120106	周倩	3	2
2015100082	廖春红	3	1

表 1—15　　　　　　　　　　　　读者类型关系

类型编号	类型名称	限借数量	限借天数
1	教师	20	100
2	职员	10	60
3	学生	10	60

从分解后的关系可以看出，仅存在类型编号少量和必要的重复数据，关系"读者"与"读者类型"通过外键"类型编号"相关联。

本章小结

本章介绍了数据库技术的基本概念、发展阶段、相关术语及数据库设计方法。数据库技术经历了人工管理阶段、文件系统阶段、数据库系统阶段。数据库有内模式、概念模式、外模式三种模式。数据库系统指在计算机系统中引入数据库后构成的系统。狭义的数据库系统由数据库、数据库管理系统组成。广义的数据库系统由数据库、数据库管理系统、应用系统、数据库管理员和用户构成。

数据模型是表现实体类型及实体间联系的模型，用来表示信息世界中的实体及其联系在数据世界中的抽象描述，它描述的是数据的逻辑结构。常见的模型是层次模型、网状模型、关系模型和面向对象模型，重点掌握关系模型。

数据库设计是为了构造最优的数据库模式，建立数据库及其应用系统，使之能够有效地存储数据，满足各种用户的应用需求。数据库设计是建立数据库及其应用系统的技术，是信息系统开发和建设中的核心技术。按照规范设计的方法及软件工程思想，可将数据库设计分为以下六个阶段：需求分析、概念设计、逻辑设计、物理设计、数据库实施、数据库运行与维护阶段。

习 题

1. 简述数据库管理系统。
2. 简述概念模型的作用。
3. 简述概念模型中的基本术语：实体、实体型、属性、E-R 图。
4. 简述实体之间的联系。
5. 简述数据模型的概念和数据模型的三要素。
6. 根据以下描述绘制出客户订购商品局部 E-R 图和供应商供应商品局部 E-R 图：

每个客户可以订购多种商品，每种商品可以同时被多个客户订购，因此，客户和商品之间是多对多的联系。

每种商品可以被多个供应商提供，每个供应商也可以提供多种商品，因此，供应商和商品之间是多对多的联系。

每种商品只能属于一种商品类型，但一种商品类型包含多种商品，因此，商品类型和商品之间是一对多的联系。

第 2 章

SQL Server 2008 概述

 本章学习目标

- 了解 SQL Server 2008 的体系结构和特点；
- 掌握 SQL Server 2008 的安装；
- 掌握 SQL Server 2008 管理工具的使用。

 单元任务书

1. 安装 SQL Server 2008；
2. 配置服务器；
3. 启动 SQL Server 2008；
4. SQL Server 2008 主要管理工具的使用。

SQL Server 2008 是 Microsoft 公司出品的新一代数据库管理系统，它为用户提供了一个安全、可靠和高效的平台，用于企业数据管理和商业智能应用。SQL Server 2008 提供了一系列丰富的集成服务，可以对数据进行查询、搜索、同步、报告和分析等操作。数据可以存储在各种设备上，从数据中心最大的服务器一直到桌面计算机和移动设备，用户都可以控制数据而不用管数据存储在哪里。

2.1 SQL Server 2008 简介

2.1.1 SQL Server 的发展

SQL Server 是 Microsoft 公司推出的关系数据库管理系统，它最初是由 Microsoft、Sybase 和

Ashton-Tate 三家公司共同开发的，于 1988 年推出了第一个 OS/2 版本，此后版本不断更新。

1993 年，发布了 SQL Server 4.2 桌面数据库系统。

1994 年，Microsoft 与 Sybase 在数据库开发方面停止了合作。

1995 年，Microsoft 公司公布了 SQL Server 6.0，重写了核心数据库系统，提供了集中的管理方式。

1996 年，Microsoft 公司公布了 SQL Server 6.5。

1998 年，SQL Server 7.0 和用户见面，开始进军企业级数据库市场。SQL Server 从这一版本起得到了广泛应用。

2000 年，SQL Server 2000 问世，该版本继承了 SQL Server 7.0 的优点，同时增加了许多更先进的功能；具有使用方便、可伸缩性好、与相关软件集成程度高等优点，从而成为企业级数据库市场中重要的一员。

2005 年，SQL Server 2005 发布，其使用集成的商业智能（BI）工具提供了企业级的数据管理。SQL Server 2005 数据库引擎为关系型数据和结构化数据提供了更安全、可靠的存储功能。SQL Server 2005 最伟大的飞跃是引入了 ".NET Framework"。引入 ".NET Framework" 将允许构建 ".NET SQL Server" 专有对象，从而使 SQL Server 具有了灵活的功能。

2008 年，Microsoft 公司在 SQL Server 2005 的架构基础之上打造了 SQL Server 2008。SQL Server 2008 以处理目前能够采用的多种不同的数据形式为目的，提供新的数据类型和使用语言集成查询（LINQ）。它提供了在一个框架中设置规则的功能，以确保数据库和对象符合定义的标准，并且，当这些对象不符合该标准时，还能够就此进行报告。它是一个全面的数据智能平台。

2012 年，Microsoft 公司发布了 SQL Server 2012，除了保留 SQL Server 2008 的风格外，还在管理、安全以及多维数据分析、报表分析等方面有了进一步的提升。

2014 年，Microsoft 公司发布 SQL Server 2014，改进了内存技术，引入了智能备份概念，能为要求最高的数据库应用提供关键业务所需的性能内存驻留技术。

其中，SQL Server 2008 由于其稳定、可靠、易用等特性，目前在市场上有着较为广泛的应用，也较适合初学者学习和使用。

2.1.2　SQL Server 2008 的特性

SQL Server 2008 是 SQL Server 2005 的升级版本，在 SQL Server 2005 的基础上增加了一些功能，如对空间和非结构型数据的支持、追踪资料异动等新功能。还对 SQL Server 2005 中的某些功能进行了加强，如改进企业报告引擎、时间序列分析服务，增强 T-SQL，改善 XML 支持，改进日期和时间数据类型，增强数据库镜像等。这个平台有以下特点：可信任的、高效的、智能的。

1. 可信任的

SQL Server 2008 为关键任务应用程序提供了强大的安全特性、可靠性和可扩展性。

（1）保护个人信息。

在 SQL Server 2005 的基础上，SQL Server 2008 通过以下几方面来增强它的安全性：

● 简单的数据加密：SQL Server 2008 可以对整个数据库、数据文件和日志文件进行加密，而不需要改动应用程序。

● 外键管理：SQL Server 2008 为加密和密钥管理提供了一个全面的解决方案。

● 增强了审查：SQL Server 2008 可以审查数据的操作，从而提高了遵从性和安全性。审查不只包括对数据修改的所有信息，还包括关于什么时候对数据进行读取的信息。

（2）确保业务可持续性。

使用 SQL Server 2008，可以简化管理并提供具高可靠性的应用能力。

● 改进了数据库镜像：SQL Server 2008 基于 SQL Server 2005，提供了更可靠的加强了的数据库镜像平台。

● 热添加 CPU：可以将 CPU 资源添加到 SQL Server 2008 所在的硬件平台上而不需要停止应用程序。

（3）最佳的和可预测的系统性能。

● 在面对不断增长的压力时，要提供可预计的响应，并对随着用户数目的增长而不断增长的数据量进行管理。SQL Server 2008 提供了一个广泛的功能集合，使数据平台上的所有工作负载的执行都是可扩展的和可预测的。

● 性能数据的采集：SQL Server 2008 推出了范围更大的数据采集，提供了一个用于存储性能数据的新的集中的数据库，以及新的报表和监控工具。

● 扩展事件：SQL Server 扩展事件是一个用于服务器系统的一般的事件处理系统。扩展事件基础设施是一个轻量级的机制，它支持对服务器运行过程中产生的事件的捕获、过滤和响应。这个对事件进行响应的功能使用户可以通过增加前后文关联数据。当扩展事件输出到 ETW 时，操作系统和应用程序就可以关联了，这使其可以做更全面的系统跟踪。

● 备份压缩：通过 SQL Server 2008 备份压缩，减少了需要的磁盘 I/O，也减少了在线备份所需要的存储空间，而且明显加快了备份的速度。

● 数据压缩：改进的数据压缩使数据可以更有效地存储，并且降低了数据的存储要求。数据压缩还为大型的限制输入/输出的工作负载（如数据仓库）提供了显著的性能改进。

● 资源监控器：随着资源监控器的推出，SQL Server 2008 使公司可以提供持续的和可预测的响应给终端用户。

● 稳定的计划：SQL Server 2008 提供了一个新的制订查询计划的功能，从而提供了更好的查询执行的稳定性和可预测性，使公司可以在硬件服务器更换、服务器升级和产品部署中提供稳定的查询计划。

2．高效的

SQL Server 2008 降低了管理系统、.NET 架构和 Visual Studio Team System 的时间和成本，使开发人员可以开发强大的下一代数据库应用程序。

（1）基于政策的管理。

作为 Microsoft 公司正在努力降低总成本所做的工作的一部分，SQL Server 2008 推出了陈述式管理架构（DMF），它是一个用于 SQL Server 数据库引擎的新的基于政策的管理框架。

DMF 是一个基于政策的用于管理一个或多个 SQL Server 2008 实例的系统。要使用 DMF，SQL Server 政策管理员使用 SQL Server 管理套件创建政策。DMF 由三个组件组成：政策管理、创建政策的政策管理员和显式管理。管理员选择一个或多个要管理的对象，并显式检查这些对象是否遵守指定的政策，或显式地使这些对象遵守某个政策。

（2）改进了安装。

SQL Server 2008 对 SQL Server 的服务生命周期进行了显著的改进，它重新设计了安装、建立和配置架构。这些改进将计算机上的各个安装与 SQL Server 软件的配置分离开来，使公司和软件合作伙伴可以提供推荐的安装配置。

（3）加速开发过程。

SQL Server 提供了集成的开发环境和更高级的数据提取，使开发人员可以创建下一代数据应用程序，同时简化了对数据的访问。

（4）偶尔连接系统。

SQL Server 2008 可以改变跟踪和使客户以最小的执行消耗进行功能强大的执行，以此来开发基于缓存的、基于同步的和基于通知的应用程序。

（5）非关系数据。

基于过去对非关系数据的强大支持，SQL Server 2008 提供了新的数据类型，使得开发人员和管理员可以有效地存储和管理非结构化数据，如文档和图片，还增加了对管理数据的支持。

3. 智能的

商业智能（BI）是大多数公司投资的关键领域，对于公司所有层面的用户来说是一个无价的信息源。SQL Server 2008 提供了一个全面的平台，当用户需要时就可以为其提供智能化的功能。

（1）集成任何数据。

Microsoft 公司继续投资于商业智能和数据仓库解决方案，以便使用户从他们的数据中获取商业价值。SQL Server 2008 提供了一个全面的和可扩展的数据仓库平台，它可以用一个单独的分析存储进行强大的分析，以满足成千上万的用户在几兆字节的数据中的需求。

（2）发送相应的报表。

SQL Server 2008 提供了一个可扩展的商业智能基础设施，使得 IT 人员可以在整个公司内使用商业智能来管理报表以及任何规模和复杂度的分析。SQL Server 2008 使得公司可以有效地以用户想要的格式和他们的地址发送相应的个人报表给成千上万的用户。通过提供交互发送用户需要的企业报表的功能，获得报表服务的用户数目大大增加了。这使得用户可以获得对他们各自领域的透彻的相关信息的及时访问，使得他们可以做出更好、更快、更适合的决策。

（3）使用户获得全面的洞察力。

及时准确的访问信息，使用户快速地对问题、甚至是非常复杂的问题做出反应，这是联机分析处理（Online Analytical Processing，OLAP）的前提。SQL Server 2008 基于 SQL Server 2005 强大的 OLAP 功能，为所有用户提供了更快的查询速度。这个性能的提升使得公司可以执行具有许多维度和非常复杂的分析。这个执行速度与 Microsoft Office 的深度集成相结合，使 SQL Server 2008 可以让所有用户获得全面的洞察力。

另外，SQL Server 2008 不仅对原有性能进行了改进，还添加了许多新特性，比如新添了数据集成功能，改进了分析服务、报表服务以及 Office 集成等。

（1）SQL Server 集成服务（SSIS）是一个嵌入式应用程序，用于开发和执行 ETL（解压缩、转换和加载）包。SSIS 代替了 SQL 2000 的 DTS（数据转换服务）。整合服务功能既包含了实现简单的导入导出包所必需的 Wizard 导向插件、工具以及任务，也有非常复杂的数据清理功能。另外，SQL Server 2008 集成服务有很大的改进和增强，在执行程序方面能够更好地并行执行，这样的功能在 SQL Server 2005 集成服务中，数据管道不能跨越两个处理器。而 SQL Server 2008 能够在多个处理器上跨越两个处理器，而且处理大件包的性能得到了提高。

（2）SQL Server 分析服务（SSAS）为商业智能应用程序提供联机分析处理和数据挖掘功能，在新一版的 SQL Server 2008 中得到了很大的改进和增强。对 IB 堆叠做出了改进，性能得到很大提高，而硬件商品能够为 Scale Out 管理工具所使用。Block Computation 也增强了立体分析的性能。

（3）SSRS（SQL Server 报表服务）的处理能力和性能得到了改进，使得大型报表不再耗费所有可用内存。另外，使报表的设计和完成有了更好的一致性。SSRS 还包含了跨越表格和矩阵的 TABLIX。Application Embedding 允许用户单击报表中的 URL 链接调用应用程序。

（4）SQL Server 2008 能够与 Microsoft Office 2007 完美地结合。例如，SQL Server Reporting Server 能够直接把报表导出为 Word 文档。而且使用 Report Authoring 工具，Word 和 Excel 都可以作为 SSRS 报表的模板。Excel SSAS 新添了一个数据挖掘插件，提高了其性能。

2.1.3　SQL Server 2008 的版本和组件

SQL Server 2008 有企业版（Enterprise）、标准版（Standard）、开发者版（Developer）、工作组版（Workgroup）、网络版（Web）、简易版（Express）、移动版（Compact），其功能和作用各不相同，如表 2—1 所示。

表 2—1　　　　　　　　　　　　　　　SQL Server 2008 的版本

SQL Server 2008 的版本	功能和作用
SQL Server Enterprise	支持 SQL Server 2008 的全部可用功能，提供 SQL Server 2008 所有版本中最高级别的可伸缩性和可用性
SQL Server Standard	支持 SQL Server 2008 的核心功能，适用于部门级的数据库服务器
SQL Server Developer	具有企业版的所有功能，只能作为开发和测试用，不能作为生产服务器
SQL Server Workgroup	提供安全性的远程同步和管理功能，包含数据管理所需的全部核心数据库特性
SQL Server Web	面向网络服务的环境，提供低成本的 Web 应用程序或主机解决方案
SQL Server Express	是一个免费版本，使用简单，易于管理，主要应用于学习和小型服务器应用
SQL Server Compact	是一个免费版本，主要用于移动设备、桌面和 Web 客户端

用户可以根据实际情况选择所需要的 SQL Server 2008 版本。

SQL Server 2008 的服务器组件通过 SQL Server 安装向导的"功能选择"页面选择安装，如表 2—2 所示。

表 2—2　　　　　　　　　　　　　　　**服务器组件**

服务器组件	说明
SQL Server 数据库引擎	是 SQL Server 2008 的核心服务，只有启动了服务，用户才可以与服务器连接，执行各项数据操作
Analysis Services	包括联机分析处理以及数据挖掘的服务
Reporting Services	能够用于创建、管理和执行报表
Integration Services	可用图形工具来创建解决方案，也可对对象模型进行编程，用于清理、合并、复制和转换数据

2.2　SQL Server 2008 的安装

2.2.1　SQL Server 2008 安装环境需求

1．硬件需求

CPU：Intel Itanium 3 处理器以上，主频最低为 1.4Hz。

内存：最小要求 512M，标准版最大不超过 32GB，企业版最大不超过 2TB。

可用磁盘空间：根据安装选择的功能决定，但至少有 1G 的空间存放安装过程中产生的临时文件，推荐 4G 或更多。

2．软件需求

要求有 Microsoft Windows Installer 4.5 或更高版本，.NET Framework 2.0 SP2 以上版本，Microsoft Internet Explorer 6 SP1 或更高版本。

SQL Server 2008 企业版需要运行在 Windows Server 2003 R2 SP2、Windows 2008 R2 以及更高版本的操作系统之上。

SQL Server 2008 标准版需要运行在 Windows XP Professional SP2、Windows Vista SP2 Ultimate 以及更高版本的操作系统之上。

SQL Server 2008 开发者版需要运行在 Windows XP、Windows Server 2003、Windows Vista SP2、Windows 7 以及更高版本的操作系统之上。

SQL Server 2008 工作组版需要运行在 Windows XP Professional SP2、Windows Vista SP2 Ultimate 以及更高版本的操作系统之上。

SQL Server 2008 网络版需要运行在 Windows Server 2003 SP2、Windows Server 2008

SP2 以及更高版本的操作系统之上。

SQL Server 2008 简易版需要运行在 Windows XP SP3、Windows Server 2003、Windows Vista SP2、Windows 7 以及更高版本的操作系统之上。

SQL Server 2008 移动版需要运行在 Windows Server 2003 以及更高版本的操作系统之上。

2.2.2　SQL Server 2008 安装过程

（1）将安装光盘插入光驱中，双击 setup.exe 文件，如果系统没有安装 .Net Framework，将出现如图 2—1 所示的安装界面，选择"我已经阅读并接受许可协议中的条款"单选框，单击"安装"按钮。

图 2—1　.Net Framework 安装界面

（2）安装完成，出现"SQL Server 安装中心"对话框，选择"安装"选项卡。在出现的选项中选择"全新 SQL Server 独立安装或向现有安装添加功能"，如图 2—2 所示。

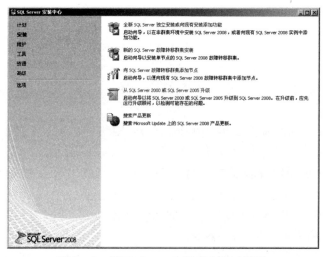

图 2—2　"SQL Server 安装中心"对话框

（3）出现"安装程序支持规则"对话框，在该对话框中，将会检查安装所需的软件、硬件和网络环境，必须更正所有失败，安装程序才能继续进行，如图 2—3 所示。

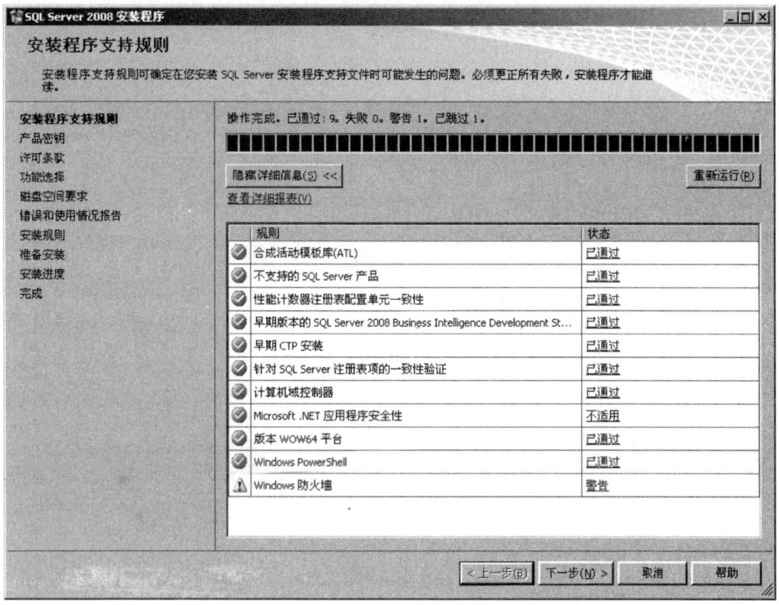

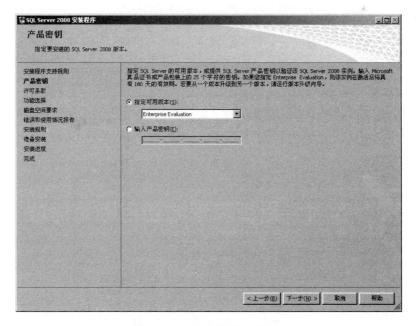

图 2—3　"安装程序支持规则"对话框

（4）出现如图 2—4 所示的"产品密钥"对话框，在该界面中选择安装版本并提供产品秘钥，输入相应信息后单击"下一步"按钮。

图 2—4　"产品密钥"对话框

（5）在"许可条款"对话框中阅读许可条款，然后选中相应的复选框以接受许可条件，如图 2—5 所示。

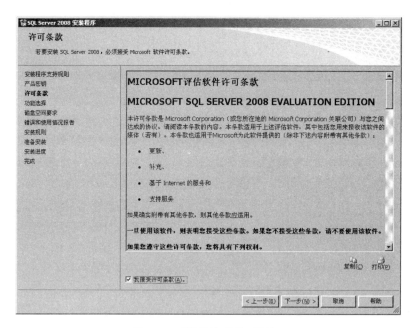

图 2—5 "许可条款"对话框

（6）出现如图 2—6 所示的"功能选择"对话框，选择要安装的组件，其中，"数据库引擎服务"是数据库的核心服务，"管理工具"中提供了数据库的客户端工具，建议将这两项勾选。可以在"共享功能目录"中更改安装路径。然后单击"下一步"按钮。

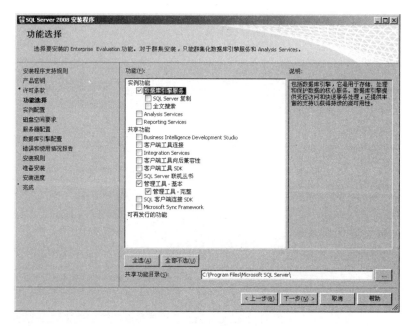

图 2—6 "功能选择"对话框

（7）出现如图 2—7 所示的"实例配置"对话框，在其中指定是安装"默认实例"还是"命名实例"，对于"默认实例"，实例名称和实例 ID 均为 MSSQLSERVER。

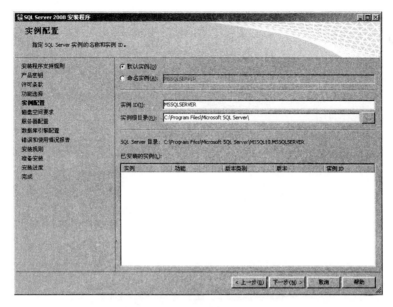

图 2—7　"实例配置"对话框

（8）在"磁盘空间要求"对话框中计算指定的功能所需要的磁盘空间，单击"下一步"按钮，如图 2—8 所示。

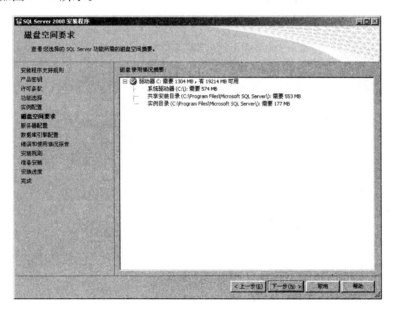

图 2—8　"磁盘空间要求"对话框

（9）在"服务器配置"对话框中，指定 SQL Server 服务的登录账户。可以为所有 SQL Server 服务分配相同的登录账户，也可以分别配置每个服务账户，如图 2—9 所示。

（10）使用"数据库引擎配置"来指定登录数据库服务器的账户信息，如图 2—10 所示。可以选择服务器身份验证模式：Windows 身份验证和混合模式（SQL Server 身份验证和 Windows 身份验证）。其中，Windows 身份验证在登录服务器时根据用户的 Windows 权限进行，SQL Server 身份验证通过账号和密码进行。

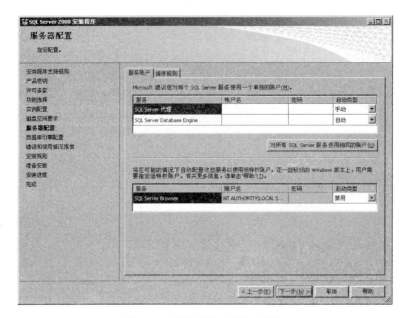

图2—9　"服务器配置"对话框

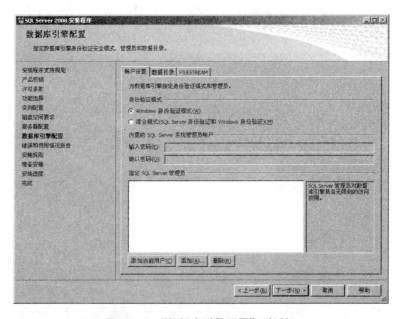

图2—10　"数据库引擎配置"对话框

（11）在"错误和使用情况报告"对话框中指定要发送到 Microsoft 以帮助改善 SQL Server 的信息，如图2—11所示。

（12）如图2—12所示，在安装过程中，"准备安装"对话框会显示安装过程中指定的安装选项的树视图，若要继续，单击"安装"按钮。安装过程中，"安装进度"对话框会提供相应的状态，可以看到安装的进度。

（13）安装完成后，出现如图2—13所示的"完成"对话框，如果安装成功，单击"关闭"按钮退出安装。如果没有成功，根据给出的错误信息检查错误，重新进行安装。

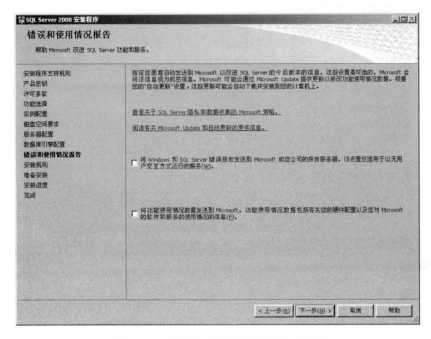

图 2—11　"错误和使用情况报告"对话框

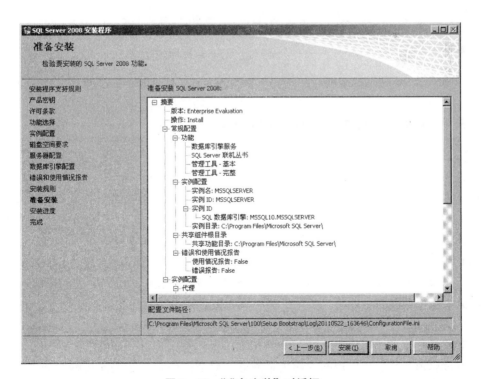

图 2—12　"准备安装"对话框

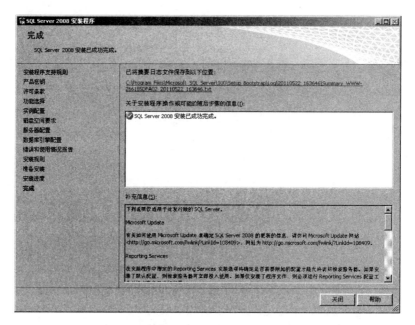

图 2—13　"完成"对话框

2.3　SQL Server 2008 管理工具

2.3.1　SQL Server Management Studio

SQL Server Management Studio 是 SQL Server 2008 的集成可视化管理环境，用于访问、配置和管理所有 SQL Server 组件。SQL Server Management Studio 组合了大量图形工具和丰富的脚本编辑器，使各种技术水平的开发人员和管理员都能访问 SQL Server。

SQL Server Management Studio 将早期版本的 SQL Server 中所包含的企业管理器、查询分析器和 Analysis Manager 功能整合到了单一的环境中。此外，SQL Server Management Studio 还可以和 SQL Server 的所有组件协同工作，如 Reporting Services、Integration Services 和 SQL Server Compact 3.5 SP1。开发人员可以获得熟悉的体验，而数据库管理员可获得功能齐全的单一实用工具，其中包含易于使用的图形工具和丰富的脚本撰写功能。

点击"开始"菜单→"程序"→"Microsoft SQL Server 2008"→"SQL Server Management Studio"，在出现的"连接服务器"对话框中，指定要连接的服务器的类型、名字和身份验证方式，单击"连接"按钮，启动 SQL Server Management Studio。

2.3.2　商务智能开发平台

SQL Server 2008 商务智能开发平台（Business Intelligence Development Studio，BIDS）是一个集成的环境，主要用于开发商业智能构造（如多维数据集、数据源、报告和 Integration Services 软件包）。

该工具在"开始"菜单→"程序"→"Microsoft SQL Server 2008"→"SQL Server Business Intelligence Development Studio"中。

2.3.3　SQL Server 配置管理器

SQL Server 配置管理器是一种工具，用于管理与 SQL Server 相关联的服务、配置 SQL Server 使用的网络协议以及从 SQL Server 客户端计算机管理网络连接配置。

该工具在"开始"菜单→"程序"→"Microsoft SQL Server 2008"→"SQL Server Management Studio"→"配置工具"→"SQL Server 配置管理器"中。

2.3.4　SQL Server Analysis Services

SQL Server Analysis Services（SSAS）为商业智能应用程序提供联机分析处理和数据挖掘功能。SSAS 允许设计、创建和管理包含从其他数据源（如关系数据库）聚合的数据的多维结构，以实现对 OLAP 的支持。

该工具在"开始"菜单→"程序"→"Microsoft SQL Server 2008"→"Analysis Services"→"Deployment Winzard"中，可以启动 Analysis Services 部署向导。

2.3.5　SQL Server 分析器

SQL Server 分析器（SQL Server Profiler）是一个图形化的管理工具，用于监督、记录和检查 SQL Server 数据库的使用情况，并从服务器中捕获 SQL Server 事件。

该工具在"开始"菜单→"程序"→"Microsoft SQL Server 2008"→"性能工具"→"SQL Server Profile"中。

2.3.6　数据库引擎优化顾问

企业数据库系统的性能依赖于组成这些系统的数据库中物理设计结构的有效配置。这些物理设计结构包括索引、聚集索引、索引视图和分区，其目的在于提高数据库的性能和可管理性。

SQL Server 2008 提供了数据库引擎优化顾问，这是分析一个或多个数据库中工作负荷的性能效果的工具。

该工具在"开始"菜单→"程序"→"Microsoft SQL Server 2008"→"性能工具"中，可以根据工作负荷对数据库进行优化。

2.3.7　SQL Server 文档和教程

SQL Server 2008 提供了大量的联机帮助文档（Books Online），它具有索引和全文搜索功能，可根据关键词来快速查找用户所需信息。

SQL Server 2008 中提供的教程可以帮助用户了解 SQL Server 技术和开始项目。

2.4 系统数据库和示例数据库

SQL Server 数据库可分为系统数据库和示例数据库两种。其中，系统数据库就是 SQL Server 自己使用的数据库，存储有关数据库系统的信息。系统数据库在 SQL Server 安装好时就已建立。

2.4.1 系统数据库

SQL Server 2008 有五个系统数据库，它们分别为 Master、Model、Msdb、Tempdb 和 Resource。

1. Master 数据库

Master 数据库是 SQL Server 系统最重要的数据库，它记录了 SQL Server 系统的所有系统信息。这些系统信息包括所有的登录信息、系统设置信息、SQL Server 的初始化信息、其他系统数据库及用户数据库的相关信息。因此，如果 Master 数据库不可用，则 SQL Server 2008 无法启动。

2. Model 数据库

Model 数据库可作为在 SQL Server 实例上创建的所有数据库的模板。因为每次启动 SQL Server 时都会创建 Tempdb，所以 Model 数据库必须始终存在于 SQL Server 系统中。当发出"CREATE DATABASE"（创建数据库）语句时，将通过复制 Model 数据库中的内容来创建数据库的第一部分，然后用空页填充新数据库的剩余部分。如果修改 Model 数据库，之后创建的所有数据库都将继承这些修改。

3. Msdb 数据库

Msdb 数据库是代理服务数据库，为报警、任务调度和记录操作员的操作提供存储空间。

4. Tempdb 数据库

Tempdb 数据库是一个临时数据库，它为所有的临时表、临时存储过程及其他临时操作提供存储空间。SQL Server 每次启动时，Tempdb 数据库被重新建立。当用户与 SQL Server 断开连接时，其临时表和存储过程自动被删除。

5. Resource 数据库

Resource 数据库是只读数据库，它包含了 SQL Server 2008 中的所有系统对象。SQL Server 系统对象在物理上持续存在于 Resource 数据库中，但在逻辑上，它们出现在每个数据库的 SYS 架构中。

2.4.2　示例数据库

在 SQL Server 2008 中，对应于 OLTP、数据仓库和 Analysis Services 解决方案，提供了 AdventureWorks、AdventureWorksDW、AdventureWorksAS 三个示例数据库，可以作为学习 SQL Server 的工具。示例数据基于一个虚拟的 Adventure Works Cycles 公司，此公司及其业务方案、雇员和产品是示例数据库的基础。

本章介绍了 SQL Server 2008 的相关知识，其内容主要包括 SQL Server 2008 的发展、版本体系和新特性，SQL Server 2008 的安装，以及 SQL Server 2008 的主要管理工具。

1. 简述 SQL Server 的发展历史。
2. 简述 SQL Server 2008 的特性。
3. 简述 SQL Server 2008 的安装过程。

第 3 章

数据库创建与管理

本章学习目标

- 理解 SQL Server 2008 数据库的结构及组成；
- 熟练掌握用户数据库的创建、删除和修改等基本操作；
- 了解用户数据库的收缩、分离和附加等高级操作。

单元任务书

1. 查询 student 数据库的相关参数信息、空间信息和选项信息；
2. 修改 student 数据库的属性信息；
3. 收缩 student 数据库的大小；
4. 收缩 student 数据库中的 student _ data 数据文件的大小；
5. 分离用户数据库 student；
6. 对 student 数据库创建用户数据库快照。

3.1 SQL Server 2008 数据库基本知识

3.1.1 SELECT 数据库的结构

对于数据库，包括两个方面的含义：一方面，描述信息的数据存在数据库中并由

DBMS 统一管理；另一方面，描述信息的数据又是以文件的形式存储在物理磁盘上，由操作系统进行统一管理。同时，数据被 DBMS 管理与数据存储在物理磁盘上是数据库中两种完全不同的数据组织形式，分别称为数据库的逻辑结构和数据库的物理结构。

SQL Server 2008 中 DBMS 将数据组成数据库、视图等逻辑对象，这是从逻辑角度来组织与管理数据。为了数据库管理员管理数据与操作系统实际情况相一致，SQL Server 2008 又将数据库呈现为各种数据库的文件，这是从物理角度来组织与管理数据库。

1. 数据库的逻辑结构

数据库的逻辑结构主要应用于面向用户的数据组织和管理。从逻辑的角度，数据库由若干个用户可视的对象组成，如表、视图、角色等，由于这些对象都存在于数据库中，因此称为数据库对象。用户利用这些数据库对象存储或读取数据库中的数据，利用数据库对象直接或间接地用于不同应用程序的存储、操作、检索等工作。

SQL Server 数据库内含的数据库对象包括数据包、视图、约束、规则、默认、索引、存储过程和触发器等。通过 SQL Server 2008 对象资源管理器，可以查看当前数据库内的各种数据库对象，如图 3—1 所示。

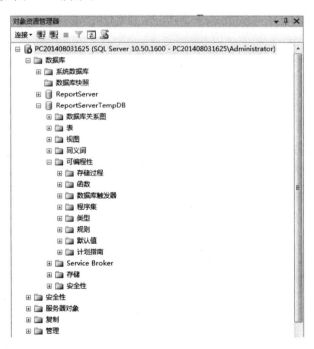

图 3—1 数据库对象

2. 数据库的物理结构

数据库的物理结构主要应用于面向计算机的数据组织和管理，如数据文件、表和视图的数据组织方式，磁盘空间的利用和回收，文本和图形数据的有效存储等。数据库的物理结构表现就是操作系统文件，一个数据库由一个或多个磁盘上的文件组成。这种物理实现只对数据库管理员可见，对用户是透明的。

SQL Server 2008 将数据库映射为一组操作系统文件。数据和日志信息分别存储在不同的文件中，而且每个数据库都拥有自己的数据和日志信息文件。因此，SQL Server 数据库文件有两种类型：数据文件和日志文件。在 SQL Server 2008 的默认安装路径 C:\Program Files\Microsoft SQL Server\MSSQL10_50.MSSQLSERVER\MSSQL\DATA 下可以看到数据库文件，如图 3—2 所示。

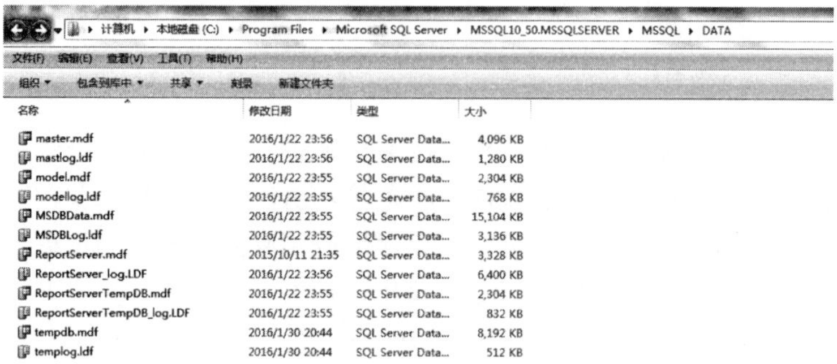

图 3—2　SQL Server 2008 物理文件

3.1.2　数据文件

1. 数据文件类型

SQL Server 数据库通过数据文件保存与数据库有关的数据和对象。在 SQL Server 2008 有两种类型的数据文件。

（1）主数据文件。

主数据文件是数据库的起点，其中包含了数据库的初始信息，并记录数据库还拥有哪些文件。每个数据库有且只能有一个主数据文件。主数据文件是数据库必需的文件，Microsoft 建议的主数据文件的扩展名是.mdf。

（2）次要数据文件。

除主数据文件以外的所有其他数据文件都是次要数据文件。次要数据文件不是数据库必需的文件，但是如果需要存储的数据量很大，超过了 Windows 操作系统对单一文件大小的限制，就需要创建次要数据文件来保存主数据文件无法存储的数据。另外，如果系统中有多个物理磁盘，也可以在不同的磁盘上创建次要数据文件，以便将数据合理地分配在多个物理磁盘上，提高数据的读写效率。Microsoft 建议的次要数据文件的扩展名是.ndf。

所有的 SQL Server 2008 数据文件都拥有两个文件名：逻辑文件名和物理文件名。逻辑文件名是在 T-SQL 语句中引用物理文件时所使用的名称，SQL Server 要求逻辑文件名必须符合 SQL Server 标识符规则，而且逻辑文件名必须是唯一的；物理文件名是包括路径在内的物理文件名，它必须符合操作系统的命名规则。

需要注意的是，在 SQL Server 2008 中，文件扩展名.mdf 和.ndf 并不是强制使用的，但使用它们有助于标识文件的类型和用途。

同时，用户还可以指定数据文件的尺寸自动增长：在定义文件时，指定一个特定的增量，每次扩大文件尺寸时，均按此增量来增长。另外，每个文件可以指定一个最大尺寸，如果达到最大尺寸，文件就不再增长。如果没有指定最大尺寸，文件可以一直增长到磁盘没有可用空间为止。

2．数据文件结构

数据文件的结构按照层次可以划分为页和区，每个数据文件由若干个大小为 64KB 的区组成，每个区有 8 个 8KB 大小的连续空间组成，这些连续空间称为页。

（1）页。

在 SQL Server 中，页是数据存储的基本单位。为数据库中的数据文件分配的磁盘空间可以从逻辑上划分成带有编号的页（编号从 0 开始）。磁盘 I/O 操作在页级执行，SQL Server 读取或写入的是所有的数据页。

数据文件中的页有 8 种类型：Data（数据）、Index（索引）、TEXT/IMAGE（文本、图像）、Global Allocation（全局分配表）和 Shared Global Allocation Map（共享全局映射表）、Page Free Space（页可用空间）、Index Allocation Map（索引分配映射表）、BULK Changed Map（大容量更改映射表）、Differential Changed Map（差异更改映射表）。

（2）区。

区是 SQL Server 分配给表和索引的基本单位。区有以下两种类型：

● 统一区：统一区只能由一个单一的对象拥有，其中的 8 个页只能用来存储这个对象的数据。

● 混合区：混合区最多可以被 8 个对象共享，区中的 8 个页可以分给不同的对象。

将数据合理地分配到统一区或混合区中可以科学地使用存储空间：不满 8 个数据页的数据尽量存放在混合区，这样可以节省存储空间；已满 8 个数据页的数据分配到统一区，这样可以提高存储空间的使用效率。

（3）文件组。

为了有利于数据布局和管理任务，用户可以在 SQL Server 中将多个文件划分为一个文件集合，并用一个名称表示这一个文件集合，这就是文件组。文件组是数据库中数据文件的逻辑组合。此时，这个文件集合就一个文件组。

文件组分为以下三种类型：

● 主要文件组：包含主要文件的文件组。所有系统表都被分配到主要文件组中。一个数据库有一个主要文件组。这个文件组包含主数据文件和未放入其他文件组的次数据文件。

● 用户定义文件组：用户首次创建数据库或修改数据库时自定义的文件组。创建用户定义文件组的目的主要是用于数据的分配，例如，用户可以将位于不同磁盘的文件划分为一个组，并在这个文件组上创建一个表，这样，系统利用并行线程就可以提高表的读写效率。

● 默认文件组：如果在数据库中创建对象时没有指定对象所属的文件组，对象将被分配给默认文件组。任何时候都只能将一个文件组指定为默认文件组。默认文件组中的保留空间必须足够大，以便容纳未分配给其他文件组的所有新对象。数据库创建后，主要文件组就是默认文件组。

3．1．3　事务日志文件

在 SQL Server 2008 中，每个数据库至少拥有一个自己的日志文件（也可以拥有多个日志文件）。日志文件的大小最少是 1MB，默认扩展名是 .ldf，用来记录数据库的事务日志，即记录所有事务以及每个事务对数据库所做的修改。

从逻辑上看，SQL Server 2008 的日志文件记录的是一连串日志记录，每条日志记录都由日志序列号（LSN）标识。每条新的日志记录均写入日志的逻辑结尾处，并使用一个比前面记录的更高的日志序列号。

从物理结构上看，SQL Server 将每个日志文件都分成了多个虚拟日志文件。虚拟日志文件没有固定大小，并且日志文件所包含的虚拟日志文件数量也不固定。SQL Server 在创建或扩展日志文件时，动态选择虚拟日志文件的大小。管理员不能配置或设置虚拟日志文件的大小和数量。

事务日志是数据库的重要组件，如果系统出现故障，就需要使用事务日志将数据库恢复到正常状态。

3.2　SQL Server 2008 数据库基本管理

在 SQL Server 2008 中，所有类型的数据库管理操作都包括两种方法：一种是使用 SQL Server Management Studio 的对象资源管理器，以图形化的方式完成数据库的管理；另一种是使用 T-SQL 语句或系统存储过程，以命令方式完成数据库的管理。

3.2.1　创建用户数据库

1. 创建用户数据库的准备工作

由于数据库包括物理结构和逻辑结构，而数据库文件又包括数据文件和事务日志文件，因此，在创建数据库之前，需要对创建的数据库进行规划，如数据库的名称、数据库的大小和增幅等。如果开始没有规划好数据库，那么一旦创建了，再去修改数据库的选项定义将是一件吃力不讨好的事情。

在规划数据库时，通常需要考虑以下几方面问题：

（1）数据库的逻辑结构，包括数据库名称、数据库所有者。

（2）数据库的物理结构，包括数据文件和事务日志文件的逻辑名、物理名、初始大小、增长方式和最大容量。

（3）数据库的用户，包括用户数量和用户权限问题。

（4）数据库的性能，包括数据库大小与硬件配置的平衡、是否使用文件组。

（5）数据库的维护，包括数据库的备份和维护。

本书示例均采用学生数据库，其选项参数如表 3—1 所示。

表 3—1　　　　　　　　　　　　　　学生数据库选项参数

选项		参数
数据库名称		student
数据文件	逻辑文件名	student _ data
	物理文件名	C:\ Program Files\ Microsoft SQL Server\ MSSQL10_50. MSSQLSERVER\ MSSQL\DATA\student_data. mdf
	初始容量	3MB
	最大容量	不受限制
	增长量	1MB
事务日志文件	逻辑文件名	student _ log
	物理文件名	C:\ Program Files\ Microsoft SQL Server\ MSSQL10_50. MSSQLSERVER\ MSSQL\DATA\student_log. mdf
	初始容量	1MB
	最大容量	20MB
	增长量	10%

2. 利用对象资源管理器创建用户数据库

在 SQL Server Management Studio 中，利用图形化的方法可以非常方便地创建数据库。利用这种方法创建示例数据库——student 数据库。

（1）选择"开始"→Microsoft SQL Server 2008→SQL Server Management Studio 命令，打开 SQL Server Management Studio。

（2）使用"Windows 身份验证"连接到 SQL Server 2008 数据库实例。

（3）展开 SQL Server 实例，用鼠标右键单击"数据库"，然后从弹出的快捷菜单中选择"新建数据库"命令，打开"新建数据库"对话框。

（4）在"新建数据库"对话框中，可以定义数据库名称、数据库的所有者、是否使用全文索引、数据文件和日志文件的逻辑名称以及路径、文件组、初始大小和增长方式等。输入数据库名称 student，如图 3—3 所示。

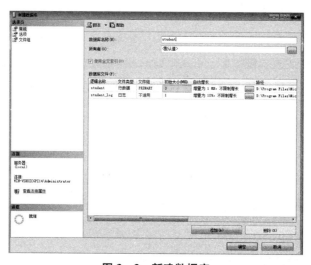

图 3—3　新建数据库

数据库的名称必须遵循 SQL Server 2008 命名规则：名称的长度在 1～128 个字符之间；名称的第一个字符必须是字母或"_""@"和"♯"中的任意字符；名称中不能包含空格，也不能包含 SQL Server 2008 的保留字（如 master）。

（5）如果接受所有默认值，可以单击"确定"按钮结束创建工作。因为 student 数据库没有完全使用默认值，因此还需要继续下面的可选步骤。

（6）在"所有者"下拉列表框中可以选择数据库的所有者。数据库的所有者是对数据库有完全操作权限的用户，默认值为当前登录 Windows 系统的管理员账户。如果需要，可更改所有者名称。

（7）选中"使用全文检索"复选框，启用数据库的全文搜索功能，使数据库中变长的复杂数据类型列也可以建立索引。

（8）如果需要更改主数据文件和事务日志文件的默认值，可以在"数据库文件"列表框中单击相应的单元并输入新值。对于 student 数据库，需要在主数据文件的"初始大小"栏中输入新的初始大小值 3MB；接着单击"自动增长"栏中的"…"按钮，打开更改自动增长设置对话框，如图 3—4 所示，选择"按 MB"单选按钮，将值更改为 1MB，并选中"不限制文件增长"单选按钮；最后，单击"确定"按钮。单击"路径"栏中的"…"按钮，可以更改数据库文件的路径。

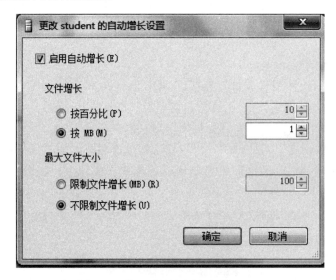

图 3—4　更改主数据文件自动增长设置

（9）在数据库中如果需要添加新的数据库文件，在"常规"选项中单击"添加"按钮，即可在"数据库文件"列表中添加一个新行。

（10）如果需要更改新建数据库的默认选项设置，可以选择"选项"选项，如图 3—5 所示，对排序规则、恢复模式、兼容级别等数据库选项进行设置。

（11）如果需要对新建数据库添加新文件组，可以选择"文件组"选项，单击"添加"按钮，添加其他的文件组，如图 3—6 所示。

（12）当完成新建数据库的各个选项后，单击"确定"按钮，SQL Server 数据库引擎会依据用户的设置完成数据库的创建。

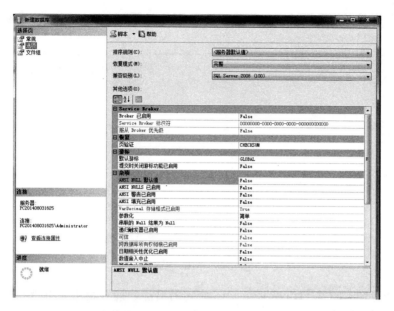

图 3—5　新建数据库"选项"选项

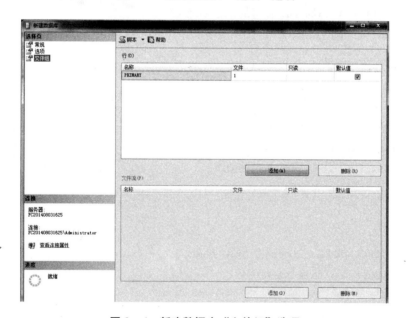

图 3—6　新建数据库"文件组"选项

3. 利用 T-SQL 语句创建数据库

除了可以通过对象资源管理器的图形化创建数据库外，还可以使用 T-SQL 语句所提供的 CREATE DATABASE 语句来创建数据库。对于具有丰富的编程经验的用户，后一种方法更加简单、有效。

在 SQL Server Management Studio 中，单击标准工具栏中的"新建查询"按钮，启动 SQL 编程器窗口，如图 3—7 所示，在光标处输入 T-SQL 语句，单击"执行"按钮。SQL 编辑器会提交用户输入的 T-SQL 语句，然后发送到服务器执行，并返回执行结果。

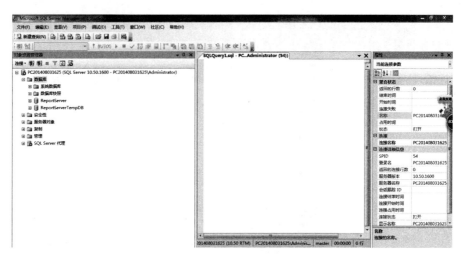

图 3—7　SQL 编辑器

下面首先介绍 CREATE DATABASE 语句的语法，接着利用 CREATE DATABASE 语句创建 student 数据库。

（1）CREATE DATABASE 语句的语法和参数。

使用 T-SQL 的 CREATE DATABASE 语句的语法格式如下：

```
CREATE DATABASE database_name
ON
{[PRIMARY](NAME = logical_file_name,
FILENAME = 'os_file_name'
[,SIZE = size]
[,MAXSIZE = {max_size|UNLIMTED}]
[,FILEGROWTH = growth_increment])
}[,…n]
LOG ON
{[PRIMARY](NAME = logical_file_name,
FILENAME = 'os_file_name'
[,SIZE = size]
[,MAXSIZE = {max_size|UNLIMTED}]
[,FILEGROWTH = growth_increment])
}[,…n]
```

参数说明如下：

- database_name：新建数据库的名称。
- ON：指定显示定义用来存储数据库数据部分的磁盘文件（数据文件）。
- PRIMARY：在主文件组中指定文件。
- LOG ON：指定显示定义用来存储数据库日志的磁盘文件（事务日志文件）。
- NAME：指定文件的逻辑名称。

● FILENAME：指定操作系统文件名称。os_file_name 是创建文件时由操作系统使用的路径和文件名，指定路径必须存在。

● SIZE：指定文件的大小。size 是文件的初始大小，用户可以兆字节（MB）或千字节（KB）为单位。如果没有为主文件提供初始大小，则数据库引擎将使用 Model 数据库中的主文件的大小；如果指定了辅助数据大小或事务日志文件，但未指定该文件的初始大小，则数据库引擎将以 1MB 作为该文件的大小。

● MAXSIZE：指定文件可增大到的最大大小，可以使用 KB、MB 为单位，默认值为 MB。如果不指定文件的最大尺寸，则文件将增长到磁盘被充满为止。

● UNLIMTED：指定文件将增长到整个磁盘，在 SQL Server 2008 中，规定事务日志文件可增长的最大大小为 2TB，数据文件的最大大小为 16TB。

● FILEGROWTH：指定文件的自动增量。文件的 FILEGROWTH 设置不能超过 MAXSIZE 设置。如果未指定 FILEGROWTH，则数据文件的默认值为 1MB，事务日志文件的默认值增长比例为 10％，并且最小值为 64KB。

（2）使用 CREATE DATABASE 语句创建 student 数据库。

使用 CREATE DATABASE 语句就可以创建数据库以及存储该数据库的文件。SQL Server 2008 通过使用以下步骤实现 CREATE DATABASE 语句：首先，SQL Server 2008 数据库引擎使用 Model 数据库的副本初始化该数据库及其元数据；其次，为数据库分配 Service Broker GUID；最后，使用空页填充数据库的剩余部分（包含记录数据库中空间使用情况的内部数据页除外）。在一个 SQL Server 的实例中最多可以指定 32 767 个数据库。

下面使用 CREATE DATABASE 语句重新创建 3.2.1 中创建的 student 数据库。具体步骤如下：

（1）打开 SQL Server Management Studio，并用"Windows 身份验证"登录。

（2）单击标准工具栏中的"新建查询"按钮，打开查询编辑窗口。

（3）在查询编辑窗口中输入如下 T-SQL 语句：

```
CREATE DATABASE student
ON PRIMARY
(
NAME = student_data,
FILENAME = 'C:\Program Files\Microsoft SQL Server\MSSQL10_50.MSSQLSERVER\
MSSQL\DATA\student_data.mdf',
    SIZE = 3,
    MAXSIZE = UNLIMITED,
    FILEGROWTH = 1
)
LOG ON
(NAME = student_log,
    FILENAME = 'C:\Program Files\Microsoft SQL Server\MSSQL10_50.MSSQLSERVER\
MSSQL\DATA\student_log.mdf',
    SIZE = 1,
```

```
MAXSIZE = 20,
FILEGROWTH = 10 %
)
```

（4）单击工具栏上的"执行"按钮，执行上面输入的 T-SQL 语句。

（5）在查询执行后，查询窗口中会返回查询执行的结果。

3.2.2　修改数据库

在数据库创建之后，还可以使用 SQL Server Management Studio 和 T-SQL 语句来查看和修改数据库的配置信息。

1. 利用对象资源管理器修改用户数据库

如果想要查看或修改数据库的配置信息，打开 SQL Server Management Studio，在"对象资源管理器"窗口展开数据库实例下的"数据库"节点，选中需要查看或配置的数据库并单击鼠标右键，从弹出的快捷菜单中选择"属性"命令，如图 3—8 所示。

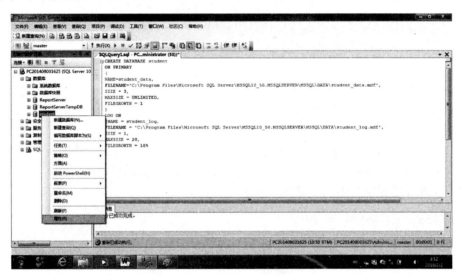

图 3—8　数据库快捷菜单

打开"数据库属性"对话框，如图 3—9 所示。在"数据库属性"对话框中，包括常规、文件、文件组、选项、更改跟踪、权限、扩展属性、镜像和事务日志传送 9 个选项，分别可以对相关问题进行设置。

（1）常规：使用此选项卡可以查看所选数据库的常规属性信息。此选项卡一般是不能修改的，它标识出了数据库的基本属性，如数据库备份情况、数据库的状态、数据库的所有者等。

（2）文件：使用此选项卡可以查看或修改所选数据库的数据文件和事务日志文件属性，包括数据库文件占用空间的大小和增长的方式等信息。

（3）文件组：使用此选项卡可以查看文件组，或为所选数据库添加新的文件组。

（4）选项：使用此选项可以查看或修改所选数据的选项，包括所选数据库的排序规

图 3—9 "数据库属性"对话框

则、恢复模式、兼容级别等信息。

（5）更改跟踪：使用此选项卡可查看或修改所选数据库的更改跟踪设置，启用或禁用数据库的更改跟踪。若要启用更改跟踪，必须拥有修改数据库的权限。

（6）权限：使用此选项卡可以查看或设置安全对象的权限，包括用户、角色和权限信息。

（7）扩展属性：用户可以通过使用扩展属性对数据库对象添加自定义属性，使用此选项卡可以查看或修改所选对象的扩展属性。

（8）镜像：使用此选项卡可以查看或设置镜像的主体服务器、镜像服务器和见证服务器。开始镜像前必须先配置安全性。

（9）事务日志传送：使用此选项卡可以配置和修改数据库的日志传送属性。

应用举例如下：

在某些情况下，数据库管理员（DBA）为了对数据库进行维护，不希望其他用户访问数据库，这就需要设置访问数据库的用户数或用户角色。在"数据库属性"的"选项"选项卡中，单击"限制访问"下拉框，如图 3—10 所示。其中，MULTI_USER 表示多用户访问，允许多个用户同时访问数据库（默认值）；SINGLE_USER 表示单用户访问，只能一个用户访问数据库，其他用户被中断访问；RESTRICTED_USER 表示限制用户访问，只有 db_owner（数据库所有者）、dbcreater（数据库创建者）和 sysadmin（系统管理员）可以访问数据库。

2. 利用 T-SQL 语句修改用户数据库

（1）选择数据库。

在 SQL Server 服务器上，可能存在多个用户数据库，用户只有连接上所有者的数据库，才能对该数据库中的数据进行操作。默认情况下，用户连接 Master 系统数据库。用

图 3—10 限制访问数据库的用户

户在连接 SQL Server 服务器时需要指定连接的数据库，或在不同的数据库之间进行切换，这可以通过在 SQL 编辑器中利用以下命令来完成。

选择数据库语句的语法格式如下：

```
USE database_name
```

其中，database_name 为选择的数据库名称。

（2）查看数据库属性。

数据库的属性信息都保存在系统数据表中，可以通过系统提供的存储过程来获取有关数据库的属性信息。

- Sp_helpdb 显示有关数据库和数据库参数信息。
- Sp_spaceused 查看数据库空间信息。
- Sp_options 查看数据库选项信息。

【例 3—1】查询 student 数据库的相关参数信息。

```
EXEC Sp_helpdb student
```

【例 3—2】查询 student 数据库的空间信息。

```
USE student
EXEC Sp_spaceused
```

【例 3—3】查询 student 数据库的选项信息。

```
EXEC Sp_option student
```

（3）修改数据库。

使用 ALTER DATABASE 语句可以修改数据库以及存储该数据库的文件组和文件信息。

ALTER DATABASE 语句的语法格式如下：

```
ALTER DATABASE database_name
{ ADD FILE<filespec>[,…n][TO FILEGROUP{filegroup_name}]
| ADD LOG FILE <filespec>[,…n]
| REMOVE FILE logical_file_name
| MODIFY FILE <file_name>
| ADD FILEGROUP filegroup_name
| REMOVE FILEGROUP filegroup_name
| MODIFY FILEGROUP filegroup_name{ filegroup_property|NAME = new_filegrop_name}
```

参数说明如下：

- ADD FILE：向指定的数据库文件组添加新的数据文件。
- ADD LOG FILE：向数据库添加事务日志文件。
- REMOVE FILE：从 SQL Server 的实例中删除逻辑文件说明并删除物理文件。除非文件为空，否则无法删除文件。
- MODIFY FILE：修改某一文件属性。
- ADD FILEGROUP：向数据库添加文件组。
- REMOVE FILEGROUP：从 SQL Server 的实例中删除文件组。
- MODIFY FILEGROUP：修改某一文件组的属性。

【例 3—4】为 student 数据库添加一个数据库文件 student_data2 和一个事务日志文件 student_log。

```
ALTER DATABASE student
ADD FILE
(
NAME = student_data2,
FILENAME = 'C:\Program Files\Microsoft SQL Server\MSSQL10_50.MSSQLSERVER\
MSSQL\DATA\student_data2.ndf',
    SIZE = 3,
    MAXSIZE = 10,
    FILEGROWTH = 1
)
GO
ALTER DATABASE student
ADD LOG FILE
(NAME = student_log2,
FILENAME = 'C:\Program Files\Microsoft SQL Server\MSSQL10_50.MSSQLSERVER\
MSSQL\DATA\student_log2.ldf',
    SIZE = 1,
    MAXSIZE = 20,
```

```
FILEGROWTH = 10 %
)
GO
```

【例 3—5】修改 student 数据库的数据文件 student _ data2 的属性，将其初始大小改为 10MB，最大容量为 100MB，增长幅度为 5MB。

```
ALTER DATABASE student
MODIFY FILE
(
NAME = student_data2,
SIZE = 10,
MAXSIZE = 100,
FILEGROWTH = 5
)
GO
```

3.2.3 删除用户数据库

1. 利用对象资源管理器删除用户数据库

为节省存储空间，可删除数据库。数据库一旦被删除，即永久被删除，文件和其数据将从服务器上的磁盘中消失，具体步骤如下：

（1）打开 SQL Server Management Studio，并连接到数据库实例。

（2）在"对象资源管理器"窗口中展开数据库实例下的"数据库项"。

（3）选中需要删除的数据库，并单击鼠标右键。

（4）在弹出的快捷菜单中选择"删除"命令，打开"删除对象"对话框，如图 3—11 所示。

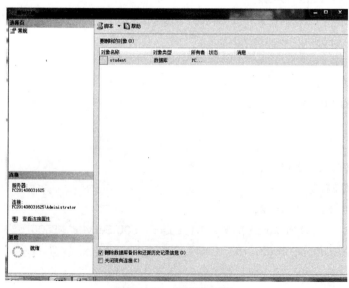

图 3—11 删除数据库

（5）单击"确定"按钮，执行删除操作。数据库删除成功后，在"对象资源管理器"中将不会出现被删除的数据库。

2．利用 T-SQL 语句删除数据库

使用 T-SQL 的 DROP DATABASE 语句可以删除用户数据库，其语法格式如下：

```
DROP DATABASE database_name
```

参数说明如下：

database_name：指定要删除的数据库名称。

3.3　SQL Server 2008 数据库高级管理

3.3.1　收缩用户数据库

SQL Server 2008 采用预先分配空间的方法来建立数据库的数据文件或日志文件，比如，数据文件的空间为 100MB，而实际上只占用了 50MB 空间，这样就会造成存储空间的浪费。为此，SQL Server 2008 提供了收缩数据库的功能，允许对数据库中的每个文件进行收缩，删除已经分配但没有使用的页。

但是，需要注意的是：不能将整个数据库收缩到比其原始大小还要小。因此，如果数据库创建时的大小为 10MB，后来增长到 100MB，则该数据库最小能够收缩到 10MB。

1．利用对象资源管理器收缩用户数据库

（1）自动收缩用户数据库。

如果在创建数据库时，分配的空间过大，使用一段时间后，数据库可能占用多余的磁盘空间，这时可以执行收缩数据库操作来减小数据库占用的空间。

打开"数据库属性"窗口，选择"选项"选项卡，单击自动收缩旁的下拉列表框，选择 True 就可设定数据库为自动收缩，如图 3—12 所示。以后，DBMS 会定期检查每个数据库的空间使用情况，并自动收缩数据文件的大小。

（2）手动收缩用户数据库。

用户也可以根据需要，选择手动收缩用户数据库。具体步骤如下：

1）打开 SQL Server Management Studio，并连接到数据库实例。

2）在"对象资源管理器"窗口中展开数据库实例下的"数据库"项。

3）选中需要收缩的数据库，并单击鼠标右键。

4）在弹出的快捷菜单中选择"任务"→"数据库"命令，打开"收缩数据库"对话框，如图 3—13 所示。

图3—12 设置自动收缩数据库

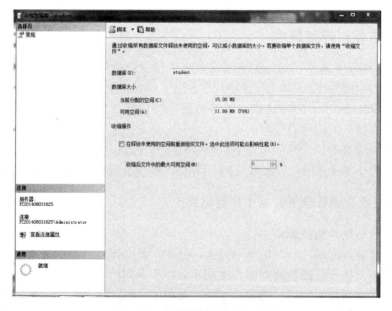

图3—13 "收缩数据库"对话框

5）在"收缩数据库"对话框中，"当前分配的空间"文本框中显示数据库当前占用的空间，"可用空间"文本框中显示数据库当前的可用空间，在"收缩后文件中的最大可用空间"文本框中输入一个整数值。这个值的取值范围是0～99，表示数据库收缩后数据库文件可用空间占用的最大百分比。

6）完成设置后，单击"确定"按钮，执行收缩数据库任务。

（3）手动收缩数据文件。

用户除了可以收缩数据库外，还可直接收缩数据文件。具体步骤如下：

1）打开SQL Server Management Studio，并连接到数据库实例。

2）在"对象资源管理器"窗口中展开数据库实例下的"数据库"项。

3）选中需要收缩的数据库，并单击鼠标右键。

4）在弹出的快捷菜单中选择"任务"→"数据库"命令，打开"收缩文件"对话框，如图3—14所示。

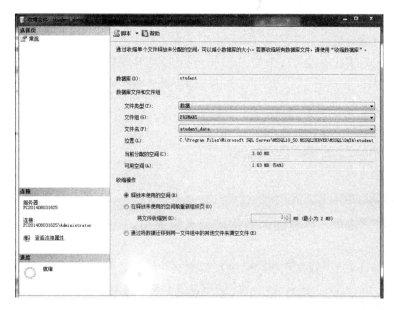

图 3—14 "收缩文件"对话框

5）在"收缩文件"对话框中，在"文件类型"下拉框中选择需要收缩数据文件还是事务日志文件。如果收缩的是数据文件，可以在"文件组"下拉列表框中选择文件所在的文件组。

6）在"文件名"下拉列表框中输入收缩的文件名称，则在"位置"文本框中显示所选择文件的路径。

7）在"收缩操作"选项组中选择一种操作模式。

● 释放未使用的空间：直接释放文件中的未使用空间。执行这种收缩操作，可以不用移动数据。

● 在释放未使用的空间前重新组织页：释放文件中所有未使用的空间，并尝试将行重新定位到未分配页。如果选中了这种操作模式，必须指定"将文件收缩到"值。

● 通过将数据迁移到同一文件组中的其他文件来清空文件：将文件中的所有数据移至同一文件组中的其他文件中，然后可以删除空文件。

8）完成设置后，单击"确定"按钮，执行收缩文件任务。

2. 利用 T-SQL 语句收缩用户数据库

利用 T-SQL 语句收缩用户数据库有自动收缩数据库、手动收缩数据库和收缩指定数据文件三种方式。

（1）自动收缩数据库。

使用 ALTER DARABASE 语句可以实现用户数据库的自动收缩，其语法格式如下：

```
ALTER DATABASE database_name
SET AUTO_SHRINK ON/OFF
```

参数说明如下：

- ON：将数据库设为自动收缩。
- OFF：将数据库设为不自动收缩。

（2）手动收缩数据库。

使用 DBCC SHRINKDATABASE 语句可以实现用户数据库手动收缩，其语法格式如下：

```
DBCC SHRINKDATABASE
(database_name|database_id|0[,target_percent]
[,{NOTRUMCATE |TRUNCATEONLY}]
)
```

参数说明如下：

- database _ name：要收缩的数据库的名称或 ID，如果指定为 0，则使用当前数据库。
- target _ percent：数据库收缩后的数据库文件中所需的剩余可用空间百分比。
- NOTRUMCATE：通过将已分配的页从文件末尾移动到文件前面的未分配页来压缩数据文件中数据。
- TRUNCATEONLY：将文件末尾的所有可用空间释放给操作系统，但不在文件内部执行任何页移动。如果与 TRUNCATEONLY 一起指定，将忽略 target _ percent。

【例 3—6】收缩 student 数据库的大小，使得数据库中的文件有 20％可用空间。

```
DBCC SHRINKDATABASE(student,20)
```

（3）收缩指定数据文件。

使用 DBCC SHRINKFILE 语句可以实现收缩指定数据文件，其语法格式如下：

```
DBCC SHRINKFILE
({file_name|file_id}{[,EMPTYFILE]|[[,target_size]
[,NOTRUNCATE|TRUNCATEONLY}]]}
)
[WITH NO_INFOMSGS]
```

参数说明如下：

- file _ name：要收缩的文件的逻辑名称或文件的标识号（ID）。
- target _ size：用兆字节表示的文件大小（用整数表示）。如果未指定，则将文件大小减少到默认大小。默认大小为创建文件时指定的大小。

【例 3—7】将 student 数据库中名为 student _ data 的数据文件收缩到 7MB。

```
DBCC SHRINKFILE(student_data,7)
```

3.3.2 分离与附加用户数据库

在 SQL Server 中，用户数据库可以从服务器的管理中分离出来，脱离服务器的管理，同时保持数据文件和事务日志文件的完整性和一致性。分离出来的数据库的事务日志文件和数据文件可以附加到其他 SQL Server 服务器上构成完整的数据库，附加的数据库和分离时完全一致。

与分离对应的是附加用户数据库操作。执行附加用户数据库操作，可以很方便地在 SQL Server 2008 服务器之间利用分离后的数据文件和事务日志文件组成新的数据库。

在实际工作中，分离用户数据库作为对数据基本稳定的数据库的一种备份的办法来使用。

1. 利用对象资源管理器分离与附加用户数据库

（1）分离用户数据库。

分离用户数据库是将数据库从 SQL Server 服务器实例中删除，但是数据库中的数据文件和事务日志文件在磁盘中依然存在。具体步骤如下：

1）打开 SQL Server Management Studio，并连接到数据库实例。

2）在"对象资源管理器"窗口中展开数据库实例下的"数据库"项。

3）选中需要分离的数据库，并单击鼠标右键。

4）在弹出的快捷菜单中选择"任务"→"分离"命令，打开"分离数据库"对话框，如图 3—15 所示。

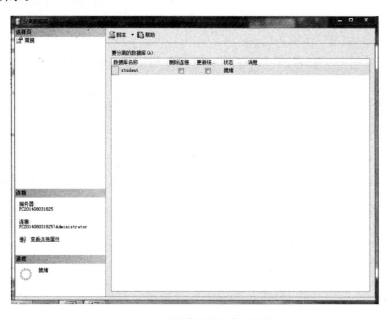

图 3—15 "分离数据库"对话框

5）在"分离数据库"对话框中，"要分离的数据库"列表框中的"数据库名称"栏中显示了所选数据库的名称。其他几项内容介绍如下：

● 更新统计信息：默认情况下，分离操作将在分离数据库时保留过去的优化统计信息，如果需要更新现有的优化统计信息，选中这个复选框。

- 保留全文目录：默认情况下，分离操作将保留所有与数据库关联的全文目录。如果需要删除全文目录，则不选这个复选框。
- 状态：显示当前数据的状态（"就绪"或"未就绪"）。
- 消息：数据库有活动连接时，消息列将显示活动连接的个数。
- 删除连接：如果消息列中显示有活动连接，必须选中这个复选框来断开与所有活动连接的连接。

6）设置完毕后，单击"确定"按钮。DBMS 将执行分离数据库任务。如果分离成功，在"对象资源管理器"中将不会出现被分离的数据库。

（2）附加用户数据库。

在 SQL Server 中，用户可以在数据库实例上附加被分离的数据库，附加时，DBMS 会启动数据库。通常情况下，执行附加用户数据库操作会将数据库重置为分离或复制时的状态。附加用户数据库的具体步骤如下：

1）打开 SQL Server Management Studio，并连接到数据库实例。

2）在"对象资源管理器"窗口中展开数据库实例下的"数据库"项，并单击鼠标右键。

3）在弹出的快捷菜单中，选择"附加数据库"命令，打开"附加数据库"对话框。

4）在"附加数据库"对话框中，单击"添加"按钮，打开"定位数据库文件"对话框。

5）在"定位数据库文件"对话框中，选择数据库所在的磁盘驱动器并展开目录树定位到数据库的.mdf 文件。如果需要为附加的数据库指定不同的名称，可以在"附加数据库"对话框的"附加为"中输入名称。

6）如果需要更改所有者，可以在"所有者"栏中选择其他项，以更改数据库的所有者。

7）设置完毕后，单击"确定"按钮。DBMS 将执行附加用户数据库任务。如果附加成功，在"对象资源管理器"中将会出现被附加的用户数据库。

2. 利用系统存储过程分离与附加用户数据库

（1）分离用户数据库。

使用系统存储过程 sp_detach_db 来执行分离用户数据库的操作，其语法格式如下：

```
sp_detach_db[@dname = ]'database_name'
[,[@skipchecks = ]'skipchecks']
[,[@keepfulltextindexfile = ]'keepfulltextindexfile'
```

参数说明如下：

- [@dname=]'database_name'：要分离的数据库名称。
- [@skipchecks=]'skipchecks'：指定跳过还是运行 UPDATE STATISTIC。
- [@keepfulltextindexfile=]'keepfulltextindexfile'：指定在数据库分离操作过程中不会删除与所分离的数据库关联的全文索引文件。

【例 3—8】分离 student 数据库。

```
USE master
GO
EXEC sp_detach_db @dbname = 'student'
GO
```

（2）附加用户数据库。

使用 attach_db 来执行附加用户数据库的操作，其语法格式如下：

```
sp_attach_db[@dbname = ]'dbname',[@filename1 = 'filename_n'[,…16]
```

参数说明如下：

- [@dbname=]'dbname'：要附加到该服务器的数据库的名称，该名称必须是唯一的。
- [@filename1='filename_n'：数据库文件的物理名称，包括路径，文件名列表至少包括主文件，主文件中包含指向数据库中其他文件的系统表。

3.3.3　用户数据库快照

1. 用户数据库快照的作用

用户数据库快照就是数据库的一个只读副本，就像给数据库拍了照片一样，这是在 SQL Server 2005 才增加的功能，只有 SQL Server 2005 Enterprise Edition 和更高版本才提供用户数据库快照功能。

用户数据库快照是数据库的只读、静态视图。多个快照可以位于一个源数据库中，并且可以作为数据始终驻留在同一服务器实例上。创建快照时，每个数据库快照在事务上与源数据库一致。因此，如果源数据库出现错误，可利用快照将源数据库恢复到创建快照时的状态，丢失的数据仅限于创建快照后数据库更新的数据。所有恢复模式都支持用户数据库快照。

2. 创建用户数据库快照

任何能创建用户数据库的用户都可以创建用户数据库快照。SQL Server Management Studio 不支持创建用户数据库快照，创建快照的唯一方式是使用 T-SQL 语句。

通过使用 AS SNAPSHOT OF 对文件执行 CREATE DATABASE 语句来完成用户数据库快照的创建，同时需要指定源数据库的每个数据文件的逻辑名称。其语法格式如下：

```
CREATE DATABSE database_snashot_name ON
(NAME = logical_file_name,
FILENAME = 'os_file_name')[,…n]
AS SNAPSHOT OF source_database_name
```

参数说明如下：

- database_snashot_name：新数据库快照的名称。
- NAME=logical_file_name：源数据中数据文件逻辑名称。
- FILENAME='os_file_name'：新数据库快照的物理文件名称。
- AS SNAPSHOT OF source_database_name：指定创建的数据库快照所对应的源

数据库名称为 source _ database _ name，快照和源数据库必须位于同一案例中。

【例 3—9】对 student 数据库创建用户数据库快照，快照名称为 student _ dbss，其物理文件的名称为 student _ data. ss。

```
CREATE DATABASE student_dbss ON
(NAME = student_data,
FILENAME = 'C:\Program Files\Microsoft SQL Server\MSSQL10_50.MSSQLSERVER\
MSSQL\DATA\student_data.ss'
AS SNAPSHOT OF student;
GO
```

3. 删除用户数据库快照

在数据库中，任何具有 DROP DATABASE 权限的用户都可以使用 T-SQL 语句删除用户数据库快照。删除用户数据库快照会终止所有到此快照的用户连接。

【例 3—10】删除名为 student _ dbss 的用户数据库快照，但不影响数据库。

```
DROP DATABASE student_dbss
```

本章小结

本章介绍了 SQL Server 数据库的相关知识，内容主要包括数据库的基本概念、数据库的创建和管理。在 SQL Server 中，数据库的构成包括数据文件和事务日志文件的物理结构。

习　题

1. 在 SQL Server 中，有哪些类型的数据库？
2. 简述 SQL Server 中数据库的结构。
3. 创建用户数据库的方法有哪些？具体操作步骤是什么？
4. 试说明创建一个用户数据库的语句格式中各个选项的含义。
5. 实现数据库的收缩包括哪些方法？
6. 简述用户数据库快照的优点。

第4章

数据表创建与管理

本章学习目标

- 熟练掌握数据表的创建、修改和删除方法；
- 熟练掌握表数据的插入、修改和删除方法；
- 熟练数据表的约束及其使用。

单元任务书

1. 创建用户自定义数据类型 stu_id；
2. 利用表设计器和 T-SQL 语句创建学生信息表 stu_info；
3. 创建课程信息表 course_info，设置 course_id 字段为主键；
4. 在课程信息表中创建 UNIQUE 约束、CHECK 约束、DEFAULT 约束；
5. 修改学生信息表 stu_info，增加学生电话列，增加主键约束；
6. 删除学生信息表 stu_info；
7. 在学生信息表 stu_info 中增加一条记录，更改指定学号学生信息；
8. 删除学生信息表 stu_info 的所有学生的信息。

4.1 数据表

4.1.1 数据表的基本概念

数据库是保存数据的集合，其目的在于存储和返回数据。如果没有数据库中的表所提供的结构，这些任务是不可能完成的。数据库中包含一个或多个表，表是数据库的基本构造块。同时，表是数据的集合，是用来存储数据和操作数据的逻辑结构。表由行和列构成。行数据被称为记录，是组织数据的单位；列数据被称为字段，每一列表示记录的属性。

在 SQL Server 中，数据表分为永久数据表和临时数据表两种。永久数据表在创建后一直存储在数据库文件中，直至被用户删除为止；而临时数据表则在用户退出或系统修复时被自动删除。临时表又分为局部临时表和全局临时表。局部临时表只能由创建它的用户使用，在该用户的连接断开时，它被自动删除；全局临时表对系统当前的所有连接用户来说都是可用的，在使用它的一个会话结束时被自动删除。在创建表时，系统根据表名来确定是创建临时表还是永久表。临时表的表名以"♯"开头，除此以外为永久表。局部临时表的表名开头包含一个"♯"，而全局临时表的表名开头包含两个"♯"。

4.1.2　数据类型

在数据表中的每一个数据列都会有特定的属性，而这些属性中最重要的就是数据类型（Data Type）。数据类型是用来定义储存在数据列中的数据，其限制了一个列中可以存储的数据的类型，在某些情况下甚至限制了该列中的可能值的取值范围。

在 SQL Server 中，数据类型可以是系统提供的数据类型，也可以是用户自定义的数据类型。

1. 系统提供的数据类型

SQL Server 系统提供的数据类型有七类，如表 4—1 所示。

表 4—1　　　　　　　　　　　SQL Server 系统提供的七类数据类型

数据类型分类	基本目的
精确数字	存储带小数或不带小数的精确数字
近似数字	存储带小数或不带小数的数值
货币	存储带小数的数值，专门用于货币值，最多可以有 4 个小数位
日期和时间	存储日期和时间信息，并强制实施特殊的年代规则
字符	存储基于字符的可变长度的值
二进制	存储以严格二进制（0 或 1）表示的数据
特殊数据类型	要求专门处理的复杂数据类型，如 XML 文档

（1）精确数字数据类型。

精确数字数据类型用来存储没有小数位或者有多个小数位的数值，使用任何算术运算符都可以操纵这些数据类型中存储的数值，而不需要进行任何特殊处理。精确数字数据类型的存储也是经过精确定义的，表 4—2 列出了 SQL Server 支持的精确数字数据类型。

表 4—2　　　　　　　　　　　　精确数字数据类型

数据类型	存储	取值范围	作用
Bigint	8 字节	$-2E63 \sim 2E63-1$	存储非常大的正负整数
Int	4 字节	$-2E31 \sim 2E31-1$	存储正负整数
Smallint	2 字节	$-32768 \sim 32767$	存储正负整数

续前表

数据类型	存储	取值范围	作用
Tinyint	1 字节	0～255	存储小范围的正整数
Decimal（p，s）	依据不同的精度，需要 5～17 字节	−10E38+1～10E38−1	最大可以存储 38 位十进制数
Numeric（p，s）	依据不同的精度，需要 5～17 字节	−10E38+1～10E38−1	功能上等价于 Decimal，并可以与 Decimal 交换使用

（2）近似数字数据类型。

近似数字数据类型可以存储十进制值。然而，其只能精确到数据类型定义中指定的精度，不能保证小数点右边的所有数字都被正确存储，因此会引入误差。由于这些数据类型是不精确的，所以它们几乎不被使用。只有在精确数据类型不够多，不能存储数值时，才考虑使用 Float。表 4—3 列出了 SQL Server 支持的近似数字数据类型。

表 4—3　　　　　　　　　　　　　　　近似数字数据类型

数据类型	存储	取值范围	作用
Float（p）	4 或 8 字节	−2.23E308～2.23E308	存储大型浮点数，超过十进制数据类型的容量
Real	4 字节	−3.4E38～3.4E38	仍然有效，但为了满足 SQL Server 标准，已经被 Float 替换了

（3）货币数据类型。

货币数据类型用于存储精确到 4 个小数位的货币值。表 4—4 列出了 SQL Server 支持的货币数据类型。

表 4—4　　　　　　　　　　　　　　　货币数据类型

数据类型	存储空间	取值范围	作用
Money	8 字节	−9 223 372 036 854 775 808～9 223 372 036 854 775 807	存储大型货币值
Smallmoney	4 字节	−214 748.364 8～214 748.364 7	存储小型货币值

（4）日期和时间数据类型。

日期和时间数据类型用于存储日期和时间数。表 4—5 列出了 SQL Server 支持的日期和时间数据类型。

表 4—5　　　　　　　　　　　　　　　日期和时间数据类型

日期类型	存储空间	取值范围	作用
Date	3B	0001—01—01～9999—12—31	存储日期值
Time	3～5B	00：00：00：0000000 ～ 23：59：59：9999999	存储时间值
Datetime	8B	1753—01—01 ～ 9999—12—31，精确度为 3.33 毫秒	存储大型日期值和时间值
Smalldatetime	4B	1900—01—01 ～ 2079—01—01，精度为 1 分钟	存储较小范围的日期值和时间值

（5）字符数据类型。

存储字符数据时，要选择一种为此目的而设计的数据类型。每种字符数据类型使用 1 或 2 字节存储每个字符，具体取决于该数据类型使用 ANSI（American National Standard Institute）编码还是 Unicode 编码。其中，ANSI 编码使用 1 字节来表示每个字符，Unicode 编码使用 2 字节来表示每个字符。表 4—6 列出了 SQL Server 支持的字符数据类型。

表 4—6 　　　　　　　　　　　　　　字符数据类型

数据类型	存储空间	字符数	作用
Char（n）	1～8 000B	最多 8 000 个字符	固定宽度的 ANSI 数据类型
Nchar（n）	2～8 000B	最多 4 000 个字符	固定宽度的 Unicode 数据类型
Varchar（n）	1～8 000B	最多 8 000 个字符	可变宽度的 ANSI 数据类型
Varchar（max）	最大 2GB	最多 1 073 741 824 个字符	可变宽度的 ANSI 数据类型
Nvarchar（n）	2～8 000B	最多 4 000 个字符	可变宽度的 Unicode 数据类型
Nvacahar（max）	最大 2GB	最多 536 870 912 个字符	可变宽度的 Unicode 数据类型
Text	最大 2GB	最多 1 073 741 824 个字符	可变宽度的 ANSI 数据类型
Ntext	最大 2GB	最多 536 870 912 个字符	可变宽度的 Unicode 数据类型

（6）二进制数据类型。

有很多时候需要存储二进制数据，因此 SQL Server 提供了三种二进制数据类型，允许在一个表中存储各种数量的二进制。表 4—7 列出了 SQL Server 支持的二进制数据类型。

表 4—7 　　　　　　　　　　　　　　二进制数据类型

数据类型	存储空间	作用
Binary（n）	1～8 000B	存储固定大小的二进制数据
Varbinary（n）	1～8 000B	存储可变大小的二进制数据
Varbinary（max）	最多 2GB	存储可变大小的二进制数据
image	最多 2GB	存储可变大小的二进制数据

（7）特殊数据类型。

除了上述标准数据类型外，SQL Server 还提供了七种特殊数据类型。表 4—8 描述了这些特殊数据类型。

表 4—8 　　　　　　　　　　　　　　特殊数据类型

数据类型	作用
Bit	存储 0、1 或 Null。用于基本标记值，TRUE 被转换为 1，而 FALSE 被转换为 0
Timestamp	一个自动生成的值。每个数据库都包含一个内部计数器，指定一个不与实际时钟关联的相对时间计数器。一个表只能有一个 Timestamp 列，并在插入或修改行时被设置到数据库时间戳
Uniqueidentifer	一个 16 位 GUID，用来全局标识数据库、实例和服务器中的一行

续前表

数据类型	作用
Sql _ variant	可以根据其中存储的数据改变数据类型，最多存储 8 000B
Cursor	供声明游标的应用程序使用，它包含一个可用于操作的游标的引用，该数据类型不能在表中使用
Table	用来存储随后进行的处理的结果集。该数据类型不能用于列，该数据类型的唯一使用时机是触发器，存储过程和函数中声明表变量时
Xml	存储一个 XML 文档，最大容量为 2GB。可以指定表明，强制只能存储格式良好的文档

对一个列的数据类型进行选择，是对数据库做出的最关键的决策。如果选择的数据类型限制性太强，应用程序就不能存储它们应该处理的数据，浪费大量的精力。如果选择的数据类型太宽，就会消耗比所需更多的磁盘和内存空间，从而引起资源和性能方面的问题。

因此，为一个列选择数据类型时，应选择允许期望存储的所有数据值的数据类型，同时使所需的空间最小。

2．用户自定义的数据类型

在系统数据类型的基础上，用户可以根据需要定制数据，称为用户自定义数据类型。当用户自定义数据类型时，需要指定该类型的名称，建立在其上的系统数据类型以及是否允许空值（Null）等特性。

所谓空值，是数据库的一种特殊构造，表示某个值不存在，类似于"未知的"或"不可应用的"。空值不是一个值，也不占用任何存储空间。

利用对象资源管理器或系统存储过程可以非常方便地创建用户自定义数据类型。例如：在 student 数据库中，有很多数据表都要用到"学号"信息，因此可以创建一个名为stu _ id、基于 char 数据类型、长度为 10、不允许为空值的自定义数据类型来表示"学号"信息。

（1）利用对象资源管理器创建用户自定义数据类型。

● 使用"Windows 身份验证"连接到 SQL Server 2008 数据库实例。

● 展开需要创建用户自定义数据类型的数据库，选择"可编程性"→"类型"，单击鼠标右键，然后从弹出的快捷菜单中选择"新建"→"用户定义数据类型"命令，如图4—1 所示，打开"新建用户自定义数据类型"对话框。

● 在"新建用户自定义数据类型"对话框中，可以定义类型的架构、名称、数据类型、长度、允许 NULL 值等。输入名称 stu _ id，选择数据类型 char 和长度 10，如图 4—2 所示。

● 完成设置后，单击"确定"按钮，即可创建用户自定义数据类型。

（2）利用 T-SQL 语句创建用户自定义数据类型。

使用 CREATE TYPE 来执行创建用户自定义数据类型的操作，其语法格式如下：

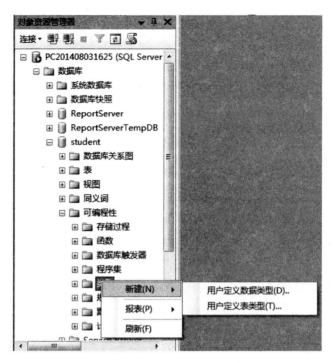

图 4—1 创建用户自定义数据类型

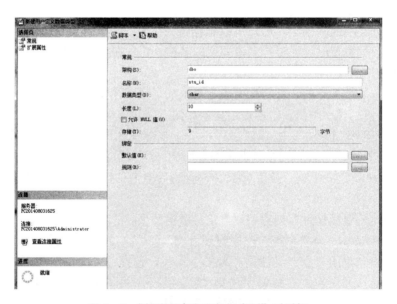

图 4—2 "新建用户定义数据类型"对话框

```
CREATE TYPE type_name
{
  FROM base_type
  [(precision[,scale])]
  [NULL|NOT NULL]
}[;]
```

参数说明如下：

● base_type：用户自定义数据类型所基于的数据类型由 SQL Server 提供。

● precision：指定数据类型的精度。

● scale：对于 Decimal 或 Numeric，指示小数点，它必须小于或等于精度值。

● NULL | NOT NULL：指定此类型是否可容纳空值。如果未指定，则默认为 NULL。

【例 4—1】创建用户自定义数据类型 stu_id。

```
CREATE TYPE stu_id
FROM varchar(10) NOT NULL
```

4.2　创建数据表

创建数据表的一般步骤为：首先定义表结构，即给表的每一列取列名，并确定每一列的数据类型、数据长度、列数据是否可以为空等；其次，为了限制某列数据的取值范围，以保证输入数据的正确性和一致性而设置约束；最后，向表中输入数据。

创建数据表的关键是定义表的结构，通常创建表之前的重要工作是设计表结构，即确定表的名字、表中各个数据项的列名、数据类型和长度、是否为空值等。

数据表的设计在系统开发中占有非常重要的地位。本书所有的实例以 student 数据库为例，包括学生信息表（stu_info）、课程信息表（course_info）和学生成绩表（stu_grade），其结构参看"附录 A"。

在 SQL Server 2008 中，创建数据表可以通过表设计器来操作，也可以利用 T-SQL 语句来实现。

4.2.1　利用表设计器创建数据表

在 SQL Server Management Studio 中，提供一个前端的、填充式的表设计器以简化表的设计工作，利用图形化的方法可以非常方便地创建数据库。利用这种方法创建学生信息表（stu_info）的步骤如下：

（1）启动 SQL Server Management Studio，连接到 SQL Server 2008 数据库实例。

（2）展开 SQL Server 实例，选择"数据库"→"student"→"表"，单击鼠标右键，然后从弹出的快捷菜单中选择"新建表"命令，如图 4—3 所示，打开"表设计器"。

（3）在"表设计器"中，可以定义各列的名称、数据类型、长度、是否允许为空等属性，如图 4—4 所示。

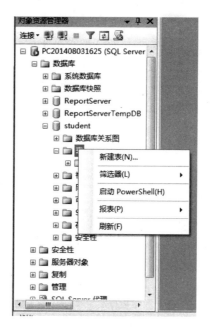

图 4—3　新建表

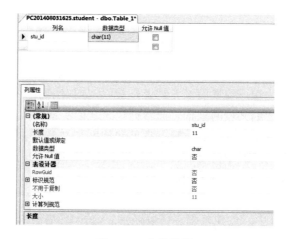

图 4—4　表设计器

（4）当完成新建表的各个列的属性设置后，单击工具栏上的"保存"按钮，弹出"选择名称"对话框，输入新建表名 stu＿info，SQL Server 数据库引擎会依据用户的设置完成新表的创建。

4.2.2　利用 T-SQL 语句创建数据表

利用 CREATE TABLE 语句可以创建数据表，该命令的基本语法如下：

```
CREATE TABLE [database_name. [schema_name]. | schema_name.] table_name
({ <column_definition> }
[ <table_constraint> ][,…n ])
[ ON { filegroup|"default"} ]
```

```
[;]
<column_definition>::=
column_name <data_type> [NULL|NOT NULL]
  [
      [CONSTRAINT constraint_name] DEFAULT constant_expression]
[IDENTITY[( seed,increment)][NOT FOR REPLICATION]
  ]
```

参数说明如下：

● database_name：是创建表的数据库的名称，必须指定现有数据库的名称。如果未指定，则 database_name 默认为当前数据库。

● table_name：新表的名称。表名必须遵循标识符规则。

● column_name：表中列的名称。列名必须遵循标识符规则并且在表中是唯一的。

● ON { filegroup |"default"}：指定存储表的文件组。如果指定了"default"，或根本未指定 ON，则表存储在默认文件组中。

【例 4—2】创建学生信息表 stu_info。

```
CREATE TABLE stu_info(
Stu_id char(10) NOT NULL,
Name nvarchar(20) NOT NULL,
Birthday date NULL,
Sex nchar(20) NULL,
Address nvarchar(20) NULL,
Mark int NULL,
Major nvarchar(20) NULL,
Sdept nvarchar(20) NULL,
);
```

4.3 完整性与约束

数据完整性要求数据库中的数据是现实世界的真实反映，要求设计数据库必须满足现实情况，满足现实商业规则的要求。上一节创建的 stu_info 表中的"sex"列，用户可以任意输入数据，但现实情况中表示性别的是 0 和 1，或者 male 和 female。如果任意输入数据，将对数据库使用产生严重影响，因此需要对录入数据进行约束。约束是保证数据库中数据完整性的重要方法。

4.3.1　完整性

数据完整性是数据库设计方面一个非常重要的问题，它代表数据的正确性、一致性和可靠性。实施完整性的目的在于确保数据的质量。

在 SQL Server 中，根据数据完整性措施所作用的数据库对象和范围不同，可以将数据完整性分类为实体完整性、域完整性和参照完整性等。

1. 实体完整性

实体完整性把数据表中的每行看作一个实体，它要求所有行都具有唯一标识。在 SQL Server 中，可以通过建立 PRIMARY KEY 约束、唯一索引，以及列 IDENTITY 属性等措施来实施实体完整性。

2. 域完整性

域完整性要求数据表中指定列的数据具有正确的数据类型、格式和有效的数据范围。域完整性通过默认值、FOREIGN KEY、CHECK 等约束，以及默认、规则等数据库对象来实现。

3. 参照完整性

参照完整性保证被参照表和参照表之间的数据一致性。在 SQL Server 中，参照完整性通过主键与外键之间的关系来实现，通过建立 FOREIGN KEY 约束来实施。在被参照表中，当其主键值被其他表所参照时，该行不能被删除，也不允许改变。在参照表中，不允许参照不存在的主键值。

4.3.2　约束

约束是数据库中保证数据完整性实现的具体方法。在 SQL Server 中，包括五种约束类型：PRIMARY KEY 约束、FOREIGN KEY 约束、UNIQUE 约束、CHECK 约束和 DEFAULT 约束。

在 SQL Server 中，约束作为数据表定义的一部分，在 CREATE TABLE 语句中定义声明。同时，约束独立于数据表的结构，可以在不改变数据表结构的情况下，使用 ALTER TABLE 语句来添加或删除。

1. PRIMARY KEY 约束

表中的一列或多列的组合，其值能唯一地标识表中的每一行，这样的一列或多列称为表的主键（Primary Key），通过它可以强制表的实体完整性。一个表只能有一个主键，而且主键约束中的列不能为空值。如将学生信息表（stu_info）中学生的"学号"设为该表的主键，它能唯一标识该表，并且该列的值不能为空。如果主键约束定义在不止一列上，则一列中的值可以重复，但主键约束定义中的所有列的组合值必须唯一，因为该组合列将成为表的主键，如将学生成绩表（stu_grade）中学生的"学号"和课程的"课程号"组合并将其作为主键。

（1）使用表设计器创建 PRIMARY KEY 约束。

在表设计器中可以创建、修改和删除 PRIMARY KEY 约束。操作步骤如下：在表设计器中，首先选择需要设置主键的列（如需要设置多个列为主键，则选中所有需要设置为主键的列），单击鼠标右键；然后从弹出的快捷菜单中选择"设置主键"命令，完成主键设置。这时主键列的左边会显示"黄色钥匙"图标。

（2）使用 T-SQL 语句创建 PRIMARY KEY 约束。

创建主键约束的语法格式如下：

```
[CONSTRAINT constraint_name] PRIMARY KEY[CLUSTERED|NONCLUSTERED]
(column_name[,…n])
```

其中，CLUSTERED | NONCLUSTERED 表示所创建的 UNIQUE 约束是聚集索引还是非聚集索引，默认为聚集索引。

【例 4—3】创建课程信息表 course _ info，将 course _ id 字段设为主键。

```
CREATE TABLE course_info(
    course_id char(3)   CONSTRAINT pk_course_id PRIMARY KEY,
    course _name nvarchar(20)   NOT NULL,
    course_type nvarchar(20),
    course_mark int,
    course_time int
);
```

其中，pk _ course _ id 为主键约束名。

2．FOREIGN KEY 约束

外键（Foreign Key）用于建立和加强两个表（主表和从表）的一列或多列数据之间的链接，当数据添加、修改和删除时，通过外键约束保证它们之间数据的一致性。

定义表之间的参照完整性是先定义主表的主键，再对从表定义外键约束。FOREIGN KEY 约束要求列中的每个值在所引用的表中对应的被引用列中都存在，同时 FOREIGN KEY 约束只能引用在所引用的表中是 PRIMARY KEY 或 UNIQUE 约束的列，或所引用的表中在 UNIQUE INDEX 内的被引用列。例如，在学生成绩表（stu _ grade）中，"学号"（外键）必须参照学生基本信息表（stu _ info）中的"学号"（主键）的有效值，与其保持一致性。

（1）使用表设计器创建 FOREIGN KEY 约束。

在表设计器中可以创建、修改和删除 FOREIGN KEY 约束。以设置学生成绩表（stu _ grade）中的"学号"为外键，其取值参照学生基本信息表（stu _ info）中"学号"取值为例，其操作步骤如下：

1）在 stu _ grade 的表设计器中，首先选择需要设置外键的列 stu _ id，单击鼠标右键，然后从弹出的快捷菜单中选择"关系"命令，打开"外键关系"对话框，如图 4—5 所示。

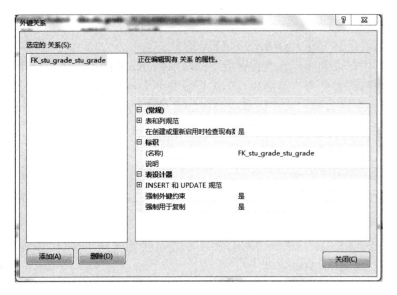

图 4—5　"外键关系"对话框

2）在"外键关系"对话框中，单击"添加"按钮，增加新的外键关系。对新增外键关系进行设置，单击"表和规范"栏右边的"…"按钮，打开"表和列"对话框。

3）在"表和列"对话框中，如果想重新命名外键约束名，可以在"关系名"文本框中输入新的名称；在"主键表"下拉列表框中选择 stu_info 表，并单击"主键表"的下拉按钮并选择其中的 stu_id 作为被参照列；在"外键表"文本框中已经填入当前表名 stu_grade，单击"外键表"的下拉按钮并选择其中的 stu_id 作为参照列，如图 4—6 所示。

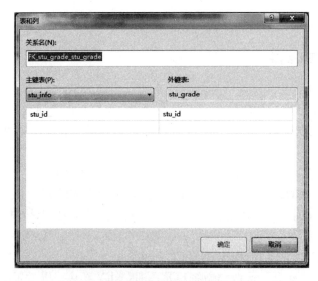

图 4—6　选择外键关系中的约束列

4）设置完成后，单击"确定"按钮返回"外键关系"对话框，主键设置、检查表和列规范、关系名等属性设置无误后，再次单击"确定"按钮，即完成外键约束的创建。

在 SQL Server 2008 中，也可以通过"数据库关系图"来建立外键约束。

（2）使用 T-SQL 语句创建 FOREIGN KEY 约束。

创建外键约束的语法格式如下：

```
[CONSTRAINT column_name][ FOREIGN KEY]
REFERENCES referebced _table_name[([,…n])]
```

参数说明如下：

- referebced _ table _ name：FOREIGN KEY 约束引用的表的名称。
- column _ name：FOREIGN KEY 约束所引用的表中的某列。

【例 4—4】创建成绩表 stu _ grade，其中 stu _ id 的取值参考学生信息表 stu _ info 中 stu _ id 的取值。

```
CREATE TABLE stu_grade(
    Stu_id  char(10)  CONSTRAINT fk_stu_id  FOREIGN KEY REFERENCES
Stu_info(stu_id),
    Course_id  char(3)  NOT NULL,
    Grade  int,
    CONSTRAINT  pk_stu_course  PRIMARY KEY(stu_id,course_id)
);
```

其中，pk _ stu _ course 为主键约束名；fk _ stu _ id 为外键约束名。

3．UINIQUE 约束

UNIQUE 约束用于确保表中某个列或某些列（非主键列）没有相同的列值。与 PRIMARY KEY 约束类似，UNIQUE 约束也强制唯一性，但 UINIQUE 约束用于非主键的一列或多列组合，而且一个表中可以定义多个 UINIQUE 约束。另外，UINIQUE 约束可以用于定义允许空值的列。例如：在课程表（course _ info）中已经定义"课程号"为主键，而现在对于"课程表"也不允许出现重复，就可以通过设置"课程名"为 UINIQUE 约束来确保其唯一性。

（1）使用表设计器创建 UINIQUE 约束。

在表设计器中可以创建、修改和删除 UINIQUE 约束。以设置课程表（course _ info）中的"课程名称"列不能重复为例，其操作步骤如下：

1）在 course _ info 的表设计器中，首先选择需要设置唯一性的列 course _ name，单击鼠标右键，然后从弹出的快捷菜单中选择"索引/键"命令，打开"索引/键"对话框，如图 4—7 所示。

2）在"索引/键"对话框中，单击"添加"按钮，增加新的索引/键关系。对新增索引/键关系进行设置，如果想重新命令约束名，可以在"名称"文本框中输入新的名称；在"是唯一的"下拉列表框中选择"是"；在"列"栏中选择需要建立索引的列。

3）设置完成后，单击"关闭"按钮返回表设计器窗口，再次单击工具栏中的"保存"按钮，即完成唯一性约束的创建。

（2）使用 T-SQL 语句创建 UNIQUE 约束。

创建唯一性约束的语法格式如下：

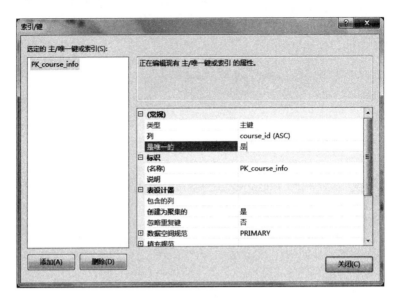

图4—7 "索引/键"对话框

[CONSTRAINT constraint_name]UINQUE[CLUSTERED|NONCLUSTERED]

其中，CLUSTERED | NONCLUSTERED 表示所创建的 UNIQUE 约束是聚集索引还是非聚集索引，默认为非聚集索引。

【例4—5】创建课程信息表 course_info，将 course_id 字段设置为主键，并且 course_name 不能重复。

```
CREATE TABLE course_info(
    course_id char(3) CONSTRAINT pk_course_id PRIMARY KEY,
    course_name nvarchar(20) CONSTRAINT un_name UNIQUE NOT NULL,
    course_type nvarchar(20),
    course_mark int,
    course_time int,
);
```

4. CHECK 约束

CHECK 约束用于限制输入到一列或多列的值的范围，从逻辑表达式判断数据的有效性，也就是一个列的输入内容必须满足 CHECK 约束的条件；否则，数据无法正常输入，从而强制数据的域完整性。例如，学生成绩表（stu_grade）中的"成绩"数据，其值应该保证为0~100；又如，课程信息表中（course_info）中的"学时"数据，其值应该为0~90。用 int 数据类型无法实现的，可以通过 CHECK 约束来完成。

（1）使用表设计器创建 CHECK 约束。

在表设计器中可以创建、修改和删除 UNIQUE 约束。以设置课程表（course_info）中的"学时"列数据为0~90为例，其操作步骤如下：

1）在 course_info 的表设计器中，首先选择需要设置检查约束的列 course_info，单击鼠标右键，然后从弹出的快捷菜单中选择"CHECK 约束"命令，打开"CHECK 约束"对话框，如图 4—8 所示。

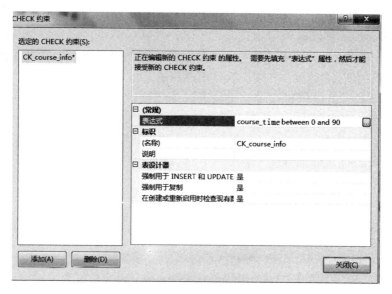

图 4—8 "CHECK 约束"对话框

2）在"CHECK 约束"对话框中，单击"添加"按钮，增加新的 CHECK 约束。对新增 CHECK 约束进行设置，如果想重新命名约束名，可以在"名称"文本框中输入新的名称；在"表达式"文本框中输入 CHECK 表达式"course _ time between 0 and 90"。

3）设置完成后，单击"关闭"按钮返回表设计器窗口，再次单击工具栏中的"保存"按钮，即完成 CHECK 约束的创建。

（2）使用 T-SQL 语句创建 CHECK 约束。

创建 CHECK 约束的语法格式如下：

［CONSTAINT constraint_name］CHECK(check_expression)

其中，check _ expression 为检查表达式。

【例 4—6】创建课程信息表 course _ info，将 course _ id 字段设为主键，course _ name 字段不能重复，且 course _ time 字段取值为 0～90。

```
CREATE TABLE course_info(
    course_id char(3) CONSTRAINT pk_course_id PRIMARY KEY,
    course_name nvarchar(20) CONSTRAINT un_name UNIQUE NOT NULL,
    course_type nvarchar(20),
    course_mark int,
    course_time int CONSTRAINT ck_course_time CHECK(course_time between 0
and 90)
    );
```

其中，pk _ course 为主键约束名；un _ name 为唯一性约束名；ck _ course _ time 为检查约束名。

5. DEFAULT 约束

若将表中某列定义了 DEFAULT 约束，用户在插入新的数据行时，如果没有为该列定义数据，那么系统将默认值赋给该列，当然，该默认值也可以是空值（Null）。例如，假设学生信息表（stu_info）中的学生绝大多数都来自"经管学院"，就可以通过设置"系别"字段的 DEFAULT 约束来实现，简化用户的输入。

（1）使用表设计器创建 DEFAULT 约束。

在表设计器中可以创建、修改和删除 DEFAULT 约束。其操作步骤如下：在表设计器中，首先选择需要设置 DEFAULT 值的列，在下面"列属性"的"默认值或绑定"栏中输入默认值，然后单击工具栏中的"保存"按钮，即完成 DEFAULT 约束的创建。

（2）使用 T-SQL 语句创建 DEFAULT 约束。

创建 DEFAULT 约束的语法格式如下：

[CONSTAINT constraint_name]DEFAULT(constraint_expression)

其中，constraint_expression 为默认值。

【例 4—7】创建课程信息表 course_info，将 course_id 字段设为主键，course_name 字段不能重复，且 course_time 字段取值为 0~90，course_mark 字段默认值为 3。

```
CREATE TABLE course_info(
    course_id char(3) CONSTRAINT pk_course_id PRIMARY KEY,
    course_name nvarchar(20) CONSTRAINT un_name UNIQUE NOT NULL,
    course_type nvarchar(20),
    course_mark int CONSTEAINT de_course_mark DEDAULT 3,
    course_time int CONSTRAINT ck_course_time CHECK(course_time between 0
and 90),
    pre_course_id char(3)
    );
```

其中，pk_course 为主键约束名；un_name 为唯一性约束名；ck_course_time 为检查约束名；de_course_mark 为默认约束名。

4.4 管理数据表

在数据库的使用过程中，经常会发现原来创建的表可能存在结构、约束等方面的问题或缺陷。如果用一个新表替换原来的表，将造成表中数据的丢失。因此，需要有修改数据表而不删除数据的方法。

4.4.1　修改数据表

1. 利用表设计器修改数据表

（1）启动 SQL Server Management Studio，连接到 SQL Server 2008 数据库实例。

（2）首先展开 SQL Server 实例，选择"数据库"→"student"→"表"→"stu_info"，单击鼠标右键，然后从弹出的快捷菜单中选择"设计"命令，如图 4—9 所示，打开"表设计器"对话框。

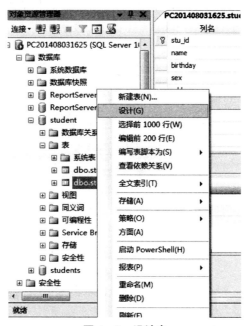

图 4—9　设计表

（3）在"表设计器"对话框中，可以增加列、修改列和删除列的名称、数据类型、长度、是否允许为空等属性，如图 4—10 所示。

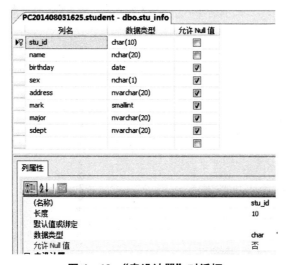

图 4—10　"表设计器"对话框

1）增加列。

在 stu_info 表窗口中单击一行，输入增加列的名称、数据类型、长度、是否允许为空等属性。

2）修改列。

可以修改列的属性信息，包括列的名称、数据类型、长度、是否允许为空等属性，也可以增加约束条件。

设置主键：在 stu_info 表中，stu_id 是不能重复且不能为空的，因此应将其设置为主键。操作如下：在 stu_info 表窗口中，选择 stu_id 列，单击工具栏上的"设置主键"按钮。

设置 CHECK 约束：在 stu_info 表中，mark 表示学生入学成绩，应该大于 500 分，因此应将其设置 CHECK 约束。操作如下：在 stu_info 表窗口中，单击工具栏上的"管理 CHECK 约束"按钮，弹出"CHECK 约束"对话框，单击"添加"按钮，在表达式中输入（[mark]>(500)），如图 4—11 所示。

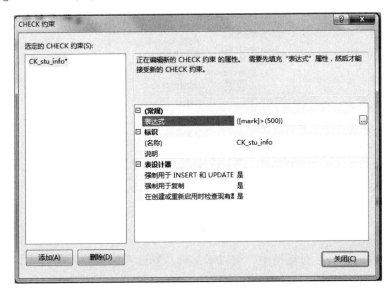

图 4—11　"CHECK 约束"对话框

3）删除列。

在 stu_info 表窗口中选择要删除的列，单击鼠标右键，从弹出的快捷菜单中选择"删除列"命令。

（4）当完成修改表的操作后，单击工具栏上的"保存"按钮，SQL Server 数据库引擎会依据用户的设置完成表的修改。

当表中已经存在记录时，不要轻易修改表的结构，特别是修改列的长度和数据类型，以免造成错误。

2．利用 T-SQL 语句修改数据表

修改数据表的语法形式如下：

```
ALTER TABLE table_name
{[ALTER COLUMN column_name
```

```
{new data type[(precision[,scale])]}
[NULL|NOT NULL]
| ADD
{[<column_definition>][,…n]
| DROP {[CONSTRAINT]constraint_name|COLUMN column_name}[,…n]
```

参数说明如下：

- table_name：所要修改的表的名称。
- ALTER COLUMN：修改列的定义。
- ADD：增加新列或约束。
- DROP：删除列或约束。

【例4—8】在学生信息表 stu_info 中增加学生电话的列，数据类型为 varchar，长度为11，允许为空。

```
ALTER TABLE stu_info
    ADD phone_code varchar(11) NULL
```

【例4—9】在学生信息表 stu_info 中增加主键约束。

```
ALTER TABLE stu_info
    ADD CONSTRAINT pk_id PRIMARY KEY(stu_id)
```

【例4—10】在学生信息表 stu_info 中删除表示学生电话的列。

```
ALTER TABLE stu_info
    DROP COLUMN phone_code
```

4.4.2 删除数据表

1. 利用对象资源管理器删除数据表

（1）启动 SQL Server Management Studio，连接到 SQL Server 2008 数据库实例。

（2）展开 SQL Server 实例，选择"数据库"→"student"→"表"→"stu_info"，单击鼠标右键，然后从弹出的快捷菜单中选择"删除"命令，打开"删除对象"对话框。

（3）在"删除对象"对话框中，显示删除对象的属性信息，单击"确定"按钮，SQL Server 数据库引擎会依据用户的设置完成表的删除。

2. 利用 T-SQL 语句删除数据表

删除数据表的语法形式如下：

```
DROP TABLE table_name[,…n]
```

其中，table_name 为所要删除的表的名称。

【例4—11】删除学生信息表 stu_info。

```
DROP TABLE stu_info
```

删除表时只能删除用户表，不能删除系统表。删除表一旦操作完成，表中数据也被删除，而且无法恢复。

4.5 管理表数据

创建表的目的在于利用表进行数据的存储和管理。对数据进行管理的前提是数据的存储，向表中添加数据，没有数据的表没有任何实际意义；添加完成后，用户可以根据自己的需要对表中的数据进行修改和删除。

在 SQL Server 2008 中，对数据的管理包括插入、修改和删除，可以通过 SQL Server Management Studio 来操作，也可以利用 T-SQL 语句来实现。

4.5.1 插入表数据

1. 利用对象资源管理器插入表数据

（1）启动 SQL Server Management Studio，连接到 SQL Server 2008 数据库实例。

（2）展开 SQL Server 实例，选择"数据库"→"student"→"表"→"stu_info"，单击鼠标右键，然后从弹出的快捷菜单中选择"编辑前 200 行"命令，打开表窗口，如图 4—12 所示。

图 4—12 选择"编辑前 200 行"命令

（3）在表窗口中，显示当前表中数据，单击表格中最后一行，填写相应数据信息，如图 4—13 所示。

PC201408031625.student - dbo.stu_info								▼ ✕
stu_id	name	birthday	sex	address	mark	major	sdept	
2015106001	张一	1996-03-05	男	四川广元	560	会计	经管学院	
2015106002	李嫒嫒	1995-07-09	女	湖南湘潭	578	电子商务	经管学院	
2015106005	陈刚	1995-12-01	男	四川绵阳	542	财务管理	经管学院	
2015106006	孙浩男	1996-11-14	男	四川达州	566	计算机科学	计算机学院	
2015106007	张钰琳	1998-02-06	女	四川成都	550	软件工程	计算机学院	
▶* NULL	NULL	NULL	NULL	NULL	NULL	NULL	NULL	

图 4—13　表窗口

2. 利用 T-SQL 语句插入表数据

插入表数据的语法格式如下：

```
INSERT INTO table_name[(column_name[,…n])]
VALUES(expression |NULL |DEFAULT[,…n])
```

参数说明如下：

- table_name：所要插入数据的表的名称。
- column_name：要插入数据所对应的字段名。
- expression：与 column_name 所对应的字段的值，字符型和日期型需要加单引号。

【例 4—12】在学生信息表 stu_info 中增加一条记录（2015106008，孙倩，1997—02—16，女，重庆梁平，578，信息管理，经管学院）。

```
INSERT INTO stu_info(stu_id,name,birthday,sex,address,mark,major,sdept)
VALUES('2015106008','孙倩','1997—02—16','女','重庆梁平','578','信息管理','经管学院')
```

如果向表中所有列插入数据，字段名可以省略，但必须保证 VALUES 后的各数据项的位置和类型与表结构的定义完全一致。因此，上例也可以写为：

```
INSERT INTO stu_info VALUES('2015106008','孙倩','1997—02—16','女','重庆梁平','578','信息管理','经管学院')
```

在插入数据时，对于允许空值的列，可以使用 NULL 插入空值；对于具有默认值的列，可以使用 DEFAULT 插入默认值。

INSERT INTO 除了能够实现一次插入一条记录以外，还可以通过子查询一次插入多条记录。例如，创建了新表 stu_computer_info 用于存储所有经管学院的学生。

【例 4—13】将学生信息表 stu_info 中的经管学院学生信息存储到信息学院学生信息表 stu_computer_info 中。

```
INSERT INTO stu_computer_info
SELECT * FROM stu_info WHERE sdept = '经管学院'
```

4.5.2　修改表数据

1. 利用对象资源管理器删除数据表

修改表数据与插入表数据操作类似，这里不再赘述。

2. 利用 T-SQL 语句修改表数据

修改表数据的语法格式如下：

```
UPDATE table_name SET column_name = expression[,…n]
[WHERE search_conditions]
```

参数说明如下：

- table_name：所要修改数据的表的名称。
- column_name：要修改数据所对应的字段名。
- expression：要更新的值。
- search_conditions：更新条件，只有满足条件的记录才会被更新。如果不设置，则更新所有记录。

【例 4—14】将学生信息表 stu_info 中的所有学生的专业信息修改为"软件工程"。

```
UPDATE stu_info SET major = '软件工程'
```

【例 4—15】将学生信息表 stu_info 中的学号为"2015106005"同学的姓名更改为"张刚"。

```
UPDATE stu_info SET name = '张刚'WHERE stu_id = '2015106005'
```

4.5.3　删除表数据

1. 利用对象资源管理器删除数据表

删除表数据与插入表数据操作类似，这里不再赘述。

2. 利用 T-SQL 语句修改表数据

使用 DELETE 语句可以从表中删除一条或多条记录，删除表数据的语法格式如下：

```
DELETE FROM table_name [WHERE search_conditions]
```

参数说明如下：

- table_name：所要删除数据的表的名称。
- search_conditions：删除条件，只有满足条件的记录才会被删除。如果不设置，则删除所有记录。

【例 4—16】将学生信息表 stu_info 中的所有学生信息删除。

```
DELETE FROM stu_info
```

【例 4—17】将学生信息表 stu_info 中的所有"软件工程"专业学生的信息删除。

```
DELETE FROM stu_info WHERE major = '软件工程'
```

在使用 DELETE 语句删除表中记录时，如果有关联表存在，那么应当先删除外键表的相关记录，再删除主键表中的记录。

 本章小结

本章介绍了 SQL Server 中数据表的相关知识，其内容主要包括数据表的基本概念、数据表的创建和管理、约束和完整性，以及如何管理表数据。

 **习　题**

1. SQL Server 中有哪些数据类型？
2. 创建用户数据表的方法有哪些？具体步骤是什么？
3. 创建、修改、删除数据表的语法格式和各个参数的含义是什么？
4. 简述 SQL Server 中约束的种类。

数据查询

 本章学习目标

- 熟练掌握使用 SELECT 查询语句从表中检索数据;
- 熟练掌握在 WHERE 子句中使用不同的搜索条件过滤数据;
- 熟练利用 SELECT 语句进行简单查询、连接查询和嵌套查询。

 单元任务书

1. 查询全体学生的详细信息;
2. 查询全体学生的姓名及年龄;
3. 在学生表中查询学生的所在系,并消除重复记录;
4. 查询计算机系全体学生的姓名;
5. 查询年龄为 15～22 岁的学生的姓名、所在系和年龄;
6. 查询计算机学院全体学生的姓名;
7. 查询外国语学院、经济与管理学院和计算机学院学生的姓名和性别;
8. 查询姓"张"或姓"李"的学生的详细信息;
9. 查询名字中第 2 个字为"小"或"大"字的学生的姓名和学号;
10. 在学生表中查询学号的最后一位不是 1 的学生信息;
11. 查询学生总人数;
12. 计算"电子商务基础"课程的平均成绩;
13. 查询所有的课程编号及相应的选课人数;
14. 查询选修了 3 门以上课程的学生学号;
15. 查询男女生各自的总人数;
16. 查询选修了"电子商务基础"课程的学生学号、成绩;

17. 查询"电子商务基础"课程成绩最高的学生姓名；
18. 查询男生的成绩信息；
19. 查询学生的学号、姓名、性别、系别、平均成绩。

5.1　查询语句

5.1.1　SELECT 语句的语法结构

数据查询功能是 SQL 语言的核心部分。应用程序通常需要从数据库中获取数据，或者将用户提交的数据加入数据库中。无论是高级查询还是低级查询，SQL 查询语句的需求是最频繁的。

SQL 查询语句的完整语法如下：

SELECT [ALL|DISTINCT][TOP n [PERCENT]] select_list
　　[INTO new_table]
FROM table_name
　　[WHERE search_condition]
　　[GROUP BY group_by_expression]
　　[HAVING search_condition]
　　[ORDER BY order_expression [ASC|DESC]]

查询语句语法中带有 [] 的子句为可选子句，英文大写单词表示 SQL 的关键字。SQL 查询子句顺序为 SELECT、FROM、WHERE、GROUP BY、HAVING 和 ORDER BY，子句的顺序不能改变。

其中，SELECT 是必需的，用来指定返回的列，其余子句均可省略。FROM 子句用来指定查询的数据表。WHERE 子句用于指定限定查询的条件。GROUP BY 子句用于指定需要聚合的列。HAVING 子句列出聚合标准，HAVING 子句必须与 GROUP BY 子句搭配起来使用。ORDER BY 子句给出结果的排序要求。

5.1.2　SELECT 语句的执行顺序

当执行 SELECT 语句时，DBMS 的执行步骤如下：

（1）首先执行 FROM 子句，组装来自不同数据源的数据，根据 FROM 子句的一个或多个表创建工作表。

（2）WHERE 子句基于指定的条件对记录进行筛选，将 WHERE 子句列出的搜索条件作用于第一步生成的工作表。

（3）GROUP BY 子句将数据划分为多个分组。把第二步生成的表的行分成多个组。

接着，DBMS 将每组减少到单行，将其添加到新的结果表中，用以替代第一步的工作表。DBMS 将 NULL 值看作相等的，而且把所有 NULL 值都放在同一组中。

（4）使用聚合函数进行计算。

（5）使用 HAVING 子句筛选分组。将 HAVING 子句列出的搜索条件作用于前面生成的表中的每一行，保留满足搜索条件的行。

（6）将 SELECT 子句作用于结果表。删除不包含在 select _ list 中的列。

（7）使用 ORDER BY，按照指定的排序规则对结果集进行排序。

5.1.3 SELECT 语句的执行方式

利用 SQL Server 2008 提供的 SQL 编辑器执行 SELECT 查询语句，具体操作步骤如下：

（1）启动 SQL Server Management Studio。

（2）单击工具栏中的"新建查询"按钮，打开 SQL 编辑器。

（3）修改当前数据库为查询语句所需的数据源。

（4）在 SQL 编辑器中输入查询语句。

（5）单击工具栏中"分析"按钮，进行语法分析，在 SQL 编辑器结果栏中显示分析结果，如图 5—1 所示，如果出现"命令已成功完成"的结果，表示当前的查询语句没有语法错误。

图 5—1 对查询语句进行分析的结果

（6）单击工具栏中"执行"按钮或者 F5 键，执行查询语句操作，结果栏中显示查询返回的数据。如图 5—2 所示，在消息栏中提示"消息 207，级别 16，状态 1，第 1 行   列名'Sno'无效"。

根据提示对查询语句进行修改。修改完成重新执行，就会看到查询结果，如图 5—3 所示。

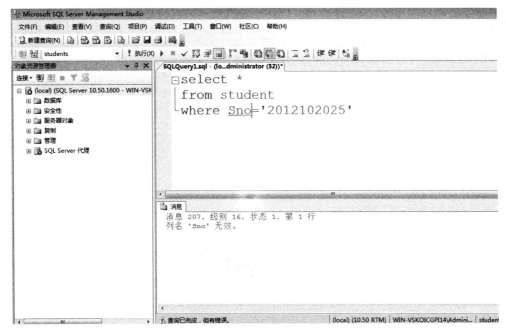

图 5—2 查询错误消息

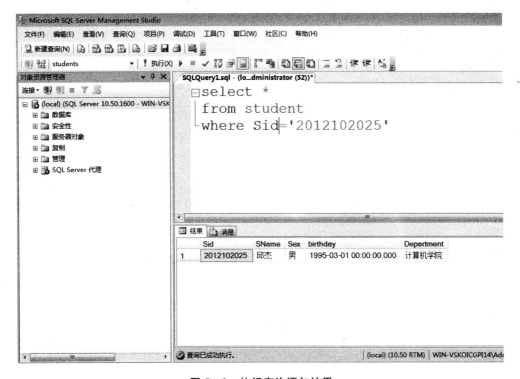

图 5—3 执行查询语句结果

5.2 简单查询

5.2.1 查询列

1. 查询指定的列

查询指定的列的语法格式为：

SELECT column_name1[,column_name2,…]

FROM table_name

数据表中有多列，通常，不同的用户关注的内容不同，需要显示的结果也不同。通过 SELECT 语句可指定显示结果的列，列用逗号隔开，其显示顺序由 SELECT 子句指定，与数据在表中的存储顺序无关。

【例 5—1】查询所有学生的学号、姓名、所在系。

根据 SELECT 语句的语法，在"SQL 编辑器"中执行下面查询语句：

SELECT sid,sname,sex

FROM student

运行结果如图 5—4 所示。

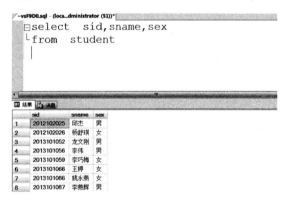

图 5—4 例 5—1 的运行结果

2. 查询所有列

如果要在查询语句中显示数据表中的所有列，除了列出所有列进行查询外，还有一种简便的方式，就是在 SELECT 子句后面用星号（＊）通配符表示，不用指明各列的列名，该方法在用户不清楚表中各列的列名时非常有用。

【**例 5—2**】查询所有学生的学号、姓名、所在系。

在 "SQL 编辑器" 中执行下面查询语句：

```
SELECT *
FROM student
```

3. 查询计算列

SELECT 子句中的 select_list 可以是表中存在的属性列，也可以是表达式、常量或者函数。计算列不存在于数据表中，它是通过对某些列的数据进行计算得到的。在 SELECT 子句中可以使用各种运算符和函数对指定列进行运算。

【**例 5—3**】查询所有学生的学号、课程号、折算后的成绩（期末成绩乘以所占比例 70%）。

在 "SQL 编辑器" 中执行下面查询语句：

```
SELECT Sid,Cid,grade * 0.7
FROM sc
```

在 SELECT 子句中可以使用算术运算符对数值型数据列进行加（＋）、减（－）、乘（＊）、除（/）和取模（%）运算，构造计算列。使用这些运算符并不能在表中创建新列，也不能更改实际的数据值，这些计算结果仅显示在输出中。

【**例 5—4**】查询所有学生的学号、姓名，作为一列输出。

在 "SQL 编辑器" 中执行下面查询语句：

```
SELECT '学号：' + Sid + ',姓名：' + SName
FROM student
```

在 SELECT 子句中可以使用 "＋" 对字符型列进行连接，连接后的结果将作为一列显示。运行结果如图 5—5 所示。

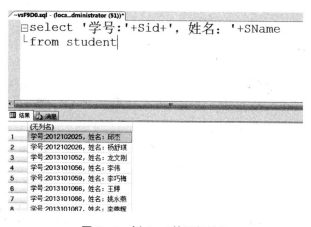

图 5—5 例 5—4 的运行结果

在 SELECT 子句中，也可以使用函数对指定列进行运算。

【**例 5—5**】查询所有学生的学号、姓名、所在系。

在"SQL 编辑器"中执行下面查询语句：

```
SELECT sid,YEAR(GETDATE())-YEAR(birthday)
FROM student
```

其中，GETDATE()获取当前系统日期和时间；YEAR()为系统函数，获取指定日期的年份。

4. 改变列标题

通常，为了增加查询的可读性，可以给列取别名，有两种方法：列名 AS '列标题'（AS 关键字可省）；'列标题'＝列名。根据需要可以修改列标题的显示。

【例 5—6】 查询所有学生的学号、姓名、所在系。

在"SQL 编辑器"中执行下面语句：

```
SELECT sid,YEAR(GETDATE())-YEAR(birthday) AS'年龄'
FROM student
```

改变列标题只会影响查询结果，不会对数据表产生影响。运行结果如图 5—6 所示。

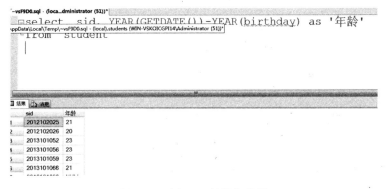

图 5—6　例 5—6 的运行结果

5. 去除结果的重复记录

在数据表中不存在取值全都相同的记录，但在对列选择后，在查询结果中就有可能出现取值完全相同的记录了。DISTINCT 关键字用来从 SELECT 语句的结果集中去掉重复的记录。

【例 5—7】 查询学生的所在系。

在学生表中查询学生的所在系会出现大量的重复，DISTINCT 关键字可去除查询结果集中重复的记录。

在"SQL 编辑器"中执行下面查询语句：

```
SELECT DISTINCT department
FROM student
```

6. 返回查询的部分数据

TOP 关键字用来限制返回结果集中的记录条数，有两种使用方法。方法一：返回确定数目的记录个数：SELECT TOP n select_list，其中，n 为要返回结果集中的记录条数。方法二：返回结果集中指定百分比的记录数，SELECT TOP n PERCENT select_list，其中，n 为所返回的记录数所占结果集中记录数目的百分比。

【例 5—8】查询前三位同学的学号、姓名。

在"SQL 编辑器"中执行下面查询语句：

```
SELECT TOP 3 sid,sname
FROM student
```

【例 5—9】查询前 50％同学的学号、姓名。

在"SQL 编辑器"中执行下面查询语句：

```
SELECT TOP 50 percent sid,sname
FROM student
```

其中，TOP 表达式可以用在 SELECT、INSERT、UPDATE 和 DELETE 语句中。

5.2.2 查询行

一个数据表中通常有大量数据，而对于每个用户来说，感兴趣的数据只是其中的一小部分，这就需要通过查询条件来检索用户需要的记录。使用 WHERE 子句的目的是从表中筛选出符合条件的行，其语法格式如下：

```
SELECT column_name1[,column_name2,…]
FROM table_name
WHERE search_condition
```

在使用时，WHERE 子句必须跟在 FROM 子句后面。SQL Server 支持的查询条件包括比较运算、逻辑运算、模糊匹配、范围、集合以及是否为空等，如表 5—1 所示。

表 5—1　　　　　　　　　　　　　　　查询条件

查询条件	谓词（运算符）
比较（比较运算符）	=，＞，＞=，＜，＜=，＜＞(或！=)，！＞，！＜
逻辑运算符	AND，OR，NOT
限定数据范围	BETWEEN AND，NOT BETWEEN AND
限定数据集合	IN，NOT IN
模糊匹配	LIKE，NOT LIKE
空值判断	IS NULL，IS NOT NULL

1. 比较运算符

WHERE 子句中允许使用的比较运算符如表 5—2 所示。

表5—2　　　　　　　　　　　　　　　比较运算符

比较运算符	描述
=	等于
>	大于
>=	大于等于
<	小于
<=	小于等于
<>（或! =）	不等于
! >	不大于
! <	不小于

【例5—10】查询所有男同学的学号、姓名。

在"SQL编辑器"中执行下面查询语句：

```
SELECT sid,sname
FROM student
WHERE ssex='男'
```

【例5—11】查询年龄大于20的同学的信息。

在"SQL编辑器"中执行下面查询语句：

```
SELECT *
FROM student
WHERE year(getdate())-year(birthday)>20
```

因为student表中没有学生的年龄，要通过函数获取年龄，再用比较运算符进行比较。运行结果如图5—7所示。

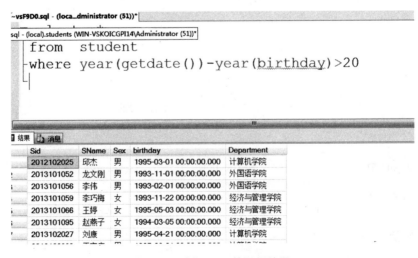

图5—7　例5—11的运行结果

2. 逻辑运算符

在 WHERE 子句中可以使用逻辑运算符把若干个查询条件连接起来，构成一个复杂的条件进行查询。可以使用的逻辑运算符包括：逻辑与（AND）、逻辑或（OR）和逻辑非（NOT）。语法格式如下：[NOT] search_condition {AND | OR} [NOT] search_condition。其中，AND 和 OR 运算符同时使用时要特别注意。NOT 的优先级别最高，然后是 AND，最后是 OR。

【例 5—12】查询年龄大于 20 的男同学的信息。

在 "SQL 编辑器" 中执行下面查询语句：

```
SELECT *
FROM student
WHERE year(getdate())-year(birthday)>20 and ssex='男'
```

【例 5—13】查询经济与管理学院和计算机学院的同学的信息。

查询两个学院的学生信息，应该执行 "或" 操作。在 "SQL 编辑器" 中执行下面查询语句：

```
SELECT *
FROM student
WHERE department='经济与管理学院'OR department='计算机学院'
```

运行结果如图 5—8 所示。

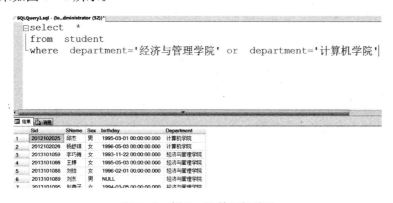

图 5—8　例 5—13 的运行结果

3. 限定数据范围

在 WHERE 子句中使用 BETWEEN 关键字可以对表中某一范围内的数据进行查询，系统将逐行检查表中的数据是否在 BETWEEN 关键字设定的范围内。如果在其设定的范围内，则取出该行；否则不取出该行。语法格式如下：

```
column_name [NOT] BETWEEN 表达式 1 AND 表达式 2
```

等同于使用>=、<=和 and 所限定的范围。

【例 5—14】查询考试成绩为 60～80 分的同学的信息。

在"SQL 编辑器"中执行下面查询语句：

```
SELECT *
FROM sc
WHERE grade BETWEEN 60 AND 80
```

运行结果如图 5—9 所示。

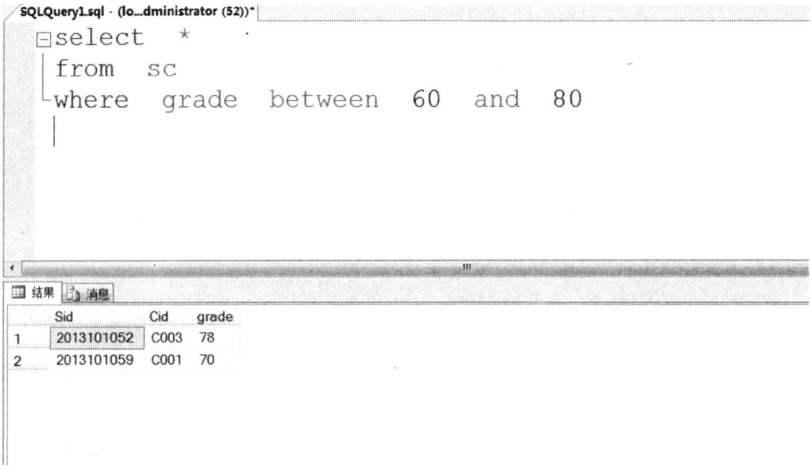

图 5—9 例 5—14 的运行结果

4. 限定数据集合

如果数据的取值范围不是一个连续的区间，而是一些离散的值，就应使用 SQL Server 提供的另一个关键字 IN。其语法格式如下：

```
column_name [ NOT ] IN (value1,value2,…)
```

其功能等同于使用 or 连接的多个条件。

【例 5—15】查询经济与管理学院和计算机学院的同学的信息。

在"SQL 编辑器"中执行下面查询语句：

```
SELECT *
FROM student
WHERE department IN('经济与管理学院','计算机学院')
```

5. 模糊匹配

前面介绍的查询条件是确定的，如果条件不确定，必须使用 LIKE 关键字进行模糊查询。其语法格式如下：

```
expression [ NOT ] LIKE 'string'
```

可以使用四种匹配符:%、_、[]、[^]，如表 5—3 所示。

表 5—3 匹配符及其描述

匹配符	描述
%	匹配任意类型和长度的字符
_	任意单个字符
[]	括号内所列字符中的一个
[^]	不在括号所列之内的单个字符

【例 5—16】查询姓张的同学的信息。

在"SQL 编辑器"中执行下面查询语句：

SELECT *

FROM student

WHERE sname LIKE '张 %'

【例 5—17】查询学号中包含"3"的同学的信息。

在"SQL 编辑器"中执行下面查询语句：

SELECT *

FROM student

WHERE Sid LIKE '% 3 %'

运行结果如图 5—10 所示。

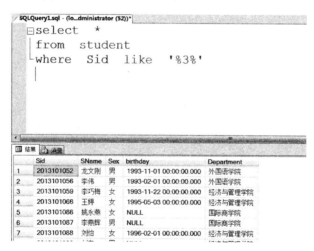

图 5—10　例 5—17 的运行结果

【例 5—18】查询姓名为两个字的同学的信息。

在"SQL 编辑器"中执行下面查询语句：

SELECT *

FROM student

WHERE SName LIKE'__'

运行结果如图 5—11 所示。

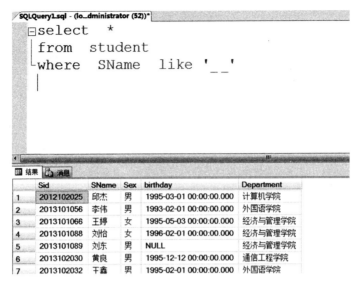

图 5—11 例 5—18 的运行结果

6. 空值判断

在 SQL Server 中，用 NULL 表示空值，等价于没有任何值，是未知数。空值不等于空格，也不等于 0。

若要在查询中测试空值，可在 WHERE 子句中使用 IS NULL 或 IS NOT NULL。语法格式如下：

column_name IS [NOT] NULL

【例 5—19】查询性别为空的同学的信息。

NULL 是不能做比较的，所以不能用"＝"，只能用 IS 运算符。在"SQL 编辑器"中执行下面查询语句：

```
SELECT *
FROM student
WHERE Sex IS NULL
```

5.3 数据统计

用户经常需要对数据库中的数据进行统计分析，这些统计工作可以通过聚合函数、GROUP BY 子句和 HAVING 子句来完成。

5.3.1 聚合函数

聚合函数也称为聚集函数，其作用是对一组值进行计算并返回一个单值。SQL Server 提供的聚合函数如表 5—4 所示。

表 5—4   聚合函数

聚合函数	描述
SUM([DISTINCT|ALL]<列名>)	计算列值之和（必须是数值型列）
AVG([DISTINCT|ALL]<列名>)	计算列值平均值（必须是数值型列）
MAX([DISTINCT|ALL]<列名>)	返回列最大值
MIN([DISTINCT|ALL]<列名>)	返回列最小值
COUNT([DISTINCT|ALL]<列名>)	统计列值个数
COUNT([DISTINCT|ALL]*)	统计记录个数

使用聚合函数可以返回一列、几列或全部列的汇总数据值。其中，ALL 是对所有的值进行聚合函数运算，ALL 是默认值。DISTINCT 是除去列中重复的值，然后再进行计算。

使用聚合函数时，不考虑 NULL 值。

SUM、AVG 函数只作用于数值型列。

【例 5—20】统计学生人数。

在"SQL 编辑器"中执行下面查询语句：

```
SELECT COUNT( * )
FROM student
```

【例 5—21】统计学生的平均分、总分、最高分、最低分。

在"SQL 编辑器"中执行下面查询语句：

```
SELECT AVG(grade)'平均分',SUM(grade)'总分',MAX(grade)'最高分',MIN(grade)'最低分'
FROM sc
```

运行结果如图 5—12 所示。

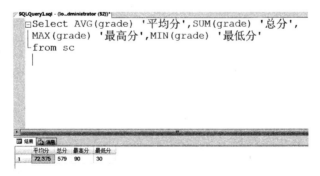

图 5—12 例 5—21 的运行结果

5.3.2 GROUP BY 子句

实际应用中，有时需要先对数据进行分组，然后再对每个组的数据进行统计，而不是对全部数据进行统计。这时就需要用到分组子句：GROUP BY。GROUP BY 对结果集中的每一组计算一个汇总值。在一个查询语句中，可以对任意多个列进行分组。

分组语句跟在 WHERE 子句的后边，它的一般格式为：

GROUP BY [ALL] colum_name1[,…n]
[HAVING search_condition]

需要注意的是：

● 使用 GROUP BY 子句为每一个组计算一个汇总结果，每个组只返回一行，不返回详细信息。

● SELECT 子句中指定的列必须是 GROUP BY 子句中指定的列，或者和聚合函数一起使用。

● 如果包含 WHERE 子句，则只对满足 WHERE 条件的行进行分组汇总。

● 如果 GROUP BY 子句使用关键字 ALL，则 WHERE 子句将不起作用。

● 使用 HAVING 子句可进一步排除不满足条件的组。

【例 5—22】统计学生的平均分、总分、最高分、最低分。

在"SQL 编辑器"中执行下面语句：

SELECT AVG(grade)'平均分',SUM(grade) '总分',MAX(grade) '最高分',MIN(grade) '最低分'

FROM sc

GROUP BY sid

运行结果如图 5—13 所示。

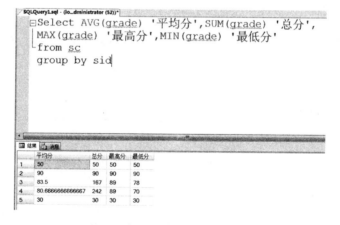

图 5—13　例 5—22 的运行结果

【例 5—23】统计每个系的学生人数。

在"SQL 编辑器"中执行下面语句：

SELECT COUNT(*)

FROM student

GROUP BY department

5.3.3　HAVING 子句

HAVING 子句用于对分组后的结果进行再过滤，它的功能有点像 WHERE 子句，但它针对组而不是单个记录。在 HAVING 子句中可以出现聚合函数，但在 WHERE 子句中则不能。HAVING 子句不能单独使用，必须与 GROUP BY 子句一起使用。

HAVING 子句和 WHERE 子句的区别是：

（1）WHERE 子句的作用是筛选分组前的查询结果，所以它放在 GROUP BY 子句前面。WHERE 子句中不能包含聚合函数。

（2）HAVING 子句的作用是筛选满足条件的组，即在分组之后过滤数据，所以 HAVING 子句放在 GROUP BY 子句后面。HAVING 子句中经常包含聚合函数。

【例 5—24】 统计学生的平均分、总分、最高分、最低分，并筛选出平均分大于 80 分的学生。

在"SQL 编辑器"中执行下面查询语句：

```
SELECT AVG(grade)'平均分',SUM(grade) '总分',MAX(grade) '最高分',MIN(grade)
'最低分'
FROM sc
GROUP BY sid
HAVING AVG(grade)>80
```

这里，先用 GROUP BY 子句对 sid 列进行分组，然后用 HAVING 筛选出满足 AVG(grade)>80 的分组信息。

运行结果如图 5—14 所示。

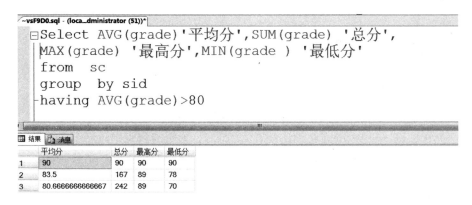

图 5—14　例 5—24 的运行结果

5.3.4　明细汇总

使用 GROUP BY 对查询出来的数据做分类汇总后，只能显示统计结果，看不到详细的数据。使用 COMPUTE 和 COMPUTE BY 子句既能浏览详细数据，又可看到统计的结果。

COMPUTE 生成的汇总列，出现在结果集的最后。其语法格式为：

```
COMPUTE affregate_function(column_name)[, …n]
[ BY column_name [, …n] ]
```

其中，affregate_function 表示聚合函数。

【例 5—25】使用 COMPUTE 子句对所有学生的人数进行明细汇总。

在"SQL 编辑器"中执行下面查询语句：

```
SELECT *
FROM student
COMPUTE COUNT(sid)
```

运行结果如图 5—15 所示。

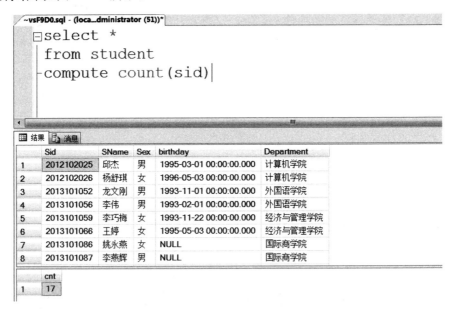

图 5—15　例 5—25 的运行结果

需要注意的是：

● COMPUTE BY 子句不能与 SELECT INTO 子句一起使用。

● COMPUTE 子句中的列必须出现在 SELECT 子句的列表中。

● COMPUTE BY 表示按指定的列进行明细汇总，使用 BY 关键字时必须同时使用 ORDER BY 子句，并且在 COMPUTE BY 后出现的列必须与在 ORDER BY 后出现的列具有相同的顺序，而且不能跳过其中的列。例如，如果 ORDER BY 子句按照如下顺序指定排序列：

```
ORDER BY CategoryID,Price,Stocks
```

则 COMPUTE BY 后的列表只能是下面任一种形式：

```
BY CategoryID,Price,Stocks
BY CategoryID,Price
BY CategoryID
```

5.4 连接查询

当用户检索数据时，往往在一个表中不能得到所有想要的信息。如果需要查看的数据来源于多个表，并且多个表之间存在关联关系，则可以通过连接查询同时查看多个表中的数据。连接查询主要包括内连接、外连接和交叉连接。

5.4.1 内连接

使用内连接仅能选出两张表中互相匹配的记录。内连接要求两个表中都必须有连接字段的对应值的记录，这样数据才能被检索出来。

内连接的语法格式为：

> FROM 表 1 ［INNER］ JOIN 表 2
> ON ＜连接条件＞

在连接条件中指明两个表按什么条件进行连接，连接条件中的比较运算符称为连接谓词。连接条件的一般格式为：

> ［＜表名 1.＞］［＜列名 1＞］＜比较运算符＞［＜表名 2.＞］［＜列名 2＞］

内连接使用比较运算符（包括＝、＞、＜、＜＞、＞＝、＜＝、!＞和!＜）进行表间的比较操作，并查询与连接条件相匹配的数据。根据比较运算符的不同，内连接分为等值连接和不等连接。

（1）等值连接。在连接条件中使用等号（＝）运算符比较被连接列的列值，其查询结果中列出被连接表中的所有列，包括其中的重复列。

【例 5—26】查询学生信息和对应的成绩信息。

在"SQL 编辑器"中执行下面查询语句：

```
SELECT *
FROM student JOIN sc
ON student.Sid = sc.Sid
```

运行结果如图 5—16 所示。

有时表名比较烦琐，使用起来很麻烦，为了查询语句的简洁明了，在 SQL 中也可以为表定义别名，其格式为：

> ＜源表名＞［AS］＜表别名＞

如果两个表中含有相同的列名，则在使用该列时，必须指明其对应的表名。表的别名

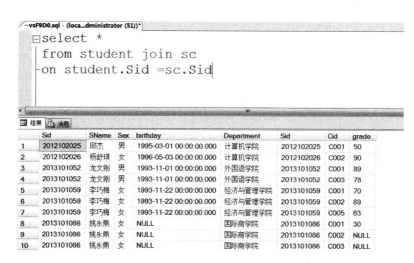

图 5—16   例 5—26 的运行结果

只作用于当前查询语句，跳出这条查询语句，别名自动失效。

需要注意：当单个查询引用多个表时，所有列都必须明确。在查询所引用的两个或多个表之间，任何重复的列名都必须用表名限定。

（2）不等连接。在连接条件使用除等号运算符以外的其他比较运算符比较被连接的列的列值。这些运算符包括>、>=、<=、<、!>、!<和<>。

【例 5—27】查询学生信息和不对应的成绩信息。

在"SQL 编辑器"中执行下面查询语句：

SELECT *

FROM student JOIN sc

ON student. Sid! = sc. Sid

运行结果如图 5—17 所示。

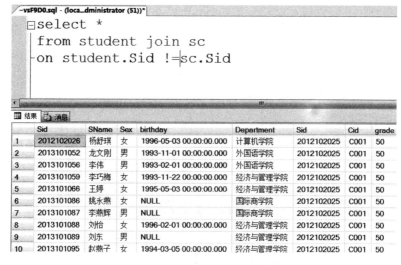

图 5—17   例 5—27 的运行结果

5.4.2　外连接

外连接分为左连接（LEFT JOIN）或左外连接（LEFT OUTER JOIN）、右连接（RIGHT JOIN）或右外连接（RIGHT OUTER JOIN）、全连接（FULL JOIN）或全外连接（FULL OUTER JOIN）。

（1）左连接。使用左连接，只要左边表中有记录，数据就能被检索出来，而右边有的记录必要在左边表中有才能被检索出来。

左外连接的语法格式为：

```
FROM 表 1  LEFT [OUTER]  JOIN   表 2  ON  <连接条件>
```

【例 5—28】查询所有学生的选课信息。

在"SQL 编辑器"中执行下面查询语句：

```
SELECT *
FROM student LEFT JOIN sc
ON student.Sid = sc.Sid
```

运行结果如图 5—18 所示。

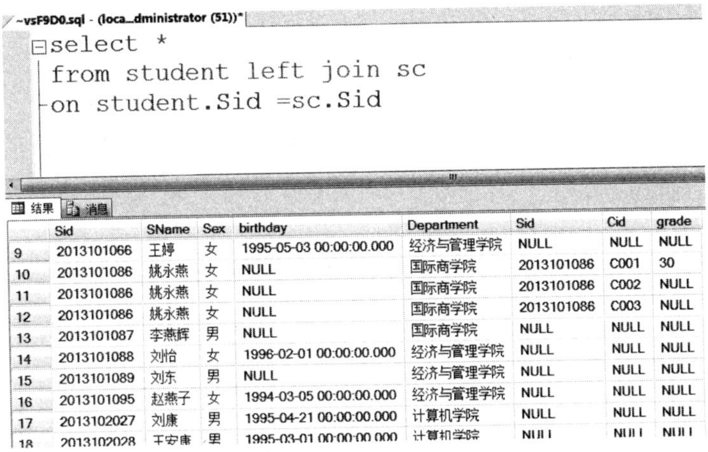

	Sid	SName	Sex	birthday	Department	Sid	Cid	grade
9	2013101066	王婷	女	1995-05-03 00:00:00.000	经济与管理学院	NULL	NULL	NULL
10	2013101086	姚永燕	女	NULL	国际商学院	2013101086	C001	30
11	2013101086	姚永燕	女	NULL	国际商学院	2013101086	C002	NULL
12	2013101086	姚永燕	女	NULL	国际商学院	2013101086	C003	NULL
13	2013101087	李燕辉	男	NULL	国际商学院	NULL	NULL	NULL
14	2013101088	刘怡	女	1996-02-01 00:00:00.000	经济与管理学院	NULL	NULL	NULL
15	2013101089	刘东	男	NULL	经济与管理学院	NULL	NULL	NULL
16	2013101095	赵燕子	女	1994-03-05 00:00:00.000	经济与管理学院	NULL	NULL	NULL
17	2013102027	刘康	男	1995-04-21 00:00:00.000	计算机学院	NULL	NULL	NULL
18	2013102028	王安康	男	1995-03-01 00:00:00.000	计算机学院	NULL	NULL	NULL

图 5—18　例 5—28 的运行结果

（2）右连接。使用右连接，只要右边表中有记录，数据就能被检索出来。

右外连接的语法格式为：

```
FROM 表 1  RIGHT  [OUTER]  JOIN   表 2  ON  <连接条件>
```

【例 5—29】查询所有课程的选修情况。

在"SQL 编辑器"中执行下面查询语句：

```
SELECT *
FROM sc s RIGHT JOIN course c
ON s.cid = c.cid
```

若为表指定了别名，则在本次查询中只能用别名代替表名。运行结果如图 5—19 所示。

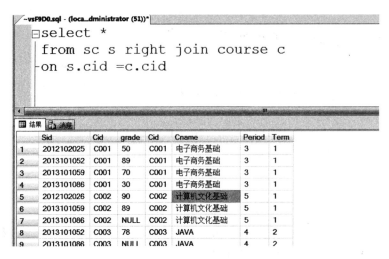

图 5—19 例 5—29 的运行结果

（3）全连接。使用全连接，则会返回两个表中的所有记录。

全外连接的语法格式为：

FROM 表 1 FULL ［OUTER］ JOIN 表 2 ON ＜连接条件＞

全外连接的结果集中包含连接表中的所有记录，而不管它们是否满足连接条件。

5.4.3 交叉连接

交叉连接不带 WHERE 子句，它返回被连接的两个表所有数据行的笛卡尔积，返回到结果集中的数据行数等于第一个表中符合查询条件的数据行数乘以第二个表中符合查询条件的数据行数。

实际上，交叉连接没有实际意义，通常用于测试所有可能的情况。

5.5 嵌套查询

所谓嵌套查询，指的是在一个 SELECT 查询内再嵌入一个 SELECT 查询。外层的 SELECT 语句叫外部查询，内层的 SELECT 语句叫子查询。

子查询能够将比较复杂的查询分解成几个简单的查询。嵌套查询的过程是：首先执行内部查询，它查询出来的数据并不显示，而是传递给外部语句，作为外部语句的查询条件。子查询内还可以嵌套子查询。

使用子查询时需注意：

● 子查询可以嵌套多层。

- 子查询需用圆括号括起来。
- 子查询中不能使用 COMPUTE BY 和 INTO 子句。
- 子查询的 SELECT 语句中不能使用 image、text 或 ntext 数据类型。

5.5.1　使用比较运算符的嵌套查询

通过比较运算符（＝、＜＞、＜、＞、＜＝、＞＝），可以将一个表达式的值与子查询返回的值进行比较。使用子查询进行比较测试时，要求子查询语句必须是返回单值的查询语句。

【例 5—30】查询和邱杰一个系的学生的信息。

在"SQL 编辑器"中执行下面查询语句：

```
SELECT *
FROM student
WHERE Department = (select Department
FROM student
WHERE SName = '邱杰'
)
```

5.5.2　使用 IN 的嵌套查询

当子查询返回多值时，需要使用 IN 关键字与子查询返回的结果集进行比较。带 IN 的子查询语法格式如下：

```
WHERE 查询表达式 IN (子查询)
```

将表达式单个数据和子查询产生的一组值相比较，如果数值匹配这组值中的一个值，则返回 TRUE。

【例 5—31】查询计算机学院学生的考试成绩信息。

在"SQL 编辑器"中执行下面查询语句：

```
SELSCT *
FROM sc
WHERE Sid in(select Sid
FROM student
WHERE Department = '计算机学院'
)
```

运行结果如图 5—20 所示。

5.5.3　使用 ANY 或 ALL 的嵌套查询

如果子查询中返回的是单列多值，则必须在子查询前使用关键字 IN、ALL 或 ANY，否则系统会提示错误信息。

使用关键字 ANY 或 ALL 时必须同时使用比较运算符，如表 5—5 所示。

```
~vsF9D0.sql - (loca...dministrator (51))*

□select *
 from sc
 where Sid in(select Sid
 from student
 where Department='计算机学院'
 )
```

	Sid	Cid	grade
1	2012102025	C001	50
2	2012102026	C002	90

图 5—20　例 5—31 的运行结果

表 5—5　　　　　　　　　　　　　　　关键字 ANY 或 ALL

关键字	含义	示例	
ALL	比较子查询的所有值	＞ALL	大于表中的最大值
		＜＞ALL	不等于表中的所有值
ANY	比较子查询 的任何一个值	＞ANY	大于表中的最小值
		＜＞ANY	不等于表中的任何一个值
		＝ANY	等于表中的任何一个值

【例 5—32】查询计算机学院学生的考试成绩信息。

在"SQL 编辑器"中执行下面查询语句：

```
SELECT *
FROM sc
WHERE Sid = any(select Sid
FROM student
WHERE Department = '计算机学院'
)
```

5.6　数据排序

在 SQL Server 中，通过 ORDER BY 子句，可以将查询结果排序显示。其语法格式为：

```
ORDER BY<排序项>[ASC|DESC]
```

其中，默认 ASC 表示升序，DESC 表示降序。

【例 5—33】查询年龄最大的三个同学的信息。

查询年龄最大的三个同学的信息，需要将查询结果进行降序排列，在排序的结果中显示前三个记录，可以用到 TOP 关键字。在"SQL 编辑器"中执行下面查询语句：

```
SELECT TOP 3 *
FROM student
ORDER BY YEAR(GETDATE())-year(birthday) DESC
```

【例 5—34】查询考试成绩最低的学生的学号、考试成绩。

在"SQL 编辑器"中执行下面查询语句：

```
SELECR sid,grade
FROM sc
ORDER BY 2
```

这里可以使用列所处的位置来指定排序列，按照 grade 进行升序排列，ASC 可以省略，排序列 grade 处于查询的第 2 列，所以可以用"ORDER BY 2"表示。

本章小结

本章介绍了 SELECT 语句的相关知识，其内容主要包括 SELECT 语句的组成和 SELECT 语句的各种查询方法。SELECT 语句是 SQL 语言中功能最为强大、应用最为广泛的语句之一，用于查询数据库中符合条件的数据记录。利用 SELECT 语句，既可以进行简单的数据查询，又可以进行涉及多表的连接查询和嵌套查询。

习　题

1. 简述 SELECT 语句包括的子句及其功能。
2. 简述连接查询中的连接类型。
3. 利用查询语句完成下列操作：
（1）查询信息学院学生的信息。
（2）查询所有生日在当天的学生的姓名。
（3）查询所有姓张的同学的信息。

视图与索引

本章学习目标

- 掌握视图的创建和管理；
- 掌握运用视图管理数据；
- 掌握索引的创建和维护。

单元任务书

1. 利用对象资源管理器创建学生课程成绩视图；
2. 利用对象资源管理器查看学生课程成绩视图信息；
3. 利用 T-SQL 语句创建视图；
4. 利用存储过程查看视图信息；
5. 利用视图更新数据；
6. 利用对象资源管理器对 Student 表、SC 表、Course 表创建索引；
7. 利用 T-SQL 语句对 Student 表、SC 表创建索引；
8. 用 DBCC SHOWCONTIG 和 DBCC INDEXDEFRAG 查看和整理索引碎片。

6.1 视图概述

在数据查询中，可以看到当设计数据表时，考虑到数据的冗余度低、数据一致性等问题，通常会要求设计满足范式的要求，因此会造成一个实体的所有信息保存在多个表中。当检索数据时，往往在一个表中不能得到所有想要的信息。为了解决这种矛盾，SQL Server 提供了视图。

6.1.1　视图的基本概念

视图是一种数据库对象，是从一个或者多个表（或视图）中导出的表，其结构和数据是建立在对表的查询基础上的。和真实的表一样，视图也包括几个被定义的数据列和多个数据行，但从本质上讲，这些数据列和数据行来源于其所引用的表。因此，视图不是真实存在的基础表，而是只存放视图的定义，不存放视图对应的数据的表；视图所对应的数据并不实际地以视图结构存储在数据库中，而是存储在视图所引用的表中；基表中的数据发生变化，从视图中查询出的数据也随之改变。

6.1.2　视图的作用

视图是一种数据库对象，常用于集中、简化和定制数据信息。视图是在基表的基础上，通过查询语句生成的，定义后可查询、修改、删除和更新。视图具有以下一些优点。

1. 定制数据

可以使用视图集中数据、简化和定制不同用户对数据库的不同数据要求，只包含需要的数据。视图可以让不同的用户以不同的方式看到不同或者相同的数据集。视图可以使用户只关心他感兴趣的某些特定数据和所负责的特定任务，而那些不需要的或者无用的数据则不在视图中显示。当有许多不同水平的用户共用同一数据库时，这显得极为重要。

2. 简化数据操作

使用视图可以屏蔽数据的复杂性，用户不必了解数据库的结构，就可以方便地使用和管理数据，简化数据权限管理和重新组织数据以便输出到其他应用程序中。视图可以简化复杂查询的结构，方便用户对数据进行操作。

3. 提供安全保护功能

视图提供了一个简单而有效的安全机制。使用视图能够限制用户只检索和修改视图所定义的部分内容，基表的其余部分是不能访问的，从而提高了数据的安全性。为了防止用户对不属于视图范围内的基本表数据进行操作，可在定义视图时加上"with check option"子句。

4. 有利于数据交换操作

在实际工作中，常需要在 SQL Server 与其他数据库系统或软件之间交换数据，如果数据存放在多个表或多个数据库中，实现时操作就比较麻烦。这时可以通过视图将需要交换的数据集中到一个虚拟表中，从而简化数据交换操作。

5. 易于合并或分割数据

在某些情况下，由于表中数据量太大，因此设计表时常将表进行水平或者垂直分割，但表的结构变化会对应用程序产生不良的影响。使用视图就可以重新保持原有的结构关系，从而使外模式保持不变，原有的应用程序仍可通过视图来读取数据。

6.1.3 视图的分类

SQL Server 中的视图包括标准视图、索引视图和分区视图三种类型。

1. 标准视图

标准视图组合了一个或多个表中的数据，用户可获得使用视图的大多数好处，包括将重点放在特定数据上及简化数据操作。

2. 索引视图

索引视图是经过计算并存储的被具体化了的视图，可以为视图创建一个唯一的聚集索引。索引视图可显著提高某些类型查询的性能。

3. 分区视图

分区视图在一台或多台服务器间水平连接一组成员表中的分区数据。这样，数据看上去如同来自一个表。连接同一实例中成员表的视图是一个本地分区视图。

如果视图在服务器间连接表中的数据，则它是分布式分区视图。分布式分区视图用于实现数据库服务器分开管理的有机联合，它们相互协作并分担系统的处理负荷。

6.1.4 使用视图的注意事项

使用视图时应注意以下事项：
- 只能在当前数据库中创建视图。
- 视图的命名必须遵循标识符命名规则，不可与表同名。
- 如果视图中某一列是函数、数学表达式、常量，或者来自多个表的列名相同，则必须为列定义名称。
- 当视图引用的基表或视图被删除时，该视图也不能再被使用。
- 不能在视图上创建全文索引，不能在规则、默认的定义中引用视图。
- 一个视图最多可以引用 1 024 个列。
- 视图最多可以嵌套 32 层。

6.2 创建视图

用户可以根据自己的需要创建视图。在 SQL Server 2008 中，创建视图与创建数据表一样，可以使用对象资源管理器和 T-SQL 语句两种方法。

6.2.1 利用对象资源管理器创建视图

在 SQL Server Management Studio 中创建视图是利用"视图设计器"完成的。

【例 6—1】利用 Student 表、Course 表、SC 表三个表创建"学生课程成绩信息"视图。

使用 SQL Server 对象资源管理器创建视图的步骤如下：

（1）启动 SQL Server 管理平台，在对象资源管理器中展开选定的数据库节点，用鼠标右键单击"视图"并在弹出的快捷菜单中选择"新建视图"命令。打开的视图设计器界面布局共有四个窗格：关系图窗格、条件窗格（列区）、SQL 语句窗格和运行结果窗格，如图 6—1 所示。

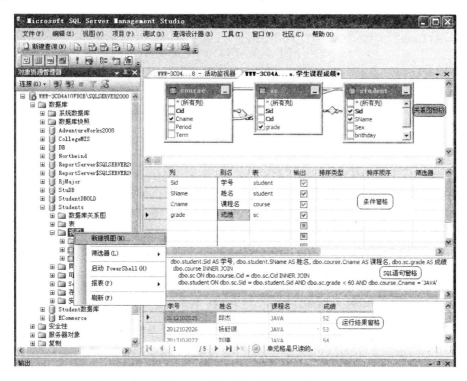

图 6—1　视图设计器界面布局

（2）在弹出的"添加表"对话框中添加本数据库中的表（Tables）和视图（Views）等，本例选择新视图的基表为 Student 表、Course 表、SC 表三个表，单击"添加"按钮。

（3）添加的表之间存在相关性，如果手工连接表，则直接将第一个表中的连接列名拖到第二个表的相关列上。如果表之间存在相关性，则表间会自动加上连接线。

（4）在条件窗格（列区）选择输出的字段。本例选择视图的数据列为 Student.SID、Student.SName、Course.CNAME、SC.Grade。可在 SQL 语句窗格查看 SQL 语句。

（5）单击"执行 SQL"按钮，运行 SELECT 语句，可在运行结果窗格查看运行结果。

（6）修改 SQL 语句。在 SQL 语句后添加如下代码：

```
AND dbo.sc.grade<60 AND dbo.course.Cname = 'JAVA'
```

单击"执行 SQL"按钮，运行 SELECT 语句，可在运行结果窗格查看运行结果。

（7）保存视图。测试正常后，单击"保存"按钮，在弹出的对话框中输入视图名称，本例命名为"学生课程成绩信息"，完成视图的创建。

6.2.2 利用 T-SQL 语句创建视图

在 T-SQL 语言中，可以用 CREATE VIEW 语句来创建视图。CREATE VIEW 语句语法格式如下：

```
CREATE VIEW [schema_name.]view_name [(column [,…n])]
[WITH{[ENCRYPTION][SCHEMABINDING][VIEW_METADATA]}[,…n]]
AS
select_statement [;]
[WITH CHECK OPTION]
```

各项参数含义说明如下：

- schema_name：视图所属架构名。
- view_name：视图名。
- column：视图中所使用的列名。
- WITH ENCRYPTION：加密视图。
- WITH CHECK OPTION：指出在视图上所进行的修改都要符合查询语句所指定的限制条件，这样可以确保数据修改后仍可通过视图看到修改的数据。
- SCHEMABINDING：表示在 select_statement 语句中如果包含表、视图，或者引用用户自定义函数，则表名、视图名或者函数名前必须有所有者前缀。
- VIEW_METADATA：表示如果某一查询中引用该视图且要求返回浏览模式的元数据，那么 SQL Server 将向 DBLIB 和 OLEDB APIS 返回视图的元数据信息。

用来创建视图的 select_statement 语句有以下限制：

（1）定义视图的用户必须对所参照的表或视图有查询权限，即可执行 SELECT 语句。

（2）不能使用 COMPUTE 或 COMPUTE BY 子句。

（3）不能使用 ORDER BY 子句。

（4）不能使用 INTO 子句。

（5）不能在临时表或表变量上创建视图。

【例 6—2】创建所有学生的学号、姓名及年龄的信息视图 stu_info。

程序代码如下：

```
CREATE VIEW stu_info
AS
SELECT Sid 学号,SName 姓名,(year(GETDATE())-year(brithday)) 年龄
FROM student
```

【例 6—3】创建计算机学院男生基本信息视图 stu_cs，包括学生的学号、姓名及出生年月，并要求进行修改和插入操作时仍需保证该视图只有信息系的学生。

程序代码如下：

```
CREATE VIEW stu_cs
AS
SELECT Sid 学号,SName 姓名,brithday 出生年月
FROM student
WHERE Department = '计算机学院' AND sex = '男'
WITH CHECK OPTION
```

【例 6—4】 创建一个视图，用于查看学生学号、姓名、课程和成绩信息，并用 WITH ENCRYPTION 加密。

程序代码如下：

```
CREATE VIEW  v_StuGrade
WITH ENCRYPTION
AS
SELECT student.Sid,SName,CName,grade
FROM student, course, SC
WHERE student.Sid = SC.Sid
   AND course.Cid = SC.Cid
```

【例 6—5】 利用 v_StuGrade 视图创建一个视图，用于查看学生的学号、姓名和平均成绩。

程序代码如下：

```
CREATE VIEW v_AvgGrade(学号,姓名,平均成绩)
AS
SELECT SID, Sname, AVG(grade)
FROM v_StuGrade
GROUP BY SID, SName
```

6.3　管理视图

6.3.1　查看视图信息

在 SQL Server 中，有三个关键存储过程有助于理解视图信息，它们分别为 sp_depends、sp_help 和 sp_helptext。

1. 查看视图依赖的对象

可以使用"资源管理器"→"视图"→"查看依赖关系"来查看视图的详细信息，也可以使用存储过程 sp_depends 来查看视图和其他任何数据库对象的依赖关系。其语法格式如下：

sp_depends 数据库对象名称

【例 6—6】查看 v _ StuGrade 视图依赖的对象。
程序代码如下：

```
sp_depends v_StuGrade
```

结果如图 6—2 所示。

SQLQuery2.s...s (sa (53))*
sp_depends v_StuGrade
结果 消息

	name	type	updated	selected	column
1	dbo.sc	user table	no	yes	Sid
2	dbo.sc	user table	no	yes	Cid
3	dbo.sc	user table	no	yes	grade
4	dbo.course	user table	no	yes	Cid
5	dbo.course	user table	no	yes	Cname
6	dbo.student	user table	no	yes	Sid
7	dbo.student	user table	no	yes	SName

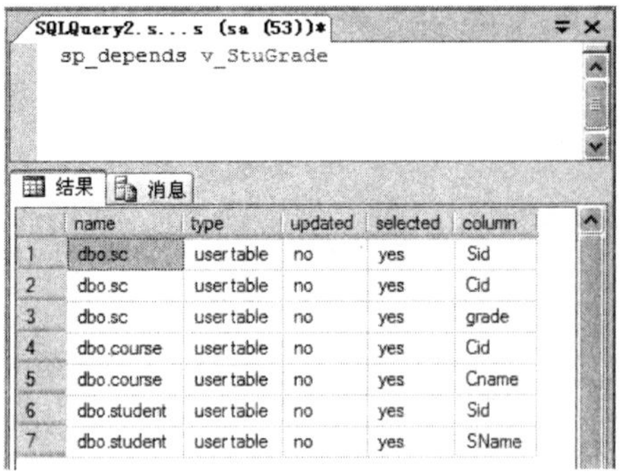

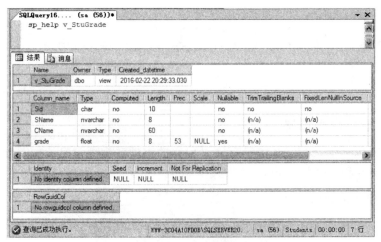

图 6—2　v _ StuGrade 视图依赖的对象

2. 查看视图详细信息

可以使用资源管理器查看视图的详细信息，也可以使用系统过程 sp _ help 来返回有关数据库对象的详细信息，如果不针对某一特定对象，则返回数据库中所有对象信息。其语法格式如下：

sp_help 数据库对象名称

【例 6—7】查看 v _ StuGrade 视图的详细信息。
程序代码如下：

```
sp_help v_StuGrade
```

结果如图 6—3 所示。

SQLQuery16.... (sa (56))*
sp_help v_StuGrade
结果 消息

	Name	Owner	Type	Created_datetime
1	v_StuGrade	dbo	view	2016-02-22 20:29:33.030

	Column_name	Type	Computed	Length	Prec	Scale	Nullable	TrimTrailingBlanks	FixedLenNullInSource
1	Sid	char	no	10			no	no	no
2	SName	nvarchar	no	8			no	(n/a)	(n/a)
3	CName	nvarchar	no	60			no	(n/a)	(n/a)
4	grade	float	no	8	53	NULL	yes	(n/a)	(n/a)

	Identity	Seed	Increment	Not For Replication
1	No identity column defined.	NULL	NULL	NULL

	RowGuidCol
1	No rowguidcol column defined.

查询已成功执行。 WWW-3C04A10FD0B\SQLSERVER20... sa (56) Students 00:00:00 7 行

图 6—3　v _ StuGrade 视图的详细信息

3. 查看视图的文本内容

系统存储过程 sp_helptext 可以从 syscomments 系统表中显示视图的文本内容，也可显示规则、默认值、未加密的存储过程、用户定义函数、触发器的文本。其语法格式为：

    sp_helptext 数据库对象名称

【例 6—8】查看 v_AvgGrade 视图的文本内容。

程序代码如下：

    sp_helptext v_AvgGrade

结果如图 6—4 所示。

图 6—4 v_AvgGrade 视图的文本内容

说明：在资源管理器中或通过 T-SQL 语句都可以查看视图的定义信息，但是，如果在视图的定义语句中带有 WITH ENCRYPTION 子句，表示 SQL Server 对建立视图的语句文本进行了加密，则无法看到视图的定义语句，即使是视图的拥有者和系统管理员也不能看到，如看不到 v_StuGrade 视图的文本内容。

6.3.2 重命名视图

可以使用资源管理器重命名视图的名称。首先选择要更名的视图，单击鼠标右键，然后从弹出的快捷菜单中选择"重命名"命令，输入新视图名即可。

也可以使用系统存储过程 sp_rename 修改视图的名称。使用系统存储过程 sp_rename 修改视图名称的语法格式如下：

    sp_rename old_name,new_name

【例 6—9】将 v_AvgGrade 视图的名称修改为 v_AverageGrade。

程序代码如下：

    sp_rename v_AvgGrade,v_AverageGrade

6.3.3 修改视图文本内容

可以使用"资源管理器"→"视图"→"设计"直接修改视图文本内容，也可利用 T-SQL 语句修改。该语句的基本语法格式如下：

```
ALTER VIEW [schema_name.]view_name
[(column [,…n])]
[WITH ENCRYPTION]
AS
SELECT_statement
[WITH CHECK OPTION]
```

其中，参数的含义与创建视图 CREATE VIEW 命令中的参数含义相同。

【例 6—10】将 stu_info 视图修改为只包含学生学号、姓名的视图。

程序代码如下：

```
ALTER view stu_info
AS
SELECT Sid,sname FROM student
```

6.3.4 删除视图

可以使用"资源管理器"→"视图"→"删除"命令来删除视图，也可以使用 T-SQL 语句删除。其语法格式如下：

```
DROP VIEW view_name [,…n]
```

其中，view_name 为所要删除的视图的名称。

【例 6—11】删除 stu_info 视图。

程序代码如下：

```
DROP VIEW stu_info
```

6.4 使用视图

在创建视图之后，可以通过视图来对基表的数据进行管理。但是无论在什么时候对视图的数据进行管理，实际上都是在对视图对应的数据表中的数据进行管理。

6.4.1 利用视图查询数据

在创建视图后，可以用任何一种查询方式检索视图数据，可使用连接、GROUP BY 子句和子查询等，以及它们的任意组合。在通过视图检索数据时，不能检查到新表中所增加列的内容。相反，若从基表中删除视图所参照的部分列时，将导致无法再通过视图来检索数据。

在创建视图时，系统并不检查所参照的数据库对象是否存在。在通过视图检索数据时，SQL Server 2008 将首先检查这些对象是否存在，如果视图的某个基表（或视图）不存在或被删除，将导致语句执行错误并返回一条错误消息。当新表重新建立后，视图可恢复使用。

【例 6—12】从 v _ StuGrade 视图中查询学号为"2013101088"同学的"计算机文化基础"课程的成绩。

可以使用"资源管理器"→"视图"→"v _ StuGrade"视图→"编辑前 200 行"命令来查询视图数据，也可以使用 T-SQL 的 SELECT 语句来查询视图数据。程序代码如下：

```
SELECT * FROM v_StuGrade
WHERE sid = '2013101088' AND cname = '计算机文化基础'
```

6.4.2 利用视图更新数据

利用视图更新数据简称为更新视图，是指通过视图来插入（Insert）、修改（Update）和删除（Delete）基表中的数据。由于视图是虚表，因此对视图的更新最终要转换为对基表的更新。

1. 可更新视图的约束

在关系数据库中，并不是所有的视图都是可更新的。要通过视图更新表数据，必须保证视图是可更新视图。可更新视图的条件如下：

（1）创建视图的 SELECT 语句中没有聚合函数，并且没有 TOP、GROUP BY、HAVING 及 DISTINCT 和 UNION 关键字；创建视图的 SELECT 语句的 FROM 子句需要包含一个基本表。

（2）创建视图的 SELECT 语句的各列必须来自基表（视图）的列，不能是表达式。

（3）视图定义必须是一个简单的 SELECT 语句，不能带连接、集合操作。即 SELECT 语句的 FROM 子句中不能出现多个表，也不能有 JOIN、EXCEPT、UNION、INTERSECT 关键字。

（4）在一个语句中，一次不能修改一个以上的视图基表。

（5）对视图中所有列的修改必须遵守视图基表中所定义的各种数据完整性的约束条件，要符合列的空值属性、约束、IDENTITY 属性、与表所关联的规则和默认对象等条件的限制。

（6）不允许对视图中的计算列（通过算术运算或内置函数生成的列）进行修改，也不允许对视图定义中含有统计函数或 GROUP BY 子句的视图进行修改或插入操作。

2. 在视图中插入数据

在视图中插入数据就是使用 INSERT 语句通过视图向基表插入数据。

由于视图不一定包括表中的所有字段，所以在插入记录时可能会遇到问题。例如，视图中那些没有出现的字段无法显式插入数据，假如这些字段不接受系统指派的 NULL 值，那么插入操作将失败。

【例 6—13】向 stu＿cs 视图中插入一个新的学生记录，学号为"2013103001"，姓名为"王吴玉"，出生日期为"1995 年 10 月 10 日"。

程序代码如下：

```
INSERT INTO stu_cs
Values('2013103001','王吴玉','1995-10-10')
```

等价于：

```
INSERT INTC student(sid,sname,birthday)
Values('2013103001','王吴玉','1995-10-10')
```

【例 6—14】向 v＿StuGrade 视图中插入一个新的学生记录，学号为"2013103003"，姓名为"王唔空"，课程名为"计算机文化基础"，成绩为"60"。

程序代码如下：

```
INSERT INTO v_StuGrade
Values('2013103003','王唔空','计算机文化基础',60)
```

系统将发出错误信息："视图或函数'v＿StuGrade'不可更新，因为修改会影响多个基表。"在 SC 表中，只有成绩而主键课程号 CNO 不确定，显然不能把数据插入表中。执行结果如图 6—5 所示。

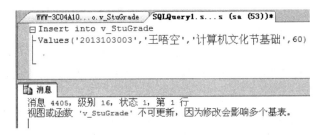

图 6—5 向 v＿StuGrade 视图中插入数据时报错

3．通过视图更新数据

使用 UPDATE 语句可以通过视图修改基表的数据。

【例 6—15】将视图 stu＿info 中学号为"2013103001"的学生姓名改为"张山"。

程序代码如下：

```
UPDATE stu_info
SET 姓名 = '张山'
WHERE 学号 = '2013103001'
```

等价于：

```
UPDATE student
```

```
SET sname = '张山'
WHERE Sid = '2013103001'
```

若更新视图时只影响其中一个表，同时新数据值中含有主键字，那么系统将接受这个修改操作。

【例 6—16】将 v ＿ StuGrade 视图中学号为"2013102028"的学生的"计算机文化基础"课程成绩改为"75"。

程序代码如下：

```
Update v_StuGrade
Set grade = 75
Where Sid = '2013102028' AND CName = '计算机文化基础'
```

等价于：

```
Update   SC
Set grade = 75
Where Sid = '2013102028' AND Cid = 'C002'
```

4. 通过视图删除数据

使用 DELETE 语句可以通过视图删除基表的数据。但对于依赖于多个基表的视图，不能使用 DELETE 语句。

【例 6—17】删除 stu ＿ cs 视图中学号为"2013102028"的学生记录。

程序代码如下：

```
DELETE
FROM stu_cs
WHERE 学号 = '2013102028'
```

等价于：

```
DELETE
FROM Student
WHERE SID = '2013102028' AND Department = '计算机学院'
```

6.5　索引概述

在应用系统中，尤其是在联机事务处理系统中，对数据查询及处理速度已成为衡量应用系统成败的标准。而采用索引来加快数据处理速度是最普遍的优化方法。

6.5.1 索引的概念及作用

索引是数据表中一个单独的、物理的数据库结构，能够对表中的一个或者多个字段值建立一种排序关系，以加快在表中查询数据的速度。对于较小的表来说，有没有索引对查找的速度影响不大，但对于一个很大的表来说，建立索引就显得十分必要了。对表的某个字段建立索引后，在这个字段上查找数据的速度会大大加快。建立索引不会改变表中记录的物理顺序。

索引是依赖于表建立的，它提供了数据库中编排表数据的内部方法。索引的作用如下：

（1）通过创建唯一索引，可以增强数据记录的唯一性。

（2）可以大大加快数据检索速度。

（3）可以加强表与表之间的连接，这一点在实现数据的参照完整性方面有特别的意义。

（4）在使用 ORDER BY 和 GROUP BY 子句检索数据时，可以显著减少查询中分组和排序的时间。

（5）使用索引可以在检索数据的过程中优化隐藏器，提高系统性能。

使用索引的注意事项如下：

（1）带索引的表在数据库中会占据较多的空间。另外，为了维护索引，执行对数据进行插入、更新、删除操作的命令所花费的时间会更长。

（2）创建索引所需的工作空间约为数据库表的 1.2 倍，在建立索引时，数据被复制以便建立索引。索引建立后，旧的未加索引的表被删除，创建索引时使用的硬盘空间由系统自动收回。在设计和创建索引时，应确保对性能的提高程度大于在存储空间和处理资源方面的代价。

6.5.2 索引的分类

如果以存储结构来区分，则有聚集索引（Clustered Index，也称聚类索引、簇集索引）和非聚集索引（Nonclustered Index，也称非聚类索引、非簇集索引）的区别。如果以数据的唯一性来区别，则有唯一索引（Unique Index）和非唯一索引（Nonunique Index）的不同。若以键列的个数来区分，则有单列索引与多列索引的分别。

1. 聚集索引

聚集索引将数据行的键值在表内排序并存储对应的数据记录，使得数据表物理顺序与索引顺序一致。当以某字段作为关键字建立聚集索引时，表中数据以该字段作为排序根据。因此，一个表只能建立一个聚集索引，但该索引可以包含多个列（组合索引）。

2. 非聚集索引

非聚集索引完全独立于数据行的结构。数据存储在一个地方，索引存储在另一个地方。非聚集索引中的数据排列顺序并不是表格中数据的排列顺序。

SQL Server 2008 默认情况下建立的索引是非聚集索引。一个表可以拥有多个非聚集索引，每个非聚集索引提供访问数据的不同排列顺序。

3. 唯一索引

唯一索引是指索引值必须是唯一的。聚集索引和非聚集索引均可用于强制表内的唯一性，方法是在现有表上创建索引时指定 UNIQUE 关键字。确保表内唯一性的另一种方法是使用 UNIQUE 约束。

4. 索引视图

对视图创建唯一聚集索引后，结果集将存储在数据库中，就像带有聚集索引的表一样，这样的视图称为索引视图，即为了实现快速访问而将其结果持续存放于数据库内并创建索引的视图。

索引视图在基础数据不经常更新的情况下使用效果最佳。维护索引视图的成本可能高于维护表索引的成本。如果基础数据更新频繁，索引视图数据的维护成本就可能超过使用索引视图带来的性能收益。

5. 全文索引

全文索引可以对存储在数据库中的文本数据进行快速检索。全文索引是一种特殊类型的基于标记的功能性索引，它是由 SQL Server 2008 全文引擎生成和维护的。

每个表只允许有一个全文索引。

通常在创建索引之前，应该考虑的若干约束机制如下：

（1）表中索引约束，每个表只能创建 1 个聚集索引和 249 个非聚集索引。

（2）权限限制，只有表的拥有者才能在表上创建索引权限。

（3）索引量化的限制，索引最大键列数为 16，索引键最大为 900 B，需要兼顾。

6.6 创建索引

创建索引的方法有以下两种：

（1）系统自动创建索引。系统在创建表中的其他对象时可以附带地创建新索引。通常情况下，在创建 UNIQUE 约束或 PRIMARY KEY 约束时，SQL Server 2008 会自动为这些约束列创建聚集索引。

（2）用户创建索引。除了系统自动生成的索引外，也可以根据实际需要，使用对象资源管理器或利用 T-SQL 语句中的 CREATE INDEX 命令直接创建索引。

6.6.1 利用对象资源管理器创建索引

使用 SQL Server 管理平台创建索引是一种人机交互的方式，也是一种比较灵活的索引创建方式。在大多数情况下，都可以采用这种方法建立索引。SQL Server 2008 创建索引是在表设计器中完成的。

【例6—18】使用SQL Server管理平台对Course表的CName列创建非聚集唯一索引。

使用SQL Server管理平台创建索引的步骤如下：

（1）打开SQL Server管理平台，展开库与表节点，选择要创建索引的数据表。

（2）展开要创建索引的表，选择"索引"→"新建索引"，打开"新建索引"对话框，在"索引名称"框中输入"Index _ CName"，单击"添加"按钮，选择参加索引的字段"CName"，单击"确定"按钮，如图6—6所示。

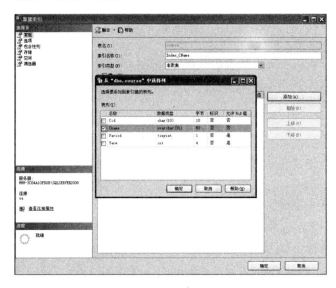

图6—6　选择参加索引的字段"CName"

（3）在"新建索引"对话框中选择"索引类型为"→"非聚集"，再选中"唯一"复选框，单击"确定"按钮，完成创建索引操作。

另一方法创建索引的步骤如下：

（1）选中要创建的"列名"→"CName"→"索引/键"，打开"索引/键"对话框，如图6—7所示。

图6—7　"索引/键"对话框

（2）在"索引/键"对话框中单击"添加"按钮，输入新索引名称并进行相关的设置，如图6—8所示。

（3）修改"标识"为"Index _ Course"，单击"关闭"按钮，完成索引的创建。

图 6—8　在"索引/键"对话框中添加索引

6. 6. 2　利用 T-SQL 语句创建索引

使用 T-SQL 语句创建索引是一种常用方法。在 T-SQL 中，一般有两种方法创建索引：其一，在调用 CREATE TABLE 语句创建表或执行 ALTER TABLE 语句修改表，并在建立 PRIMARY KEY 或唯一性约束时，使 SQL Server 2008 自动为这些约束创建索引；其二，使用 CREATE INDEX 语句对一个已存在的表建立索引。

在此，仅介绍使用 CREATE INDEX 语句创建索引，其语法格式如下：

```
Create Relational Index CREATE [UNIQUE][CLUSTERED INONCLUSTERED]INDEX in-
dex_name
    ON {[database_name.[schema_name].|schema_name.]table_or_view_name}
    (column[ASC|DESC][,…n])[INCLUDE (column_name[,…n])]
    [WITH(<relational_index_option>[,…n])]
    [ON(partition_scheme_name (column_name)Ifilegroup_name|default}][;]
    <relational_index_option>::={PAD_INDEX = (ONIOFF}IFILLFACTOR = fillfactor
    (SORT_IN_TEMPDB = {ON|OFF}|IGNORE_DUP_KEY = (ON|OFF}
    (STATISTICS_NORECOMPUTE = (ONIOFFIIDROP_EXISTING = (ON|OFF}
    (ONLINE = (ON|OFF}TALLOW_ROW_LOCKS = (ON|OFF}
    (ALLOW_PAGE_LOCKS = {ON|OFF}|MAXDOP = max_degree_of_parallelism}
```

参数说明如下：

- CLUSTERED：用于指定创建的索引为聚集索引。
- NONCLUSTERED：用于指定创建的索引为非聚集索引。
- ASC | DESC：用于指定某个具体索引列的升序或降序排序方式。
- FILLFACTOR：填充因子或填充率。
- IGNORE _ DUP _ KEY：当向包含于一个唯一聚集索引的列中插入重复数据时，将忽略该 INSERT 或 UPDATE 语句。
- STATISTICS _ NORECOMPUTE：用于指定过期的索引统计不自动重新计算。
- DROP _ EXISTING：用于指定应删除并重新创建同名的先前存在的聚集索引或非

聚集索引。

● SORT＿IN＿TEMPDB：用于指定创建索引时的中间排序结果将存储在 tempdb 数据库中。

【例 6—19】 使用 CREATE INDEX 语句为 Student 表创建一个非聚集索引，索引字段为 "sname"，索引名为 "idx＿name"。

程序代码如下：

```
CREATE INDEX idx_name
ON student(sname)
```

【例 6—20】 根据 SC 表的学号列创建唯一聚集索引。如果输入重复键值，将忽略该 INSERT 或 UPDATE 语句。

程序代码如下：

```
CREATE unique clustered
Index idx_sid_unique on sc(sid)
WITH ignore_dup_key
```

【例 6—21】 根据 SC 表的学号创建索引，使用降序排列，填满率为 60%。

程序代码如下：

```
CREATE Index idx_sno on sc(sid desc)
WITH filefacter = 60
```

【例 6—22】 使用 CREATE INDEX 语句为 Course 表创建一个唯一聚集索引，索引字段为 cid，索引名为 idx＿cid，要求成批插入数据时忽略重复值，不重新计算统计信息，填充因子取 40。

程序代码如下：

```
CREATE UNIQUE CLUSTERED INDEX idx_cid
ON course(cid )
WITH PAD_INDEX,
FILLFACTOR = 40,
IGNORE_DUP_KEY,
STATISTICS_NORECOMPUTE
```

6.7 管理索引

6.7.1 查看索引定义

在 SQL Server 2008 中，可以使用 SQL Server 管理平台查询索引，也可以使用 T-SQL

查看索引。

1. 利用对象资源管理器查看索引定义

（1）在对象资源管理器中展开数据库和表节点，选择要查看的包含索引所属的数据库表。

（2）选择表对象下的索引项，就会出现这个表中所有的索引的名称，选中一个已创建的"PK _ SC"索引，并单击鼠标右键，从弹出的快捷菜单中选择"属性"，打开"索引属性"对话框，可以查看索引的定义，如图6—9所示。

图6—9　"索引属性"对话框

2. 利用存储过程查看索引定义

T-SQL 中的 sp _ helpindex 存储过程可以返回表的所有索引的信息，其语法格式如下：

```
sp_help  index[@objname = ]'name'
```

参数含义说明：［@objname =］'name'：用来指定当前数据库中的表的名称。

【例6—23】查看 Student 表的索引信息，运行结果如图6—10所示。

```
EXEC sp_help  index student
```

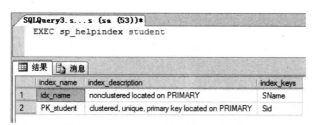

图6—10　Student 表的索引信息

6.7.2　索引更名

1.利用对象资源管理器更名索引

（1）启动 SQL Server Management Studio。

（2）在对象资源管理器窗口里，首先展开 SQL Server 实例，选择"数据库"→"students"→"表"→"student"→"索引"→"idx＿name"，单击鼠标右键，然后从弹出的快捷菜单中选择"重命名"命令。

（3）所要更名索引的索引名处于编辑状态，输入新的索引名称。

2.利用系统存储过程更名索引

利用系统提供的存储过程 sp＿rename 可以对索引重命名。

【例 6—24】将 Student 表中的索引 idx＿name 更名为 idx＿stu＿name。

程序代码如下：

```
Exec sp_rename 'student.idx_name','idx_stu_name'
```

6.7.3　修改索引

在此，侧重介绍使用 T-SQL 语句修改索引。修改索引需要用到 ALTER INDEX 语句，其基本语法格式如下：

```
ALTER INDEX{index_name|ALL}
ON<([database_name.[schema_name].|schema_name.]table_or_view_name)>
{REBUILD[[WITH(<rebuild_index_option>[,…n])]
|[PARTITION=partition_number[WITH(<single_partition_rebuild_index_op-
tion>[,…n])]]]
IDISABLEIREORGANIZE[PARTITION=partition_number]
[WITH(LOB_COMPACTION={ON|OFF})]|SET(<set_index_option>[,…n]))[;]
```

部分参数含义如下：

● index-name：索引的名称。索引的名称在表或视图中必须唯一，符合标识符的规则。

● ALL：指定与表或视图相关联的所有索引，而不考虑是什么索引类型。若有一个或多个索引脱机，或不允许对一个或多个索引类型执行只读文件组操作，则指定 ALL 会导致语句失败。

● REBUILD：指定使用相同的列、索引类型、唯一性属性和排序顺序重新生成索引。

● DISABLE：将索引标记为已禁用，从而不能由 DATABASE ENGINE 使用。

● REORGANIZE：指定将重新组织的索引叶级。

● PARTITION：指定只重新生成或重新组织索引的一个分区。

● WITH：指定压缩所有包含大型对象（LOB）数据的页。LOB 数据类型包括 im-age、text、ntext、varchar（max）、nvarchar（max）、varbinary（max）和 xml，默认值

为 ON。

- ON：为压缩所有包含大型对象数据的页。
- OFF：为不压缩包含大型对象数据的页。
- SET：指定不重新生成或重新组织索引的索引选项。不能为已禁用索引指定 SET。

【例 6—25】修改 Student 表中的"PK _ Student"索引，使其重新生成单个索引。

程序代码如下：

```
ALTER INDEX PK_Student ON student REBUILD
```

6.7.4　删除索引

1. 利用对象资源管理器删除索引

选择"Students 数据库"→"Student 表"→"idx _ name 索引"，单击鼠标右键，然后从弹出的快捷菜单中选择"删除"命令，打开"删除对象"对话框。

2. 利用 T-SQL 语句删除索引

删除索引的语法格式如下：

```
DROP INDEX table_name.index_name[,…n]
```

其中，index _ name 为所要删除的索引的名称。删除索引时，不仅要指定索引，而且必须指定索引所属的表。

【例 6—26】删除 stu _ info 表中的 idx _ name 索引。

程序代码如下：

```
DROP INDEX student.idx_name
```

注意：DROP INDEX 不能删除系统自动创建的索引，如主键或唯一性约束索引，也不能删除系统表中的索引。

6.7.5　维护索引

某些不合适的索引会影响 SQL Server 的性能。随着应用系统的运行，数据不断地发生变化，当数据变化达到某一个程度时将会影响索引的使用。这时需要对索引进行维护。索引的维护包括重建索引和更新索引统计信息等。

1. 重建索引

在执行大块 I/O 的时候，重建非聚集索引可以降低分片。无论何时对基础数据执行插入、更新或删除操作，SQL Server 2008 数据库引擎都会自动维护索引。在 SQL Server 2008 中，可以通过重新组织索引或重新生成索引来修复索引碎片，维护大块 I/O 的效率。SQL Server 2008 提供了多种维护索引的方法。

（1）检查索引碎片。

DBCC SHOWCONTIG 语句用来检查有无索引碎片，该语句可以显示指定表的数据和索引的碎片信息。当对表进行大量的修改或添加数据之后，应该执行此语句来查看有无碎片。其语法格式如下：

```
DBCC SHOWCONTIG
([{ table_name|table_id|view_name|view_id }, index_name|index_id])
```

【例6—27】检查 Student 表的索引 idx _ stu _ name 的碎片信息。
程序代码如下：

```
DBCC SHOWCONTIG(student, idx_stu_name)
```

（2）整理索引碎片。

DBCC INDEXDEFRAG 语句用来整理索引碎片。其语法格式如下：

```
DBCC INDEXDEFRAG
([{database_name|database_id},
{table_name|table_id|view_name|view_id}, index_name|index_id])
```

【例6—28】整理 Students 数据库中 Student 表的索引 idx _ name 上的碎片。
程序代码如下：

```
DBCC INDEXDEFRAG(students, student, idx_name)
```

2. 重新组织索引

重新组织索引是通过对叶级页进行物理重新排序，使其与叶节点的逻辑顺序（从左到右）相匹配，从而对表或视图的聚集索引和非聚集索引的叶级进行碎片整理，叶级页有序可以提高索引扫描的性能。

ALTER INDEX REORGANIZE 语句可以按逻辑顺序重新排列索引的叶级页。由于这是联机操作，因此在语句运行时仍可使用索引。此方法的缺点是在重新组织数据方面不如索引重新生成操作的效果好，而且不能更新统计信息。

3. 重新生成索引

重新生成索引将删除原索引并创建一个新索引。此过程中将删除碎片，通过使用指定的或现有的填充因子设置压缩页来回收磁盘空间，并在连续页中对索引行进行重新排序（根据需要分配新页）。可以使用以下两种方法重新生成聚集索引和非聚集索引：

（1）带 REBUILD 子句的 ALTER INDEX。

（2）带 DROP _ EXISTING 子句的 CREATE INDEX。这种方法的缺点是索引在删除和重新创建周期内为脱机状态，并且操作属于原子级。如果中断索引创建，则不会重新创建该索引。

4. 更新索引统计信息

当在一个包含数据的表上创建索引时，SQL Server 2008 会通过创建分布数据页来存放有关索引的两种统计信息：分布表和密度表。优化器利用这个页来判断该索引对某个特定查询是否有用。当表的数据改变之后，统计信息有可能是过时的，从而影响优化器追求最有效的工作目标。因此，需要对索引统计信息进行更新。其语法格式如下：

```
UPDATE STATISTICS table_or_indexed_view_name
[{{index_or_statistics__name}|({index_or_statistics_name}[,…n])}]
[WITH[[FULLSCAN]|SAMPLE number { PERCENT|ROWS }]|RESAMPLE|
<update_stats_stream_option>[,…n]]
[[,][ALL|COLUMNS|INDEX]
[[,]NORECOMPUTE]];
```

参数说明如下：

● table_or_indexed_view_name：要更新统计信息的表或索引视图的名称。

● index_or_statistics_name：要更新统计信息的索引的名称，或要更新的统计信息的名称。

● FULLSCAN：通过扫描表或索引视图中的所有行来计算统计信息。

● SAMPLE number {PERCENT | ROWS}：当查询优化器更新统计信息时，要使用的表或索引视图中近似的百分比或行数。

● RESAMPLE：使用最近的采样速率更新每个统计信息。

● ALL | COLUMNS | INDEX：指定 UPDATE STATISTICS 语句是否影响列统计信息、索引统计信息或所有现有统计信息。

● NORECOMPUTE：指定不自动重新计算过期统计信息。

【例 6—29】更新 Student 数据库中 Student 表中全部索引的统计信息。

程序代码如下：

```
UPDATE STATISTICS student
```

本章小结

本章主要介绍了视图和索引两个内容。

视图是 SQL Server 中极为重要的一个概念。视图是从一个或多个表（物理表）中导出的查询结果集，虽然仍与表具有相似的结构，但它是一张虚表。和表一样，视图包括数据列和数据行，这些数据列和数据行来源于其所引用的表（称作视图的基表），用户通过视图来浏览表中感兴趣的部分或全部数据。而数据的物理存放位置仍然在视图所引用的基表中，视图中保存的只是 SELECT 查询语句。

以视图结构显示在用户面前的数据并不是以视图的结构存储在数据库中，而是存储在视图所引用的基表当中。视图为数据库应用提供了更为灵活的检索数据、控制数据的方法。

在索引部分介绍了索引的概念和用途，以及几种不同的索引的区别，还讲解了如何使用 SQL Server 管理平台和 T-SQL 语句创建索引、查看和删除索引。

习　题

一、选择题

1. 下面关于视图的叙述中正确的是（　　）。

A. 视图是一张虚表，所有的视图均不含有数据

B. 用户不允许使用视图修改表数据

C. 视图只能使用所属数据库的表，不能访问其他数据库的表

D. 视图既可以通过表得到，也可以通过其他视图得到

2. SQL Server 的视图是从（　　）中导出的。

A. 基本表　　　　　　B. 基本库　　　　　　C. 基本触发器　　　D. 基本语言

3. 创建视图过程中，（　　）表示对所建信息的加密。

A. WITH SA　　　　　　　　　　　　B. WITH GUEST

C. WITH RECOMPILE　　　　　　　　D. WITH ENCRYPTION

4. 在 SQL Server 2008 中，视图包括标准视图、索引视图和（　　）三种类型。

A. 基本视图　　　　　B. 联合视图　　　　C. 分区视图　　　　D. 恢复视图

5. 在 SQL Server 2008 中，删除视图使用（　　）命令关键字。

A. DELETE VIEW　　　　　　　　　　B. DROP VIEW

C. KILL VIEW　　　　　　　　　　　D. DELETE DATA

6. 通常使用 SQL Server 管理平台和（　　）两种方法来创建视图。

A. T-SQL 语句　　　　　　　　　　　B. 存储过程语句

C. 企业管理器　　　　　　　　　　　D. 视窗软件

7. 索引是依赖于（　　）建立的，它提供了（　　）数据库中编排表数据的内部方法。

A. 表、视图　　　　　　　　　　　　B. 数据库、视图

C. 表、存储过程　　　　　　　　　　D. 表、数据库

8. sp_helpindex 存储过程可以返回表的所有（　　）的信息。

A. 索引　　　　　　B. 主键　　　　　　C. 外键　　　　　　D. 排序

9. 使用 T-SQL 语句删除索引的命令关键字是（　　）INDEX。

A. DROP　　　　　B. DELETE　　　　C. CLEAR　　　　D. KILL

二、思考与实验

1. 什么是视图？用视图可以执行哪些操作？哪些方案可以使用视图？

2. 在建立视图的时候，至少要遵循哪五条限制？SQL Server 2008 提供了哪些方法建立视图？

3. 应该使用什么 T-SQL 语句来改变视图的定义或者从数据库中删除视图？

4. 应该使用哪些 T-SQL 语句在视图中插入、修改和删除数据？

5. 已知某数据库下的学生表，请用 T-SQL 语句创建一个"学生区域"视图，要求包含"学号、姓名、性别、学分、校名、区域"信息的"华东"区域学生。

6. 请用 T-SQL 语句创建名为"筛选"的视图，用于显示学分在 3 学分以上的课程信息。

7. 如何利用 T-SQL 语句和视图将数据装载到表？试以一个 INSERT 语句指定一个视图名为例加以说明。

8. 若在数据库中有一个学生基本信息视图，请问如何使用 SQL Server 管理平台和 T-SQL 语句删除该视图？

9. 创建一个视图，用于显示每个学生成绩的平均分、最高分、最低分和学号。

T-SQL 语言基础

本章学习目标

- 了解 T-SQL 的发展过程和分类；
- 掌握 T-SQL 的数据类型、常量、变量、运算符和表达式的使用；
- 掌握"用户定义数据类型"的创建、修改、删除和应用；
- 掌握 T-SQL 基本语句的用法；
- 掌握 T-SQL 流程控制语句的用法。

单元任务书

1. 掌握声明局部变量并赋值，将数据表中的数据赋给局部变量，实现局部变量的运算，输出变量的值；

2. 掌握常用全局变量@@CONNECTIONS、@@SERVERNAME、@@DATEFIRST、@@ERROR、@@ROWCOUNT、@@VERSION 的使用并输出全局变量的值；

3. 掌握基本的语句块（BEGIN … END）、批处理语句、注释语句、RETURN 语句、PRINT 语句、WAITFOR 语句、错误处理语句（RAISERROR）、选项设置语句（SET）的使用；

4. 掌握流程控制语句的选择语句（IF … ELSE）、检测语句（IF … EXISTS）、多分支判断语句（CASE … WHEN）、GOTO 语句、WHILE 语句、BREAK 语句和 CONTINUE 语句的使用。

T-SQL 是 SQL Server 2008 提供的一个有力的工具，SQL Server 2008 中的很多操作都是使用 T-SQL 语言实现的。在 SQL Server Management Studio 中，大部分的可视化操作都可以由 T-SQL 完成，而且很多的高级管理必须由它完成。T-SQL 主要是为操作关系数据库而设计的，但同时包含许多可用的其他结构化语言所具有的逻辑运算、数学计算、条件表达式、字符串解析以及多种循环机制。本章重点讲解 T-SQL 中的这些语言要素。

7.1　T-SQL 简介

7.1.1　T-SQL 是什么

SQL 语言是关系数据库系统的标准语言，标准的 SQL 语句几乎可以在所有的关系数据库系统中使用，如 Oracle、SQL Server、Sybase 等数据库系统。与此同时，不同的数据库软件商一方面将 SQL 语言作为自己的数据库的操作语言，另一方面又对 SQL 语言进行了不同程度的修改和扩充。例如：Oracle 的 P/L SQL，Sybase 的 SQL Anywhere 等。T-SQL 则是 Microsoft 公司针对其自身的数据库产品 SQL Server 设计开发并遵循 SQL 标准的结构化查询语言。

Microsoft 公司在 SQL 语言的基础上对其进行了大幅度的扩充，并将其应用于 SQL Server 服务器技术中，从而将 SQL Server 所采用的 SQL 语言称为 Transact-SQL（简称为 T-SQL）语言。目前，SQL 语言的最新标准为 SQL-92，由美国国家标准局制定，包含了语法标准以及对 SQL 关键字的定义。

7.1.2　T-SQL 的组成

T-SQL 语言包括以下五个部分：

（1）数据定义语言（Data Definition Language，DDL）：对基本关系表、视图、索引和完整性约束的定义、修改和删除。

（2）数据操纵语言（Data Manipulation Language，DML）：对已创建的数据库对象中的数据进行添加、修改和删除。

（3）数据控制语言（Data Control Language，DCL）：用来设置或者更改数据库用户或者角色权限。

（4）系统存储过程（System Stored Procedure）：指系统中自带的程序。

（5）一些附加的语言元素。这部分是 Microsoft 公司为了用户编程的方便而增加的语言要素，包括变量、运算符、函数、流程控制语句和注释。

T-SQL 在 SQL 语言的基础上增加了变量、流程控制、功能函数等功能，提供了丰富的编程结构。用户如果希望成为一名熟练的 SQL Server 2008 数据库管理员或应用程序员，那么掌握 Transact-SQL 程序设计是必不可少的。

7.1.3　T-SQL 语法格式约定

T-SQL 语法格式约定如下：

（1）大写字母：代表 T-SQL 中保留的关键字，如 CREATE、SELECT、UPDATE、

DELETE 等。

（2）小写字母：代表表达式、标识符等。

（3）竖线"｜"：表示参数之间是"或"的关系，用户可以从中选择使用。

（4）大括号"{}"：大括号中的内容为必选项，其中可以包含多个选项，各个选项之间用竖线分隔，用户必须从选项中选择其中一项。

（5）方括号"[]"：方括号内所列出的项为可选项，用户可以根据需要选择使用。

（6）省略号"…"：表示重复前面的语法项目。

7.1.4 数据库对象的引用规则

除非另外指定，否则，所有对数据库对象名的 T-SQL 引用可以由四部分组成，格式如下：

[server name.[database_name].[schema_name].|

Database_name.[schema_name].|schema_name.]object_name

各项参数说明如下：

● server name：指定链接的服务器名称或远程服务器名称。

● database_name：如果对象驻留在 SQL Server 的本地实例中，则指定 SQL Server 数据库的名称。如果对象在链接服务器中，则 database name 将指定 OLE DB 目录。

● schema_name：如果对象在 SQL Server 数据库中，则指定包含对象的架构名称；如果对象在链接服务器中，则指定 OLE DB 架构名称。

● object_name：对象的名称。引用某个特定对象时，不必总是指定服务器、数据库和架构供 SQL Server 2008 数据库引擎标识该对象。但是，如果找不到对象，就会返回错误消息。

其中，服务器名称、数据库名称以及所有者都可以省略，若要省略中间节点，则使用句点来指示这些位置。例如：shutupandcode.xscj.dbo.班级表，shutupandcode.xscj.dbo.课程信息表。表 7—1 所示的是各类对象名的有效格式。

表 7—1   各类对象名的有效格式

对象引用格式	说明
server. database. schema. object	四个部分的名称
server. database. . object	省略架构名称
server. . schema. object	省略数据库名称
server…object	省略数据库和架构名称
database. schema. object	省略服务器名
database. . object	省略服务器和架构名称
schema. object	省略服务器和数据库名称
object	省略服务器、数据库和架构名称

7.1.5 保留字

在 T-SQL 语句或脚本中，所有常量、变量、运算符、函数、列名等标识符切勿使用保留字。

　　尽管 T-SQL 不限制将保留关键字用作变量和存储过程参数的名称，允许保留关键字用作数据库或数据库对象（如表、列、视图等）的标识符或名称（使用带引号的标识符或分隔标识符），但仍然建议尽可能规避。SQL Server 2008 保留字如表 7—2 所示。

表 7—2 SQL Server 2008 保留字（关键字）

ADD	ALL	ALTER	AND	ANY	AS
ALTER	EXTERNAL	PRINT	AND	FETCH	PROC
ANY	FILE	PROCEDURE	AS	FILLFACTOR	PUBLIC
ASC	FOR	RAISERROR	AUTHORIZA-TION	FOREIGN	READ
BACKUP	FREETEXT	READTEXT	BEGIN	FREETEXT-TABLE	RECONFIGURE
BETWEEN	FROM	REFERENCES	BREAK	FULL	REPLICATION
BROWSE	FUNCTION	RESTORE	BULK	GOTO	RESTRICT
BY	GRANT	RETURN	CASCADE	GROUP	REVERT
CASE	HAVING	REVOKE	CHECK	HOLDLOCK	RIGHT
CHECKPOINT	IDENTITY	ROLLBACK	CLOSE	IDENTITY_INSERT	ROWCOUNT
CLUSTERED	IDENTITYCOL	ROWGUIDCOL	COALESCE	IF	RULE
COLLATE	IN	SAVE	COLUMN	INDEX	SCHEMA
COMMIT	INNER	SECURITYAU-DIT	COMPUTE	INSERT	SELECT
CONSTRAINT	INTERSECT	SESSION_USER	CONTAINS	INTO	SET
CONTAINSTABLE	IS	SETUSER	CONTINUE	JOIN	SHUTDOWN
CONVERT	KEY	SOME	CREATE	KILL	STATISTICS
CROSS	LEFT	SYSTEM_USER	CURRENT	LIKE	TABLE
CURRENT_DATE	LINENO	TABLESAMPLE	CURRENT_TIME	LOAD	TEXTSIZE
CURRENT_TIMESTAMP	MERGE	THEN	CURRENT_USER	NATIONAL	TO
CURSOR	NOCHECK	TOP	DATABASE	NONCLUS-TERED	TRAN
DBCC	NOT	TRANSACTION	DEALLOCATE	NULL	TRIGGER
DECLARE	NULLIF	TRUNCATE	DEFAULT	OF	TSEQUAL
DELETE	OFF	UNION	DENY	OFFSETS	UNIQUE
DESC	ON	UNPIVOT	DISK	OPEN	UPDATE
DISTINCT	OPENDATA-SOURCE	UPDATETEXT	DISTRIBUTED	OPENQUERY	USE
DOUBLE	OPENROWSET	USER	DROP	OPENXML	VALUES
DUMP	OPTION	VARYING	ELSE	OR	VIEW
END	ORDER	WAITFOR	ERRLVL	OUTER	WHEN
ESCAPE	OVER	WHERE	EXCEPT	PERCENT	WHILE
EXEC	PIVOT	WITH	EXECUTE	PLAN	WRITETEXT

7.2 数据及其运算

7.2.1 数据类型

数据类型是一种属性，用于指定对象可保存的数据的类型，如整数数据、字符数据、货币数据、日期和时间数据、二进制字符串等。

根据所使用数据的不同表达形式，可以将数据分为不同的数据类型，T-SQL 的数据类型包括两大类：系统的数据类型和用户自定义数据类型。

系统的数据类型是 T-SQL 内部支持的固有的数据类型，该类型定义了可与 SQL Server 一起使用的所有数据类型。在 SQL Server 2008 中，每个列、局部变量、表达式和参数都具有一个相关的数据类型。

用户自定义数据类型时，可以使用 T-SQL 或 Microsoft. NET Framework。

1. 系统的数据类型

T-SQL 的基本数据类型如表 7—3 所示。

表 7—3   T-SQL 的基本数据类型

整数数据类型	tinyint	从 0 到 255 的整数数据
	bigint	从 -2^{63}（$-9\,223\,372\,036\,854\,775\,808$）到 $2^{63}-1$（$9\,223\,372\,036\,854\,775\,807$）的整型数据（所有数字）
	int	从 -2^{31}（$-2\,147\,483\,648$）到 $2^{31}-1$（$2\,147\,483\,647$）的整型数据（所有数字）
	smallint	从 -2^{15}（$-32\,768$）到 $2^{15}-1$（$32\,767$）的整数数据
浮点数据类型	float	近似数字：从 $-1.79E+308$ 到 $1.79E+308$ 的浮点精度数字
	decimal	从 -10^{38+1} 到 10^{38-1} 的固定精度和小数位的数字数据
	real	从 $-7.40E+38$ 到 $7.40E+38$ 的浮点精度数字
	numeric	功能上等同于 decimal
二进制数据类型	binary	固定长度的二进制数据，其最大长度为 8 000 字节
	varbinary	可变长度的二进制数据，其最大长度为 8 000 字节
	image	可变长度的二进制数据，其最大长度为 $2^{31}-1$（$2\,147\,483\,647$）字节
逻辑数据类型	bit	

字符数据类型	char	固定长度的非 Unicode 字符数据，最大长度为 8 000 个字符
	nchar	固定长度的 Unicode 数据，最大长度为 4 000 个字符
	varchar	可变长度的非 Unicode 数据，最大长度为 8 000 个字符
	nvarchar	可变长度的 Unicode 数据，其最大长度为 4 000 字符。sysname 是系统提供的用户自定义数据类型，在功能上等同于 nvarchar（128），用于引用数据库对象名
	text	可变长度的非 Unicode 数据，最大长度为 $2^{31}-1$（2 147 483 647）个字符
	ntext	可变长度的 Unicode 数据，其最大长度为 $2^{30}-1$（1 073 741 823）个字符
货币数据类型	money	货币数据值介于 -2^{63}（−9 223 372 036 854 775 808）与 $2^{63}-1$（9 223 372 036 854 775 807）之间，精确到货币单位的千分之十
	smallmoney	货币数据值介于 −214 748.364 8 与 214 748.364 7 之间，精确到货币单位的千分之十
时间数据类型	datetime	从 1753 年 1 月 1 日到 9999 年 12 月 31 日的日期和时间数据，精确到百分之三秒（或 7.33 毫秒）
	smalldatetime	从 1900 年 1 月 1 日到 2079 年 6 月 6 日的日期和时间数据，精确到分钟
其他数据类型	timestamp	数据库范围的唯一数字，每次更新行时也进行更新
	sql_variant	一种存储 SQL Server 支持的各种数据类型（text、ntext、timestamp 和 sql_variant 除外）值的数据类型
	uniqueidentifier	全局唯一标识符（GUID）
	cursor	游标的引用
	table	一种特殊的数据类型，存储供以后处理的结果集

2. 用户自定义数据类型

T-SQL 支持用户自定义数据类型，用户自定义数据类型是在系统数据类型基础上的扩充或限定。当对多表操作时，这些表中的某些列要存储同样的数据类型，并且该数据类型要有完全相同的基本类型（系统数据类型）、长度和是否为空的规则，这时用户可以自定义数据类型，并在定义表中的这些列时使用该数据类型。

使用用户自定义数据类型可以简化用户定义表的过程。接下来介绍用户自定义数据类型的创建、使用和删除。

用户自定义数据类型的创建和删除可以采用两种方法：一种是图形化方法，在 Microsoft SQL Server Management Studio 中实现；另一种是执行命令的方法，即调用系统存储过程来实现。

例如："Students" 数据库中的 "Student" 和 "SC" 均包含 "学号" 列，该列的数据类型为 Varchar，长度为 12，取值不可为空。为这两列定义一个名字为 "xuehao" 的数据类型。

（1）使用可视化方法创建和删除用户定义数据类型。

下面介绍在 SQL Server Management Studio 中创建和删除名称为 "xuehao" 的用户定义数据类型，其步骤如下：

1）启动 SQL Server Management Studio，并连接到服务器。

2）在 SQL Server Management Studio 的视图中，依次展开树型视图中的以下节点："数据库"→"Students"→"可编程性"→"类型"→"用户定义数据类型"，在该项上单击鼠标右键，从弹出的快捷菜单中选择"新建用户定义数据类型"命令，如图 7—1 所示。

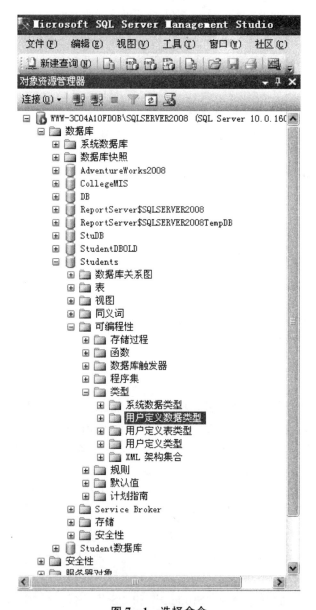

图 7—1　选择命令

3）选择"新建用户定义数据类型"命令后，打开"新建用户定义数据类型"对话框，如图 7—2 所示。在该窗口中设置各个选项。

4）单击"新建用户定义数据类型"对话框的"确定"按钮，返回 SQL Server Management Studio，可以在对象资源管理器的树型视图中看到刚刚定义的数据类型，如图 7—3 所示。

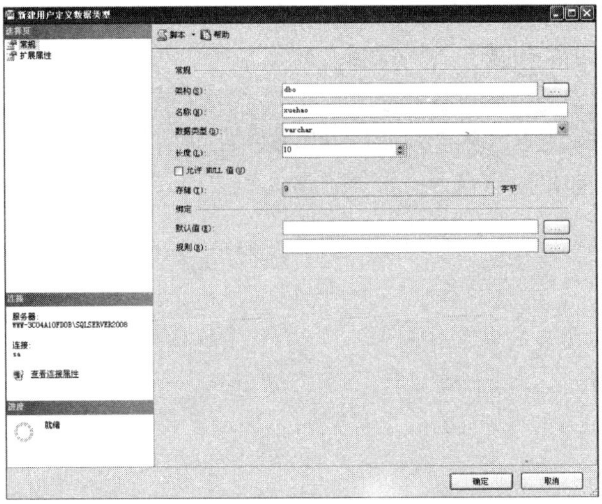

图 7—2　"新建用户定义数据类型"对话框

图 7—3　查看用户定义数据类型

5）要删除已经存在的用户自定义数据类型，在图 7—3 所示的数据类型"xuehao"上单击鼠标右键，在弹出的快捷菜单中选择"删除"命令即可。

（2）调用系统定义的存储过程创建和删除用户定义数据类型

在 SQL-Server 2008 中，还可以通过调用系统定义的存储过程来实现用户自定义数据类型的创建和删除。创建用户自定义数据类型的语法格式如下：

```
Sp_addtype[@typename = ]type,
    [@phystype = ]system_data_type
[, [@nulltype = ]'null type'];
```

各项参数说明如下：

● type：该参数是用户定义的数据类型的名称。该名称在数据库中必须是唯一的。

● system_data_type：该参数是用户自定义数据类型所基于的基本类型，如 int 或者 char 型。

● null type：该参数指定用户自定义数据类型处理空值的方式。该参数有 NULL、NOT NULL 和 NO NULL 三种取值。其默认值为 NULL。

要创建新的数据类型，只需要在程序中调用存储过程 sp_addtype，并传递相关参数即可。

例如：创建一个名称为"kechenghao"的用户自定义数据类型，该类型的基类是 var-char，长度是 6，不可以为 NULL。在 SQL Server Management Studio 的查询分析器中输入以下程序，然后执行即可：

```
USE Students
EXEC sp_addtype 'kechenghao','varchar(6)','not null'
GO
```

如果要以命令行方式删除用户自定义数据类型，则要调用名称为"sp_droptype"的存储过程，该存储过程的语法格式如下：

```
sp_droptype[@typename = ]'type'
```

其中，type 是用户需要删除的数据类型的名称，例如，要删除刚刚创建的 kecheng-hao 数据类型，则可以执行以下语句：

```
USE Students
EXEC sp_droptype'kechenghao'
GO
```

（3）应用用户自定义数据类型来定义字段。

创建用户自定义数据类型后，可以在创建表的字段时使用用户自定义数据类型，可以在 SQL Server Management Studio 环境中使用，也可以通过调用命令使用。

例如，在 SQL Server Management Studio 环境中创建表，在设置字段的数据类型时可以直接选用已创建的用户自定义数据类型，如图 7—4 所示。

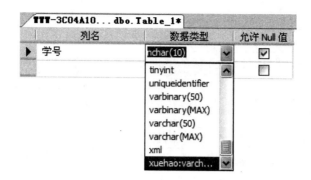

图 7—4　设计表结构时使用用户自定义数据类型

此外，也可以通过命令形式指定字段使用用户自定义数据类型，如下面的程序段对"学号"字段的定义就是采用用户自定义数据类型 xuehao：

```
USE Students
GO
CREATE TABLE 学生表
(
    [学号]xuehao,
    [姓名][nchar](20)NOT NULL,
    [性别][char](2)NULL,
    [出生日期][smalldatetime]NULL,
    [入学日期][smalldatetime]NULL,
    [院系名称][varchar](20)NULL,
    [备注][text]NULL
)
GO
```

7.2.2　常量

常量是指在程序运行过程中始终固定不变的量。常量的使用格式取决于它所表示的值的数据类型。在 SQL Server 2008 的 T-SQL 中，常量类型如表 7—4 所示。

表 7—4　　　　　　　　　　　　SQL Server 2008 中的常量类型

常量类型	常量表示说明	范例
字符串	包括在单引号或双引号中，由字母数（a～z，A～Z）、数字字符（0～9）以及特殊字符（如!、@和♯）等组成	'Management' 'China' '0' 'Brien'
Unicode	Unicode 字符串格式与普通字符相似，但它前面有一个 N 标识符	'N 大学城'
二进制	具有前辍"0x"并且是十六进制数字的字符串，并且不使用引号括起	0xAE, 0x2Ef, 0xD010E

续前表

常量类型	常量表示说明	范例
bit	使用 0 或 1 表示，并且不括在引号中。若值大于 1，则转换为 1	0，1
datetime	使用特定格式的字符日期值来表示，并被单引号括起来	'04/15/99' '14：30：24'
Integer	由不以引号括起来且不含小数点的整数数字表示	125 478
decimal	由不以引号括起来且包含小数点的数字来表示	189.12，258.8
money	以前缀为可选小数点或货币符号的数字来表示且不用引号括起来	$8 527.4，$5420
float 和 real	使用科学计数法来表示	2.55E5，0.5E-2
uniqueidentifier	用来表示 GUID 字符串。可使用字符或二进制字符串格式指定	0xf 19，'7FD'

通常情况下，T-SQL 中的常量是存储在数据库二维表中当前行的某列的值，可以使用 UPDATE 语句的 SET 子句或者 INSERT 语句的 VALUES 子句来指定，例如：

```
UPDATE Course
SET CName = 'C 语言程序设计'
    WHERE Cid = 'C002'
```

以上语句中利用 UPDATE 语句将课程号为"C002"的课程名称修改为"C 语言程序设计"。其中，第 2 行等号后的"C 语言程序设计"为字符串常量。

7.2.3　变量

变量是指在程序的执行过程中存储常量的存储单元。变量可以保存特定类型的值，根据需要可以改变当前值。变量具有变量名和数据类型两个属性。在 SQL Server 2008 中，变量的作用域大多是局部的，也就是说，在某个批处理或者存储过程中，变量的作用范围从声明开始，到该批处理或者存储过程结束为止。

1. 变量的命名规则

变量的命名要符合以下标识符的命名规则：

（1）以 ASCII 字母、Unicode 字母、下划线、@或者♯开头，后续字符可以是一个或多个 ASCII 字母、Unicode 字母、下划线、@、♯或者$，但整个标识符不能全部是下划线、@或者♯。

（2）标识符不能是 T-SQL 的关键字。

（3）标识符中不能嵌入空格和其他的特殊字符。

（4）如果要在标识符中使用空格、T-SQL 的关键字或特殊字符，则要使用双引号或方括号将该标识符标注出来。

2. 局部变量

局部变量是用户可自定义的变量，它的作用范围仅在程序内部（作用域局限在一定范围的 T-SQL 对象）。一般来说，局部变量在一个批处理（也可在存储过程或触发器）中被声明或定义，然后通过这个批处理内的 SQL 语句就可以设置这个变量的值，或者引用这个变量已经被赋予的值。当这个批处理结束后，这个局部变量的生命周期也就随之结束。在程序中，局部变量通常用来储存从表中查询到的数据或当作程序执行过程中暂存的变量。

　　用 DECLARE 语句声明 T-SQL 的变量，声明的同时可以指定变量的名称（必须以 @ 开头）、数据类型和长度，并将该变量的值设置为 NULL。

　　如果要为变量赋值，则可以使用 SET 语句直接进行，或者使用 SELECT 语句。下面通过几个具体的例子说明局部变量的声明和赋值。

　　【例 7—1】下面的语句创建了 int 类型的局部变量，其名字为 "@var"，由于没有为该变量赋值，则该变量的初始值为 NULL。

```
DECLARE @var int
```

　　可以用 DECLARE 语句依次声明多个变量，各个变量之间用 "," 隔开。

　　【例 7—2】声明三个局部变量，名称分别为 "@var1" "@var2" "@var3"，并用 SET 语句分别为这三个变量赋值。

```
DECLARE @var1 nvarchar(10), @var2 nchar(5), @var3 int
SET @var1 = 'red'
SET @var2 = 'yellow'
SET @var3 = 10
```

　　为变量赋值后，可以用 SELECT 语句查看变量的值。

　　【例 7—3】下面的语句将创建变量并赋值，然后用 SELECT 语句返回该变量的值。

```
DECLARE @xuehao int
SET @xuehao = 5
SELECT @xuehao
```

　　在查询分析器中执行以上语句后，在结果窗口会显示变量 @xuehao 的值为 5。

　　此外，还可以使用 SELECT 语句将数据表中的内容赋给已定义的变量。

　　【例 7—4】下面的语句将 SC 表中学号为 "2013101088" 的学生的分数赋给变量 "@fenshu"，并将该变量的值显示在结果窗口中。

```
DECLARE @fenshu int
SELECT @fenshu = Grade
FROM SC
WHERE Sid = '2013101088'
SELECT @fenshu AS 分数
```

　　在查询分析器中执行完上述命令后，结果窗口的内容如图 7—5 所示。

　　在例 7—4 中，第 2 行的 "Grade" 是指数据表中的列名，第 5 行的 "分数" 是指该变量的别名，即图 7—5 所示窗口中的名称。

图 7—5　代码执行结果

3. 全局变量

全局变量是 SQL Server 系统内部使用的变量，其作用范围并不局限于某个程序，而是任何程序、任何时间都可以调用。全局变量通常用于存储一些 SQL Server 的配置设定值和效能统计数据。可以利用全局变量来测试系统的设定值或者执行 T-SQL 命令后的状态值。

全局变量是由 SQL Server 2008 服务器定义的，用户只能使用服务器定义的全局变量。表 7—5 列出 SQL Server 2008 的部分全局变量及其简要说明。

表 7—5　　　　　　　　　　　　　部分全局变量及其说明

运算符	可操作的数据类型
@@CPU BUSY	返回自 SQL Server 最近一次启动以来 CPU 的工作时间，单位为 ms
@@DATEFIRST	返回使用 SET DATEFIRST 指定的每周的第一天是星期几
@@DBTS	返回当前数据库的时间戳值，必须保证数据库中时间戳值是唯一的
@FETCH STATUS	返回上一次 FETCH 语句的状态值
@@IDENTITY	返回最后插入行的标识列的列值
@@IDLE	返回自最近一次启动以来 CPU 处于空闲状态的时长，单位为 ms
@@IO-BUSY	返回自最后一次启动以来 CPU 执行输入输出操作所花费的时间（ms）
@@LANGID	返回当前所使用的语言 ID 值
@@LANGUAGE	返回当前使用的语言名称
@@LOCK TIMEOUT	返回当前会话等待锁的时长，单位为 ms
@@MAX CONNECTIONS	返回允许连接到 SQL Server 的最大连接数目
@@MAX PRECISION	返回 decimal 和 numeric 数据类型的精确度
@@NESTLEVEL	返回当前执行的存储过程的嵌套级数，初始值为 0
@@OPTIONS	返回当前 SET 选项的信息
@@PACK RECEIVED	返回 SQL Server 通过网络读取的输入包的数目
@@PACK SENT	返回 SQL Server 写给网络的输出包的数目
@@PACKET ERRORS	返回网络包的错误数目
@@PROCID	返回当前存储过程的 ID 值
@@SERVICENAME	返回正运行于哪种服务状态之下，如 MS SQL Server、MSDTC、SQL Server Agent

续前表

运算符	可操作的数据类型
@@SPID	返回当前用户处理的服务器处理 ID 值
@@TEXTSIZE	返回 SET 语句定义的 TEXTSIZE 选项值，text 和 image 数据类型最大长度单位为字节
@@TIMETICKS	返回每一时钟的微秒数
@@TOTAL ERRORS	返回磁盘读写错误数目
@@TOTAL READ	返回磁盘读操作的数目
@@TOTAL WRITE	返回磁盘写操作的数目
@@TRANCOUNT	返回当前连接中处于激活状态的事务数目

SQL Server 2008 提供的全局变量分为以下两类：

（1）每次与 SQL Server 连接和处理相关的全局变量。例如，@@ROWCOUNT 表示返回受上一语句影响的行数。

（2）内部管理所要求的与系统内部信息有关的全局变量。例如，@@VERSION 表示返回 SQL Server 2008 当前安装的日期、版本和处理器类型。

除@@ROWCOUNT 和@@VERSION 外，SQL Server 2008 提供的全局变量达 30 多个，可参阅相关文献学习。

【例 7—5】输出全局变量@@CONNECTIONS 的使用，返回连接次数。

```
SELECT @@CONNECTIONS AS '连接次数'
```

运行结果如图 7—6 所示。

【例 7—6】@@DATEFIRST 的使用：将星期五设置为每周的第一天，假设今天是星期三，则今天是该周的第六天。

```
SET DATEFIRST 5
SELECT @@DATEFIRST AS'第一天',DATEPART(dw,GETDATE())AS'今天'
```

运行结果如图 7—7 所示。

图 7—6　例 7—5 运行结果

图 7—7　例 7—6 运行结果

【例 7—7】@@SERVERNAME 的使用：返回运行 SQL Server 2008 本地服务器的名称。

```
SELECT @@SERVERNAME AS 本地服务器
```

运行结果如图 7—8 所示。

图7—8　例7—7运行结果

【例7—8】@@ERROR 的使用：返回最后执行的 T-SQL 语句的错误代码。

注意：当 SQL Server 完成 T-SQL 语句的执行时，若语句执行成功，则@@ERROR 设置为 0；若出现错误，则返回一条错误信息。@@ERROR 返回此错误信息代码，直到另一条 T-SQL 语句被执行。用户可以在 sysmessages 系统表中查看与@@ERROR 错误代码相关的文本信息。

由于@@ERROR 在每一条语句执行后被清除并且重置，因此应在语句验证后立即检查它，或将其保存到一个局部变量中以备事后查看。例如：

```
USE Students
GO
UPDATE Course SET Cname = 'Java 程序设计' WHERE Cid = 'B003'
IF @@ERROR = 0
PRINT'A check constraint violation occurred'
```

运行结果如图7—9所示。

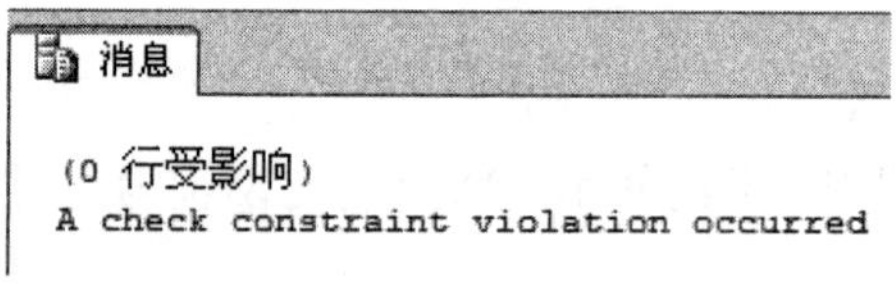

（0 行受影响）
A check constraint violation occurred

图7—9　例7—8运行结果

【例7—9】@@ROWCOUNT 的使用：返回受上一语句影响的行数，任何不返回行的语句将这一变量设置为 0。例如：

```
UPDATE student SET SName = '刘大海'WHERE sid = '2013102099'
IF @@ROWCOUNT = 0
PRINT'Warning:No rows were updated'
```

运行结果如图7—10所示。

（0 行受影响）
Warning: No rows were updated

图7—10　例7—9运行结果

【例7—10】@@VERSION 的使用：返回 SQL Server 当前安装的日期、版本和处理器类型。

例如：

SELECT @@VERSION 安装信息

运行结果如图 7—11 所示。

图 7—11 例 7—10 运行结果

7.2.4 运算符和表达式

运算符是一种符号，用来指定要在一个或者多个表达式中执行的操作。在 SQL Server 2008 中可以使用的运算符包括算术运算符、赋值运算符、按位运算符、字符串连接运算符、比较运算符、逻辑运算符和一元运算符。

表达式是标识符、值和运算符的有规则组合，它可以是常量、函数、列名、变量、子查询等实体，也可以用运算符对这些实体进行组合。

1. 算术运算符

算术运算符用于执行数字型表达式的算术运算，系统支持的算术运算及其可操作的数据类型如表 7—6 所示。加（＋）和减（－）运算符也可用于对 datetime 及 smalldatetime 值执行算术运算。

表 7—6　算术运算符

运算符	含义	可操作的数据类型
＋（加）	加法或正号	bit、tinyint、smallint、int、bigint、real、float、decimal、numeric、datetime、smalldate-time
－（减）	减法或负号	同上
*（乘）	乘法	同上。但不包括 datetime、smalldatetime
/（除）	除法	同 *（乘法运算符）
%（模）	返回余数	tinyint、smallint、int、bigint。如 22%5＝2

如果表达式中所有的运算符都具有相同的优先级，则执行顺序为从左到右；如果各个运算符的优先级不同，则先乘、除和求余，然后再加、减。

【例 7—11】将 "SC" 表中各个成绩乘以 0.8 后输出。

```
SELECT Sid,Cid,grade * 1.8 FROM SC
```

2. 赋值运算符

等号（＝）是 T-SQL 唯一的赋值运算符。可以将变量和常量赋值给变量，在赋值的过程中，赋值符号两边的量的数据类型要一致或者可以相互转换。例如：

```
DECLARE @MyCounter int
SET @MyCounter = 22 % 5
```

3. 按位运算符

按位运算符包括 &（按位与）、～（按位非）、｜（按位或）、^（按位异或），主要用于 int、smallint 和 tinyint 类型的数据运算，其中，～（位非）还可以用于 bit 数据类型。所有的按位运算符都可以对 T-SQL 语句中转换成二元表达式的整数值进行运算。按位运算符的具体含义如表 7—7 所示。

表 7—7　　　　　　　　　　　　　　按位运算符的含义

运算符	含义	运算符	含义
&（AND）	按位 AND（两个操作数）	｜（OR）	按位 OR（两个操作数）
^（XOR）	按位互斥 XOR（两个操作数）	～（NOT）	按位求反 NOT 运算（单目运算）

按位运算符的操作数可以是整型或二进制字符串数据类型分类中的任何数据类型（但 image 数据型除外），其中按位与（&）、按位或（｜）、按位异或（^）运算需要两个操作数，这两个操作数不能同时是二进制字符串数据类型中的某种数据类型。这两个操作数可以配对的数据类型如表 7—8 所示。求反（～）运算是个单目运算，它只能对 int、smallint、tinyint 或 bit 类型的数据进行求反运算。

表 7—8　　　　　　　　　　　　可以配对的按位运算数据类型

运算符左边操作数	运算符右边操作数	运算符左边操作数	运算符右边操作数
binary	int、smallint 或 tinyint	smallint	int、smallint、tinyint、binary 或 varbinary
bit	int、smallint、tinyint 或 bit	tinyint	int、smallint、tinyint、binary 或 varbinary
varbinary	int、smallint 或 tinyint	int	int、amallint、tinyint、binary 或 varbinary

【例 7—12】声明两个变量，并对其赋值，然后输出两个变量的 &（按位与）、｜（按位或）和 ^（按位异或）的运算结果。

```
DECLARE @var1 int,@var2 int
    SET @var1 = 22
    SET @var2 = 147
    SELECT @var1&@var2,@var1|@var2, @var1^@var2
```

执行的结果为三个值：18、151 和 133，如图 7—12 所示，读者可以将各个数据转换成二进制进行验证。

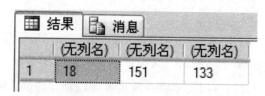

图 7—12　按位运算示例

4. 字符串连接运算符

字符串连接运算符为加号（＋），可以将两个或者多个字符串连接成一个字符串。例如，SELECT '123'＋'456'语句的结果是'123456'。

5. 比较运算符

比较运算符包括等于（＝）、大于（＞）、小于（＜）、大于等于（＞＝）、小于等于（＜＝）、不等于（＜＞或者！＝）、不小于（！＜）和不大于（！＞）。

比较运算符用于测试两个表达式的值是否相同。比较的结果为逻辑值，可以取以下三个值中的一个：True、False 和 Unknown。

用比较运算符连接的表达式多用于条件语句（如 IF 语句）的判断表达式中，或者用于检索时的 WHERE 子句中。

【例 7—13】将"Students"数据库中"student"表中的出生日期在 1994 年 9 月 1 号后的学生显示出来。

```
USE Students
GO
SELECT Sid,SName,brithday
FROM student
WHERE brithday>'1994-09-01'
GO
```

运行结果如图 7—13 所示。

	Sid	SName	brithday
1	2012102025	邱杰	1995-03-01 .
2	2012102026	杨舒琪	1996-05-03 .
3	2013101066	王婷	1995-05-03 .
4	2013101088	刘怡	1996-02-01 .
5	2013102027	刘康	1995-04-21 .
6	2013102028	王安康	1995-03-01 .
7	2013102030	黄良	1995-12-12 .
8	2013102032	王鑫	1995-02-01 .

图 7—13　例 7—13 运行结果

6. 逻辑运算符

逻辑运算符用来对逻辑条件进行测试，逻辑运算符的运算结果为 True、False 或 Unknown。逻辑运算符有 AND、OR、NOT、BETWEEN 和 LIKE 等，其含义如表 7—9 所示。

表7—9 逻辑运算符与运算结果

运算符	含义	运算符	含义
AND	若两个布尔表达式都为 True，则为 True	BETWEEN	若操作数在某个范围内，则为 True
OR	若两个布尔表达式中一个为 True，则为 True	EXISTS	若子查询包含一些行，则为 True
NOT	对任何其他布尔运算符的值取反	LIKE	若操作数与一种模式匹配，则为 True
ALL	若一系列的比较都为 True，则为 True	SOME	若在系列比较中有 True，则为 True
ANY	若比较中任一个为 True，则为 True	IN	若操作数在表达式列表中，则为 True

（1）AND：对两个布尔表达式的值进行逻辑与运算。当两个布尔表达式的值都为 True 时，返回 True；如果其中有一个为 False，则返回 False；如果其中有一个 True，另一个为 Unknown，或两个都为 Unknown 时，则返回 Unknown。其真值表如表 7—10 所示。

表7—10 AND 运算符的真值

AND	True	False	Unknown
True	True	False	Unknown
False	False	False	False
Unknown	Unknown	False	Unknown

（2）OR：对两个布尔表达式进行逻辑或运算。当两个布尔表达式的值都为 False 时，返回 False；如果其中一个为 True，则返回 True；如果其中一个为 False，一个为 Unknown，或两个都为 Unknown，则返回 Unknown。其真值表如表 7—11 所示。

表7—11 OR 运算符的真值

OR	True	False	Unknown
True	True	True	True
False	True	False	Unknown
Unknown	True	False	Unknown

（3）LIKE：判断给定的字符串是否与指定的模式匹配，通常只限于字符数据类型。模式可以使用通配符，如表 7—12 所示，它们使 LIKE 更加灵活。例如，查找所有姓"钱"的员工姓名及住址。

```
SELECT employee_name,address
FROM employee
WHERE employee_name LIKE '钱%'
```

表7—12 LIKE 的通配符

运算符	描述	示例
%	包含零个或多个字符的任意字符	Department LIKE '%外国语%'，将查找 Department 包含外国语的所有学生
_	下划线，对应任何单个字符	Sname LIKE '_海燕'，将查找以"海燕"结尾的所有 6 个字符的名字

续前表

运算符	描述	示例
[]	指定范围（a～f）或集合（[abcdef]）中的任何单个字符	Employee_name LIKE ' [张李王] 海燕'，将查找张海燕、李海燕、王海燕等
[^]	不属于指定范围（a～f）或集合（[abcdef]）中的任何单个字符	Employee_name LIKE ' [^张李王] 海燕'，将查找不姓张、李、王的名为海燕的学生

7. 一元运算符

一元运算符只对一个操作数或者表达式进行操作，该操作数或者表达式的结果可以是数字数据类型中的任意一种。一元运算符有三个：＋（表示该数值为正值），－（表示该数值为负），～（返回数值的补数）。

不同运算符具有不同的运算优先级，在一个表达式中，运算符的优先级决定了其运算的顺序。SQL Server 2008 中各种运算符的优先顺序如下：

（1）括号：（）。

（2）正、负或取反运算符：＋、－、～。

（3）乘、除、求模运算符：＊、/、％。

（4）加、减、字符连接运算符：＋、－、＋。

（5）比较运算符：＝、＞、＜、＞＝、＜＝、＜＞、！＝、！＞、！＜。

（6）位运算符：＾、＆、｜。

（7）逻辑非运算符：NOT。

（8）逻辑与运算符：AND。

（9）ALL、ANY、BETWEEN、IN、LIKE、OR、SOME 等运算符。

（10）赋值运算符：＝。

上面所列运算中，排在最上面的优先级最高。当一个复杂的表达式有多个运算符时，运算符优先性决定其执行运算的先后次序；执行的顺序会影响所得到的值。

【例 7—14】利用 SET 语句和运算符优先级进行运算。

在下面的 SET 语句示例中，运算符按优先级运算，表达式结果是 13。

```
DECLARE @MyNumber int
SET @MyNumber = 2 * 4 + 5 -- Evaluates to 8 + 5 which yields an expression re-
sult of 13.
SELECT @MyNumber
```

在下面的 SET 语句示例中，首先执行括号中的加法，表达式结果是 18。

```
DECLARE @MyNumber int
SET @MyNumber = 2 * (4 + 5) -- Evaluates to 2 * 9 which yields an expression
result of 18.
SELECT @MyNumber
```

如果表达式有嵌套的括号，那么首先对嵌套最深的表达式求值。下例中包含嵌套的示例中，表达式结果是 12。

```
DECLARE @MyNumber int
SET @MyNumber = 2 * (4 + (5 - 3)) -- Evaluates to 2 * ( + )which further evalu-
ates to 2 * 6, and yields an expression result of 12.
SELECT @MyNumber
```

7.3　基本语句

SQL Server 2008 提供的基本语句及其功能如表 7—13 所示。

表 7—13　　　　　　　　　　SQL Server 2008 提供的基本语句及其功能

语句	功能
BEGIN…END	定义语句块
PRINT	信息输出语句
RETURN	无条件退出（返回）语句
批处理命令	GO 作为结束的标志命令
WAITFOR	设置语句执行的延迟时间
注释	"--"（双连字符）：表示单行注释； / * … * /（正斜杠＋星号对）：用于多行（块）注释

7.3.1　语句块（BEGIN…END）

语句块语法如下：

```
BEGIN
    <SQL 语句或程序块>
END
```

BEGIN…END 用来设定一个语句块，可以将多条 T-SQL 语句封装起来构成一个语句块，处理时，整个语句块被视为一条语句。BEGIN…END 经常用在条件语句中，如 IF…ELSE 或 WHILE 循环中。BEGIN…END 可以嵌套使用。

【例 7—15】编写一个修改"Course"表中 Period（学时数）的语句块。

```
BEGIN
UPDATE course SET Period = 4 WHERE Cid = 'c003'
UPDATE course SET Period = 5 WHERE Cid = 'c004'
SELECT Cid, period FROM course
END
```

程序运行结果如图 7—14 所示。

	Cid	period
1	C001	3
2	C002	5
3	C003	4
4	C004	5
5	C005	3
6	C006	3

图 7—14　例 7—15 运行结果

7.3.2　批处理

批处理是从客户机传递到服务器上的一组完整的数据和 SQL 指令。在一个批处理中，可以包含一条 SQL 指令，也可以包含多条 SQL 指令。批处理的所有语句被视为一个整体，但是被成组地分析、编译和执行。可以想象，如果在一个批处理中存在着一个语法错误，那么所有的语句都无法通过编译。有以下几种指定批处理的方法：

（1）程序作为一个执行单元发出的所有 SQL 语句构成批处理，并生成单个执行计划。

（2）存储过程或触发器中的所有语句构成一个批处理，这些都编译为一个执行计划。

（3）由 EXECUTE 语句执行的字符串是一个批处理，并编译为一个执行计划。

（4）由 sp _ executesql 系统存储过程执行的字符串是个批处理，并编译为一个执行计划。

所有的批处理命令都将 GO 作为结束的标志。当编译器读到 GO 时，它就会把 GO 前面所有的语句当作一个批处理，打包成一个数据包发送给服务器。GO 本身并不是 T-SQL 语句的组成部分，它只是一个用于表示批处理结束的前端指令。

在使用批处理时需注意如下规则：

（1）CREATE DEFAULT、CREATE PROCEDURE、CREATE RULE、CREATE TRIGGER 和 CREATE VIEW 语句不能在批处理中与其他语句组合使用。批处理必须以 CREATE 语句开始，所有跟在其后的其他语句将被解释为第一个 CREATE 语句定义的一部分。

（2）不能在同一个批处理中更改表，然后引用新列。

（3）如果 EXECUTE 语句是批处理中的第一句，则不需要 EXECUTE 关键字；否则，需要 EXECUTE 关键字。

【例 7—16】 创建一个视图的批处理。

```
USE Students
GO --Signals the end of the batch
  CREATE VIEW cname_period
```

```
    AS
    SELECT * FROM course
GO
/* Signals the end of the batch */
    SELECT * FROM cname_period
GO
/* Signals the end of the batch */
```

通常，只执行一部分的批处理操作会产生一些无用的垃圾数据。为避免这种情况的发生，常需要使用事务来保证所有 SQL 指令要么全部执行成功，要么全部执行不成功。

7.3.3　注释语句

注释是指程序代码中不执行的文本字符串，是对程序的说明，可以提高程序的可读性，使程序代码更易于维护。注释一般嵌入在程序中并以特殊的标记显示出来。在 T-SQL 中，注释可以包含在批处理、存储过程、触发器中。

SQL Server 2008 支持以下两种类型的注释符：

（1）"--"：表示单行注释，从双连字符开始到行尾均为注释。这些注释字符可与要执行的代码处在同一行，也可另起一行。对于多行注释，必须在每个注释行的开始使用双连字符。

（2）/* … */：用于多行（块）注释。这些注释字符可与要执行的代码处在同一行，也可另起一行，甚至插在可执行代码内。从开始注释对（/*）到结束注释对（*/）之间的全部内容均为注释部分。对于多行注释，须置于开始注释（/*）和结束注释（*/）中。

【例 7—17】两种注释使用实例。

```
USE Students
  GO   -- Signals the end of the batch
       /* First line of a multiple -line comment.
       Second line of a multiple - line comment. */
SELECT * FROM student
```

7.3.4　RETURN 语句

RETURN 语句用于在任何时候从过程、批处理或语句块中结束当前程序并无条件退出，而不执行位于 RETURN 之后的语句，返回到上一个调用它的程序，在括号中可指定一个返回值。RETURN 语句的语法格式如下：

```
RETURN [integer expression]
```

参数 integer expression 返回整型值，存储过程可通过调用过程或应用程序返回整型值。

注意：除非特别指明，所有系统存储过程返回 0 值表示成功，返回非 0 值则表示失败，具体信息如表 7—14 所示。

表 7—14　　　　　　　　　　**RETURN 命令返回的默认值**

返回值	含义	返回值	含义	返回值	含义
0	程序执行成功	−1	找不到对象	−2	数据类型错误
−3	死锁	−4	违反权限原则	−5	语法错误
−6	用户造成的一般错误	−7	资源错误，如磁盘空间不足	−8	非致命的内部错误
−9	已达到系统的极限	−10,−11	致命的内部不一致错误	−12	表或指针被破坏
−13	数据库被破坏	−14	硬件错误		

当用于存储过程时，RETURN 语句不能返回空值。如果过程试图返回空值（如使用 RETURN@status 且@status 是 NULL），将生成警告信息并返回 0 值。

在执行当前过程的批处理或过程中，可以在后续 T-SQL 语句中包含返回状态值，但输入格式必须是：

```
EXECUTE @return_status = procedure_name
```

【例 7—18】创建一个过程 findjobs，用 RETURN 语句返回一条消息。

```
CREATE PROCEDURE findjobs @nm sysname = NULL
AS
IF @nm IS NULL
  BEGIN
    PRINT 'You must give a username'
    RETURN
  END
ELSE
  BEGIN
    SELECT o.name, o.id, o.uid FROM sysobjects o
    INNER JOIN master..syslogins l
    ON o.uid = l.sid
    WHERE l.name = @nm
  END
```

如果在执行 findjobs 时没有给出用户名作为参数，RETURN 语句就将一条消息发送到用户的屏幕上，然后从过程中退出；如果给出用户名，将从适当的系统表中检索由该用户在当前数据库内创建的所有对象名。

7.3.5　PRINT 语句

PRINT 语句将用户定义的字符串作为一个消息返回客户端或应用程序，该语句接受任何字符串表达式。PRINT 语句的语法格式如下：

```
PRINT 'any ASCII text'|@local_variable|@@FUNCTION|string_expression
```

PRINT 命令向客户端返回一个用户自定义的信息，即显示一个字符串、局部变量或全局变量。如果变量值不是字符串，必须先用数据类型转换函数 CONVERT 将其转换为字符串。其中，string _ expression 是可返回一个字符串的表达式。

【例 7—19】声明变量，使用 PRINT 语句输出变量内容。

```
DECLARE @m char(16),@n char(10)
SELECT @m = 'SQL',@m = 'Server 2008'
PRINT'MicroSoft'
PRINT @m + @n
```

运行结果为 MicroSoft SQL Server 2008。

【例 7—20】在过程中使用 RETURN 语句和 PRINT 语句。

```
DECLARE @x int, @y int
SELECT @x = 3,@y = 5
PRINT @x; print @y; print @y + @x
IF @x>@y
    RETURN
ELSE
    PRINT 'my god!'
```

7.3.6　WAITFOR 语句

延期执行（WAITFOR）语句用来暂时停止程序执行，直到所设定的等待时间已过或所设定的时刻已到才继续往下执行。其中，时间必须为 DATETIME 类型的数据，延迟时间和时刻均采用 "HH：MM：SS" 格式，在 WAITFOR 语句中不能指定日期，并且时间长度不能超过 24 小时。

延期执行语句的语法格式如下：

```
WAITFOR { DELAY<'时间' >|TIME<'时间'>}sql statement
```

各项参数说明如下：

- DELAY：用来设定等待的时间间隔，最多可达 24 小时。
- TIME：用来设定等待结束的时间点。
- sql statement：设定的等待时间已过或所设定的时刻已到，要继续执行的 SQL 操作语句。

【例 7—21】等待 6 小时 10 分 20 秒后才执行语句块。

```
WAITFOR DELAY '06:10:20'
BEGIN
    ...
END
```

【例 7—22】等到晚上 11 点 00 分执行 "Students" 数据库的备份工作。

```
WAITFOR TIME '11:00:00'
```

BACKUP DATABASE 学生成绩管理 TO DISK = 'C:\学生成绩管理.DAT'

WAITFOR 语句的缺点是：与应用程序的连接一直挂起，直到 WAITFOR 完成为止。当应用程序或存储过程的处理必须挂起相对有限的时间时，最好使用 WAITFOR，而当在一天中的特定时间执行某种操作时，较好的方法是使用 SQL _ DMO 来调度任务。

7.3.7　错误处理语句（RAISERROR）

RAISERROR 命令用于在 SQL Server 2008 系统返回错误信息时，返回用户指定的信息。RAISERROR 命令可以自动记录全局变量@@error 中指定的错误号，并且把错误号、严重性、错误状态以及错误消息的文本传送到客户的应用程序中。

与 PRINT 相比，RAISERROR 在把消息返回给应用程序方面的功能更强大。因此，如果用户需要在程序中调用 SQL Server 2008 数据库系统错误，就需要使用 RAISERROR 命令。

RAISERROR 命令的语法格式如下：

```
RAISERROR({msg_id|msg_str}{,severity,state}[,argument[,…n]])
    [WITH option[,…n]]
```

各项参数说明如下：

● msg _ id：存储于 sysmessages 表中的用户定义的错误信息，用户定义错误信息的错误号应大于 50 000，由特殊消息产生的错误是第 50 000 号。

● msg _ str：是一条错误消息，此错误信息最多可包含 400 个字符。

● severity：用户定义的与消息关联的严重级别，用户可以使用范围为 0～18 的严重级别，范围为 19～25 的严重级别只能由 sysadmin 固定服务器角色成员使用，若要使用范围为 19～25 的严重级别，必须选择 WITH LOG 选项。

● state：为 1～127 的任意整数，表示有关错误调用状态的信息，state 的默认值为 1。

● argument：是用于替代在 msg _ str 中定义的变量或取代对应于 msg _ id 的消息的参数。可以有 0 或更多的替代参数，替代参数的总数不能超过 20 个。

● option：错误的自定义选项。

当使用 RAISERROR 返回一个用户定义的错误信息时，在每个引用该错误的 RAISERROR 中使用不同的状态号码，可以在发生错误时帮助用户进行错误诊断。

RAISERROR 可以帮助我们发现并解决 T-SQL 代码中的问题、检查数据值或返回包含变量文本的消息。

【例 7—23】RAISERROR 语句示例。

执行语句：RAISERROR（'数据库出错,无法打开', 16, 1）。

语句运行结果：

服务器消息：50000，级别 16，状态 1，行 1

数据库出错，无法打开

7.3.8　选项设置语句（SET）

SQL Server 2008 数据库系统中设置了一些选项，用以影响服务器处理特定条件的方式，这些选项存在于用户与服务器的连接期间或用户的存储过程和触发器中，可以使用SET语句设置这些参数。其语法格式如下：

SET condition {ON | OFF | Value}

SQL Server 2008 部分选项参数设置如表 7—15 所示。

表 7—15　　　　　　　　　　　　SQL Server 2008 部分选项参数

选项	值	含义
SET STATISTICS TIME	ON	让服务器返回语句的运行时间
SET STATISTICS IO	ON	让服务器返回请示的物理和逻辑页数
SET SHOWPLAN	ON	让服务器返回当前正在运行的计划中的查询
SET PARSONLY	ON	让服务器对所设计的查询进行语法检查但并不运行
SET ROWCOUNT	n	让服务器只返回查询中的前 n 行
SET NOCOUNT	ON	不必报告查询所返回的行数

7.4　流程控制语句

流程控制语句用于控制 T-SQL 语句、语句块或存储过程的执行流程，它与常见的程序设计语言类似。SQL Server 2008 中 T-SQL 提供的流程控制语句及其功能如表 7—16 所示。

表 7—16　　　　　　　　　　T-SQL 流程控制语句及其功能

语句	功能
IF…ELSE	条件选择语句，条件成立执行 IF 后语句（第一个分支）；否则，执行 ELSE 后语句
CASE	分支处理语句，表达式可根据条件返回不同的值
WHILE	循环语句，重复执行命令行或程序块
BREAK	循环跳出语句
CONTINUE	重新启动循环语句，跳过 CONTINUE 后语句，回到 WHILE 循环的第一行命令
GOTO	无条件转移语句

7.4.1　选择语句（IF…ELSE）

通常计算机是按顺序执行程序中的语句的，但是在许多情况下，在程序的执行过程中会对所给出的条件进行判断，当条件为真或者假时，执行不同的 T-SQL 语句块。这时可以利用 IF…ELSE 语句做出选择，选择执行某条语句或语句块。

判断语句的语法格式如下：

```
IF Boolean_expression
    {sql_statement|statement_block}
[ELSE
    {sql_statement|statement_block}]
```

参数说明如下：

- Boolean_expression：条件表达式，其结果必须为逻辑值。
- sql-statement | statement_block：语句行或者语句块。

条件是一个逻辑表达式，其取值为 True 或 False。如果逻辑表达式中包含一个 SE-LECT 语句，则必须使用圆括号把这个 SELECT 语句括起来。语句1和语句2可以是单个的 T-SQL 语句，也可以是用语句 BEGIN…END 定义的语句块。

【例7—24】计算学号为"2013101052"的学生的平均成绩，如果平均成绩＝60 分，则显示及格；否则，显示不及格。

```
DECLARE @cj_avg INTEGER
SELECT @cj_avg = AVG(grade) FROM sc WHERE sid = '2013101052'
PRINT '平均成绩:'
PRINT @cj_avg
IF @cj_avg >= 60
    PRINT '平均成绩及格'
ELSE
    PRINT '平均成绩不及格'
GO
```

程序运行结果如图 7—15 所示。

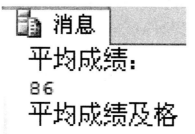

图7—15 例7—24 运行结果

7.4.2 检测语句（IF…EXISTS）

IF…EXISTS 语句用于检测数据是否存在，而不考虑与之匹配的行数。对于存在性检测而言，使用 IF…EXISTS 要比使用 COUNT（＊）＞0 好，效率更高，因为只要找到第一条匹配的行，服务器就会停止执行 SELECT 语句。

【例7—25】求出课程号为"C002"的课程的优秀人数并输出。

在查询分析器中输入下述代码并执行：

```
USE Students
GO
DECLARE @CourseNo AS char(4) -- 存放课程号
DECLARE @GoodNum AS int -- 存放对应课程号的优秀人数
SET @CourseNo = 'C002' -- 给变量赋值
IF EXISTS(SELECT * FROM sc -- 如果该门课有优秀的记录
    WHERE Cid = @CourseNo AND Grade >= 80)
  BEGIN
      /* 通过 SELECT 语句得到 C002 号课程的优秀人数并赋值给 @GoodNum */
    SELECT @GoodNum = Count(Sid) FROM sc
        WHERE cid = @CourseNo AND grade >= 80
    PRINT 'C002 号课程优秀人数为' + CONVERT(char(2), @GoodNum) + '人'
  END
ELSE
PRINT 'C002 号课程没有人获得优秀成绩'
GO
```

运行结果如图 7—16 所示。

图 7—16　例 7—25 运行结果

7.4.3　多分支判断语句（CASE…WHEN）

CASE…WHEN 结构提供了比 IF…ELSE 结构更多的选择和判断机会，使用它可以很方便地实现多分支判断，从而避免多重 IF…ELSE 语句嵌套使用。

根据语法格式与功能的不同，CASE 表达式分为简单类型的 CASE 语句和搜索类型的 CASE 语句。

1. 简单类型的 CASE 语句

简单类型的 CASE 语句的语法格式为：

```
CASE input_expression
WHEN when_expression THEN result_expression
[…n]
[ELSE else_result_expression]
END
```

参数说明如下：

- inputn _ expression：测试表达式。

● when_expression：结果表达式。input_expression 及每个 when_expression 的数据类型必须相同或是隐式转换的数据类型。

● else_result_expression：当 input_expression 的值不在任意一个 when_expression 中时的结果。

● result_expression：计算结果为 True、False 和 Null 值。

【例 7—26】对学生成绩表进行评定。评定方法是：当成绩＞＝90 分时，总评为优秀；当成绩＞＝80 分且成绩＜90 分时，总评为良好；当成绩＞＝70 分且成绩＜80 分时，总评为中等；当成绩＞＝60 分且成绩＜70 分时，总评为及格；当成绩＜60 分时，总评为不及格。代码如下：

```
USE Students
GO
SELECT sid,grade,总评 =
    CASE
        WHEN(grade> = 90) then '优秀'
        WHEN(grade> = 80)and(grade<90) then '良好'
        WHEN(grade> = 70)and(grade<80) then '中等'
        WHEN(grade> = 60) and(grade<70) then '及格'
        ELSE '不及格'
    END
    FROM SC ORDER BY sid
GO
```

程序运行结果如图 7—17 所示。

	sid	grade	总评
61	2013101095	87	良好
62	2013101095	87	良好
63	2013101095	87	良好
64	2013101095	87	良好
65	2013101095	87	良好
66	2013101095	87	良好
67	2013102027	54	不及格
68	2013102027	54	不及格
69	2013102027	54	不及格

图 7—17　例 7—26 运作结果

2．搜索类型的 CASE 语句

搜索类型的 CASE 语句的语法格式如下：

```
CASE
   WHEN Boolean_expression THEN result_expression
[…n]
[
   ELSE else-result-expression
]
   END
```

参数说明如下：

- Boolean-expression：条件表达式，其结果必须为逻辑值。
- result_expression：结果表达式。当 WHEN 的条件为"真"时，执行语句。

【例 7—27】根据输入的学生成绩，对该学生做出一个具体的评语，成绩和对应的评语如下：

85～100：优秀。

70～85：优良。

60～70：及格。

60 以下：不及格。

如果成绩在 0～100 分的范围之外，则提示用户"您输入的成绩超出范围"。代码如下：

```
DECLARE @chengji float, @pingyu varchar(40)
SET @chengji = 80
SET @pingyu =
CASE
   WHEN @chengji>100 and @chengji<0 then'您输入的成绩超出范围'
   WHEN @chengji> = 85 and @chengji< = 100 then'优秀'
   WHEN @chengji> = 70 and @chengji<85 then'良好'
   WHEN @chengji> = 60 and @chengji<70 then'及格'
ELSE'不及格'
END
```

PRINT'该生的成绩评语是：'+@pingyu。

程序的运行结果为："该生的成绩评语是：良好"。

7.4.4 GOTO 语句

GOTO 语句将执行语句无条件跳转到标签处，并从标签位置继续执行。GOTO 语句和标签可以在过程、批处理或语句块中的任何位置使用。

【例 7—28】利用 GOTO 语句计算 1～100 所有整数的和。

```
DECLARE @x int,@sum int
SET @x = 0
SET @sum = 0
xh:
SET @x = @x + 1
SET @sum = @sum + @x
if @x<100
GOTO xh
PRINT '1~100 所有整数的和是:' + ltrim(str(@sum))
```

运行结果是："1~100 所有整数的和是：5050"。

GOTO 语句可以嵌套使用，也可以出现在条件控制语句、语句块或过程中，但不能跳转到该语句块以外的标签。标签的位置可以在 GOTO 语句之前或者之后。

7.4.5　WHILE 语句

在 T-SQL 的流程控制语句中，循环语句只有 WHILE。WHILE 除了用于流程控制语句的循环之外，还经常用于游标之中。

WHILE 循环语句在设置的条件成立时重复执行命令行或程序块，其语法格式如下：

```
WHILE Boolean_expression
{sql_statement|statement_block}
```

如果 Boolean _ expression 为真，则执行 sql _ statement 或者 statement _ block，执行后再判断 Boolean _ expression 的值，接着执行 sql _ statement 或者 statement _ block，直到 Boolean _ expression 的值为假。

【例 7—29】利用 WHILE 语句计算 1~100 所有整数的和。

```
DECLARE @x int,@sum int
SET @x = 0
SET @sum = 0
WHILE @x<100
BEGIN
    SET @x = @x + 1
    SET @sum = @sum + @x
END
PRINT '1~100 所有整数的和是:' + ltrim(str(@sum))
```

程序的运行结果是："1~100 所有整数的和是：5050"。

7.4.6　BREAK 语句和 CONTINUE 语句

在 WHILE 循环语句中可以利用 BREAK 和 CONTINUE 关键字对循环进行控制。BREAK 关键字用于直接跳出 WHILE 循环语句。CONTINUE 关键字用于结束本次循环，直接开始下一次循环。

值得注意的是，当 WHILE 循环嵌套时，CONTINUE 关键字和 BREAK 关键字只会作用于它们所处的 WHILE 循环之内，不会对外部 WHILE 循环产生作用。

【例 7—30】求 1～100 所有数之和，如果和大于 1 000，立刻跳出循环，输出结果。

```
DECLARE @x int, @sum int
   SET @x = 0
   SET @sum = 0
   WHILE @x<100
     BEGIN
     SET @x = @x + 1
     SET @sum = @sum + @x
     if @sum>1000
BREAK
     END
   PRINT'结果是：'+ ltrim(str(@sum))
```

程序的运行结果是："结果是：1035"。

【例 7—31】计算 1～100 所有偶数之和，并输出结果。

```
DECLARE @x int,@sum int
   SET @x = 0
   SET @sum = 0
   WHILE @x<100
BEGIN
     SET @x = @x + 1
     if @x%2 = 1
CONTINUE
     SET @sum = @sum + @x
END
   PRINT'1～100 所有偶数之和是:'+ ltrim(str(@sum))
```

程序的运行结果是："1～100 所有偶数之和是：2550"。

 本章小结

在 SQL Server 2008 中，运用 T-SQL 语言可进行一系列的程序设计，其中涉及用于说明的注释语句、由一组 T-SQL 语句组成的批处理、用来改变程序执行流程的 GOTO 语句、返回语句（RETURN）、PRINT 命令、T-SQL 语法规则等。SQL Server 2008 的变量和程序流程控制语句（IF … ELSE 条件判断结构、BEGIN … END 语句块、CASE 结构、WHILE 循环结构与 WAITFOR 延迟等待语句）可用于数据类型设置、变量与函数的设置

及控制 T-SQL 语句、语句块或存储过程的执行流程。

在 SQL Server 2008 中，每个列、局部变量、表达式和参数都有一个相关的数据类型。数据类型是指以数据的表现方式和存储结构来划分的数据种类。在 SQL Server 中，数据有两种表示特征：类型和长度。本章讲述了运算符和两种变量（局部变量和全局变量）。运算符是一种符号，用来指定在一个或多个表达式中执行的操作，执行列、常量或变量的数学运算和比较操作。运算符包括算术运算符、按位运算符、比较运算符、逻辑运算符、赋值运算符和字符串连接运算符等。

 习　题

一、选择题

1. 使用局部变量名称前必须以（　　）开头。

A．@　　　　　　B．@@　　　　　　C．local　　　　　　D．＃＃

2. 局部变量必须先用（　　）命令声明。

A．INT　　　　　B．DECLARE　　　C．PUBLIC　　　　D．ANNOUCE

3. SQL Server 2008 中支持的注释语句为（　　）。

A．/ * … * /　　　B．/！…！/　　　C．/＃…＃/　　　D．==

4. SQL 语言中，下列不是逻辑运算符号的有（　　）。

A．AND　　　　　B．NOT　　　　　C．OR　　　　　　D．NOR

5. IF…ELSE 语句具有（　　）功能。

A．智能判断　　　B．检测数据　　　C．循环测试　　　D．多分支赋值

6. SQL 语言中，BEGIN…END 用来定义一个（　　）。

A．过程块　　　　B．方法块　　　　C．语句块　　　　D．对象块

二、思考与实验

1. 简述一个程序应该由哪些要素组成。什么是批处理？简述其作用。

2. 什么是事务？简述其效用、属性和模式。什么是数据类型？简述其分类。

3. 日期的输入格式可分为哪几类？简述其具体内容。

4. 简述变量的分类及局部变量的定义和赋值。简述运算符的内涵与分类。

5. @Z 是使用 DECLARE 语句声明的变量，其是全局变量还是局部变量？下列语句中，能对该变量赋值的语句是哪个？

A．@Z＝789　　　　　　　　　B．SET @Z＝456

C．LET @Z＝123　　　　　　　D．SELECT @Z＝100

6. 简述全局变量@@ERROR、@@SERVERNAME、@@VERSION、@@ROW-COUNT，@@REMSERVER 和@@CONNECTIONS 的含义。

7. 试计算下列函数的值：SUBSTRING（"计算机世界"，5，4），LEN（"计算机"）、ASC（"S"）、SIGN（－56）、LOWER（MYGOD）、STR（478.4，5）、upper（'sun'）、char（66）、ascii（'g'）、right（'SQL Server'，5）、left（right（'SQL Server'，6），4）。

8. 试述 SQL Server 2008 中提供的主要流程控制语句及其功能。

9. 简述下列程序的运行结果，并完成实验验证。

```
DECLARE @x int,@y int,@z int
   SELECT @x = 2,@y = 3,@z = 5
      IF @x> @y
         PRINT ' x> y'
      ELSE IF @y> @z
         PRINT ' y> z'
      ELSE PRINT 'z>y'
```

10. 简述 CASE 结构分类及执行过程。

11. 简述下列程序的运行结果，并完成实验验证。

```
DECLARE @r int, @s int, @t int
SELECT @r = 3, @s = 4
WHILE @r < 6
BEGIN
PRINT @r -- 打印变量 x 的值
WHILE @s < 5
BEGIN SELECT @t = 100 * @r + @s
PRINT @t   -- 打印变量 t 的值
SELECT @s = @s + 1
END
SELECT @r = @r + 2
SELECT @s = 1
END
```

12. 简述 WAITFOR 语句的内涵与作用，并举例和完成实验验证。

第8章

存储过程、触发器和游标

本章学习目标

- 熟练掌握用对象资源管理器和 T-SQL 创建、管理存储过程；
- 熟练掌握用对象资源管理器和 T-SQL 创建、管理触发器；
- 熟练掌握用对象资源管理器和 T-SQL 创建、管理游标。

单元任务书

1. 用对象资源管理器和 T-SQL 语句对 "Student" 表、"SC" 表、"Course" 表创建存储过程、管理存储过程；

2. 用对象资源管理器和 T-SQL 语句对 "Student" 表、"SC" 表、"Course" 表创建触发器、管理触发器；

3. 用对象资源管理器和 T-SQL 语句对 "Student" 表、"SC" 表、"Course" 表创建游标、管理游标。

8.1 存储过程的概念及优点

8.1.1 存储过程的基本概念

存储过程是一组编译在单个执行计划中的 T-SQL 语句，它将一些固定的操作集中起来交给 SQL Server 2008 数据库服务器并由其完成，以实现某个任务。

存储过程主要有三种：用户自定义的存储过程、系统存储过程、扩展存储过程。

当客户程序需要访问服务器上的数据时，如果是直接执行 T-SQL 语句，一般要经过以下五个步骤：

(1) 将 T-SQL 语句发送到服务器。

(2) 服务器编译 T-SQL 语句。

(3) 优化产生的查询执行计划。

(4) 数据库引擎执行查询计划。

(5) 将执行结果发回客户程序。

存储过程是 SQL 语句和部分控制流语句的预编译集合，存储过程经过了编译和优化。当第一次执行存储过程时，SQL Server 2008 为其产生查询计划并将其保留在内存中，这样以后在调用该存储过程时就不必再进行编译，这能在一定程度上改善系统的性能。

数据库开发人员或管理员可以通过编写存储过程来运行经常执行的管理任务，或者应用复杂的业务规则。

8.1.2　存储过程的优点

(1) 允许模块化程序设计。只需创建一次过程并将其存储在数据库中，以后即可在程序中调用任意次该过程。存储过程可由程序员创建，并可独立于程序源代码而被单独修改。

(2) 允许更快执行。如果某操作需要大量 T-SQL 代码或需要重复执行，则存储过程比 T-SQL 批代码执行得要快。在创建存储过程时对其进行分析和优化，并可在首次执行该过程后使用该过程内存中的版本。每次运行 T-SQL 语句时，都要从客户端重复发送，并且在 SQL Server 每次执行这些语句时，都要对其进行编译和优化。

(3) 减少网络流量。一个需要几十行 T-SQL 代码的操作由一条执行过程代码的单独语句就可实现，而不需要在网络中发送数百行代码。

(4) 可作为安全机制使用。即使对于没有直接执行存储过程中语句权限的用户，也可授予他们执行该存储过程的权限。

8.1.3　存储过程与视图的比较

(1) 可以在单个存储过程中执行一系列 T-SQL 语句。存储过程可包含程序流、逻辑以及对数据库查询的 T-SQL 语句，而视图中只能是 SELECT 语句。

(2) 视图不能接受参数，只能返回结果集；而存储过程可以接受参数，包括输入、输出参数，并能返回单个或多个结果集以及返回值，这样大大提高了应用的灵活性。

人们一般将经常用到的多个表的连接查询定义为视图，而存储过程可完成复杂的一系列的处理，在存储过程中也会经常用到视图。

8.2 常用系统存储过程和扩展存储过程

8.2.1 系统存储过程

SQL Server 2008 提供系统存储过程，它们是一组预编译的 T-SQL 语句。系统存储过程提供了管理数据库和更新表的机制，使用系统存储过程可以快速地从系统表中检索数据。例如，在"Students"数据库中选择"可编程性""系统存储过程"，可以看到 SQL Server 2008 提供的系统存储过程，如图 8—1 所示。

图 8—1 SQL Server 2008 提供的系统存储过程（部分内容）

所有系统存储过程的名称都以"sp_"开头。系统存储过程位于 master 数据库中。系统管理员拥有这些过程，可以在任何数据库中运行系统存储过程，但执行的结果会反映在当前数据库中。表 8—1 列出了一些常用的系统存储过程。

表 8—1   **常用的系统存储过程**

名称	功能
sp＿extendedproc	在系统中增加一个新的扩展存储过程
sp＿addgroup	在当前数据库中增加一个组
sp＿addlogin	创建一个新的 login 账户
sp＿addrole	在当前数据库中增加一个角色
sp＿addrolemember	为当前数据库中的一个角色增加一个安全性账户
sp＿addsrvrolemember	为固定的服务器角色增加一个成员
sp＿addtype	创建一个用户定义的数据类型
sp＿attach＿db	增加数据库到一个服务器中
sp＿changeobjectowner	改变对象的所有者
sp＿column＿privileges	返回列的权限信息
sp＿configure	显示或者修改当前服务器的全局配置
sp＿createstats	创建单列的统计信息
sp＿cursorclose	关闭和释放游标
sp＿database	列出当前系统中的数据库
sp＿dboption	显示和修改数据库选项
sp＿dbremove	删除数据库及与该数据库相关的文件
sp＿defaultdb	设置登录账户的默认数据库
sp＿depends	显示数据库对象的依赖信息
sp＿detach＿db	分离服务器中的数据库
sp＿dropextendedproc	删除一个扩展系统存储过程
sp＿dropgroup	从当前数据库中删除一个角色
sp＿droplogin	删除一个登录账户
sp＿droprole	从当前数据库中删除一个角色
sp＿droptype	删除一种用户定义的数据类型
sp＿dropuser	从当前数据库中删除一个用户
sp＿dropwebtask	删除以前版本定义的 Web 服务
sp＿enumcodepages	返回一个字符集和代码页的列表
sp＿foreignkeys	返回参看连接服务器的表的主键的外键
sp＿grantaccess	在当前数据库中增加一个安全性用户
sp＿grantlogin	允许 NT 用户或者组访问 SQL
sp＿help	报告有关数据库对象的信息
sp＿helpcontrain	返回有关约束的类型、名称等信息
sp＿helpdb	返回执行数据库或者全部数据库信息
sp＿helpdbfixedrole	返回固定的服务器角色列表
sp＿helpdevice	返回有关数据库文件的信息

续前表

名称	功能
sp _ helpextendedproc	返回当前定义的扩展存储过程信息
sp _ helpfile	返回与当前数据库相关的物理文件信息
sp _ helpgroup	返回当前数据库中的角色信息
sp _ helpindex	返回有关表的索引信息
sp _ helprole	返回当前数据库中的角色信息
sp _ helprolemember	返回当前数据库中角色成员的信息
sp _ helptext	显示规则、缺省、存储过程、触发器、视图等对象的未加密的文本定义信息
sp _ helptrigger	显示触发器类型
sp _ lock	返回有关锁的信息
sp _ primarykeys	返回主键列的信息
sp _ rename	更改用户创建的数据库对象的名称
sp _ renamedb	更改数据库的名称
sp _ revokedbaccess	从当前数据库中删除安全性账户
sp _ server _ info	返回系统的属性和匹配值
sp _ spaceused	显示数据库空间的使用情况
sp _ statistics	返回表中的所有索引列表
sp _ stored _ procedures	返回环境中所有的存储过程列表
sp _ validname	检查有效的系统账户信息

【例 8—1】利用 sp _ addlogin 命令分别创建以下三个用户：

（1）用户名为 Student01，没有密码，没有默认数据库的登录 ID。

（2）用户名为 Student02，密码为 02，没有默认数据库的登录 ID。

（3）用户名为 Student03，密码为 03，默认"Students"数据库的登录 ID。

在查询分析器中运行如下命令：

```
EXEC sp_addlogin'Student01'
GO
EXEC sp_addlogin'Student02','02'
GO
EXEC sp_addlogin'Student03','03','Students'
GO
```

8.2.2 扩展存储过程

扩展存储过程提供从 SQL Server 2008 到外部程序的接口，以便进行各种维护活动。下面就扩展存储过程举几个例子。

扩展存储过程（xp _ cmdshell）以操作系统命令行解释器的方式执行给定的命令字符串，并以文本行方式返回输出。

【例 8—2】执行下列 xp _ cmdshell 语句，返回指定目录的匹配文件列表。

在查询分析器中运行如下命令：

```
USE master
GO
EXEC xp_cmdshell'dirC:\WINDOWS\*.exe'
```

运行完毕后，在查询结果窗口中返回的结果如图 8—2 所示。

	output
1	驱动器 C 中的卷是 WinServer
2	卷的序列号是 70D9-40FC
3	NULL
4	C:\WINDOWS 的目录
5	NULL
6	2010-11-03 18:13 64,104 ALCMTR.EXE
7	2010-11-03 18:13 2,815,592 ALCWZRD.EXE
8	2007-02-17 07:00 52,736 dialer.exe
9	2007-02-17 07:00 997,376 explorer.exe
10	2007-02-17 06:42 10,752 hh.exe
11	2010-11-03 18:14 2,180,712 MicCal.exe
12	2007-02-17 06:58 66,048 notepad.exe

图 8—2 例 8—2 运行结果

说明：在调用 xp_cmdshell 扩展存储过程前，要开启 SQL Server 2008 的高级选项，并先调用 sp_configure 系统存储过程完成以下配置：

```
EXEC sp_configure 'showadvancedoptions',1
GO
reconfigure WITH OVERRIDE
GO
EXEC sp_configure'xp_cmdshell',1
GO
reconfigure WITH OVERRIDE
GO
```

【例 8—3】执行扩展存储过程 xp_loginconfig，报告 SQL Server 2008 在 Windows XP 上运行时的登录安全配置。

在查询分析器中运行如下命令：

```
USE master
GO
EXEC xp_loginconfig
```

运行结果如图 8—3 所示。

	name	config_value
1	login mode	Mixed
2	default login	guest
3	default domain	WORKGROUP
4	audit level	failure
5	set hostname	false
6	map _	[Domain Seperator]
7	map $	NULL
8	map #	-

图 8—3 例 8—3 运行结果

8.3 创建和执行用户自定义存储过程

8.3.1 不带参数的存储过程

1. 创建不带参数的存储过程

创建不带参数的存储过程的基本语法格式如下：

```
CREATEPROCEDURE procedure_name
[WITH ENCRYPTION]
[WITH RECOMPILE]
AS
Sql_statement
```

参数说明如下：

- WITH ENCRYPTION：对存储过程进行加密。
- WITH RECOMPILE：对存储过程重新编译。

【例 8—4】使用 T-SQL 语句在"Students"数据库中创建一个名为"p＿Student"的存储过程。该存储过程返回"Student"表中所有计算机学院学生的记录。

在查询分析器中运行如下命令：

```
CREATE PROCEDURE p_Student
AS
```

```
BEGIN
    SELECT * FROM Student WHERE department = '计算机学院'
END
```

2. 执行不带参数的存储过程

不带参数的存储过程创建成功后，用户可以执行该存储过程来检查存储过程的返回结果。执行不带参数的存储过程的基本语法格式如下：

```
EXEC procedure_name
```

【例 8—5】 使用 T-SQL 语句执行例 8—4 中创建的名为"p_Student"的存储过程。
在查询分析器的查询窗口运行如下命令：

```
EXEC p_Student
```

运行完毕后，在查询结果窗口中返回的结果如图 8—4 所示，表示存储过程创建成功，同时返回相应存储过程的结果。

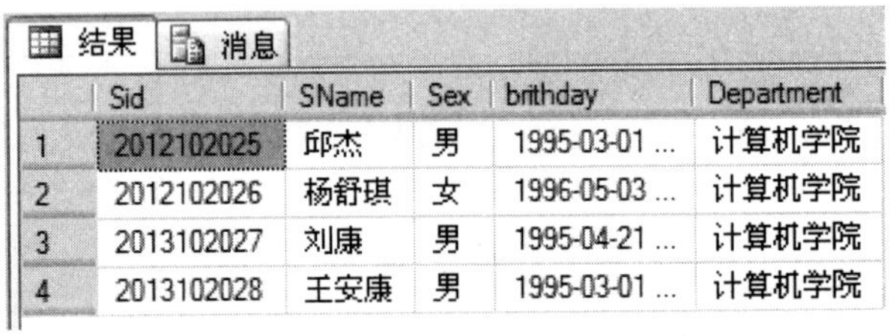

	Sid	SName	Sex	brithday	Department
1	2012102025	邱杰	男	1995-03-01 ...	计算机学院
2	2012102026	杨舒琪	女	1996-05-03 ...	计算机学院
3	2013102027	刘康	男	1995-04-21 ...	计算机学院
4	2013102028	王安康	男	1995-03-01 ...	计算机学院

图 8—4　例 8—5 运行结果

8.3.2　带输入参数的存储过程

前面提到，由于视图没有提供参数，对于行的筛选只能绑定在视图定义中，故灵活性低。而存储过程提供了参数，大大提高了系统开发的灵活性。

向存储过程设定输入、输出参数的主要目的是通过参数向存储过程输入和输出信息，从而扩展存储过程的功能。通过设定参数，可以多次使用同一存储过程并按用户要求查找所需要的结果。

1. 创建带输入参数的存储过程

输入参数是指由调用程序向存储过程传递的参数，它们在创建存储过程语句中被定义，在执行存储过程中给出相应的变量值。为了定义接受输入参数的存储过程，需要在 CREATE PROCEDURE 语句中声明一个或多个变量并将其作为参数。

声明输入参数命令的语法格式如下：

```
CREATE PROCEDURE procedure_name
@parameter_name datatype = [default]
[WITH ENCRYPTION]
[WITH RECOMPILE]
```

```
AS
Sql_statement
```

各参数的说明如下：

- @parameter _ name：存储过程的参数名，必须以符号@为前缀。
- datatype：参数的数据类型。
- default：参数的默认值，如果执行存储过程时未提供该参数的变量值，则使用 default 值。

【例 8—6】使用 T-SQL 语句在 "Students" 数据库中创建一个名为 "p _ StudentPara" 的存储过程。该存储过程能根据给定的 DepartMent（部门）名，返回该班级代码对应的 "Student" 表中的记录。

设计思路如下：

（1）参照例 8—4 中 AS 后的语句 SELECT * FROM Student WHERE department= '计算机学院'，将 department（部门）名用变量代替，变为：

```
SELECT * FROM Student WHERE department = @Dept
```

注意：其中变量名@Dept 以@开头，@Dept 变量取代了固定值 "计算机学院"。

（2）由于使用了变量，所以需要定义该变量，因为 department（部门）名是 50 位字符串，所以在 AS 之前定义变量@Dept VARCHAR（50）。

在查询分析器中运行如下命令：

```
CREATE PROCEDURE p_StudentPara
@Dept VARCHAR(50)
AS
BEGIN
SELECT * FROM Student WHERE department = @Dept
END
```

2. 执行带输入参数的存储过程

（1）使用参数名传递参数值。

在执行存储过程的语句中，通过语句@parameter _ name=value 给出参数的传递值。当存储过程含有多个输入参数时，参数值可以按任意顺序设定，对于允许空值和具有默认值的输入参数，可以不给出参数的传递值。其语法格式如下：

```
EXECUTE procedure_name
[@parameter_name = value]
[…n]
```

【例 8—7】用使用参数名传递参数值的方法执行存储过程 p _ StudentPara，分别查找 DepartMent（部门）名为 "通信工程学院" 和 "外国语学院" 的学生记录。

在查询分析器中运行如下命令：

```
EXEC p_StudentPara @Dept = '通信工程学院'
GO
EXEC p_StudentPara @Dept = '外国语学院'
GO
```

图 8—5 显示了执行带不同输入参数时该存储过程的返回结果。可以看出，使用参数后，用户可以方便、灵活地根据需要查询所需要的信息。

	Sid	SName	Sex	brithday	Department
1	2013102029	刘海	女	1994-07-22 00:00:00.000	通信工程学院
2	2013102030	黄良	男	1995-12-12 00:00:00.000	通信工程学院
3	2013102031	黄鑫	女	1993-09-01 00:00:00.000	通信工程学院

	Sid	SName	Sex	brithday	Department
1	2013101052	龙文刚	男	1993-11-01 00:00:00.000	外国语学院
2	2013101056	李伟	男	1993-02-01 00:00:00.000	外国语学院
3	2013102032	王鑫	男	1995-02-01 00:00:00.000	外国语学院

图 8—5　执行带输入参数的存储过程

（2）按位置传递参数值。

在执行存储过程的语句中，可不通过参数传递参数值而直接给出参数的传递值。当存储过程含有多个输入参数时，传递值的顺序必须与存储过程中定义的输入顺序相一致。按位置传递参数值时，也可以忽略允许空值和具有默认值的参数，但不能因此破坏输入参数的设定顺序。例如，在一个含有四个参数的存储过程中，用户可以忽略第三个和第四个参数，但无法在忽略第三个参数的情况下指定第四个参数的输入值。

按位置传递参数值的语法格式如下：

```
EXECUTE procedure_name
[value1,value2,…]
```

【例 8—8】用按位置传递参数值的方法执行存储过程 p_StudentPara，分别查找 DepartMent（部门）名为"通信工程学院"和"外国语学院"的学生记录。

在查询分析器中运行如下命令：

```
EXEC p_StudentPara'通信工程学院'
GO
EXEC p_StudentPara'外国语学院'
GO
```

可以看出，按位置传递参数值比使用参数名传递参数值简洁，比较适合参数值较少的情况。而使用参数名传递的方法使程序可读性增强，特别是当参数数量较多时，建议使用按参数名传递参数的方法，这样编写的程序可读性、可维护行都要好一些。

8.3.3 带输出参数的存储过程

1. 创建带输出参数的存储过程

如果需要从存储过程中返回一个或多个值,可以通过在创建存储过程的语句中定义输出参数来实现。为了使用输出参数,需要在 CREATE PROCEDURE 语句中指定 OUT-PUT 关键字。

声明输出参数的语法格式如下:

> @parameter_namedatatype = [default]OUTPUT

【**例 8—9**】创建存储过程 p＿ClassNum,要求能够根据用户给定的 DepartMent(部门)名,统计该部门的学生人数,并将人数以输出变量的形式返回给用户。

在查询分析器中运行如下命令:

```
CREATE PROCEDURE p_ClassNum
@Dept VARCHAR(50),@ClassNum SMALLINTOUTPUT
AS
BEGIN
SET @ClassNum =
(
SELECT COUNT( * )FROM Student
WHERE Department = @Dept
)
PRINT @ClassNum
END
```

2. 执行带输出参数的存储过程

【**例 8—10**】执行带输出参数的存储过程 p＿ClassNum。

存储过程 p＿ClassNum 中使用了参数@Dept 和@ClassNum,所以在测试时需要先确定相应的变址。输入参数@Dept 需要赋值,而输出参数@ClassNum 无须赋值,它是从存储过程中获得返回值以供用户进一步使用的。

在查询分析器中运行如下命令:

```
DECLARE @DeptVARCHAR(50),@ClassNum SMALLINT
SET @Dept = '经济与管理学院'
EXEC p_ClassNum @Dept,@ClassNum
```

输出结果为:5。

说明:这是在 SQL Server 环境下进行测试的,而在进行系统开发时,往往变量的定义、赋值、使用都是在应用程序中设计的。存储过程 p_ClassNum 中的 PRINT@Class-Num 语句也只是为了在 SQL Server 环境中测试而设计的。

8.4 管理存储过程

8.4.1 存储过程的修改

存储过程的修改是由 ALTER 语句来完成的。其基本语法格式如下：

```
ALTER ROCEDURE procedure_name
[WITH ENCRYPTION]
[WITH RECOMPILE]
AS
Sql_statement
```

【例 8—11】使用 T-SQL 语句修改存储过程 p＿StudentPara，使其能根据用户提供的 DepartMent（部门）名称进行模糊查询，并要求加密。

在查询分析器中运行如下命令：

```
ALTER PROCEDURE p_StudentPara
@Dept VARCHAR(50)
WITH ENCRYPTION
AS
SELECT Student.Sid,SName,grade
FROM Student,SC
WHERE Student.Sid = SC.Sid
AND DepartMentLIKE'%'+@Dept+'%'
```

因为该存储过程已加密，所以如果在对象资源管理器中修改该视图的信息，将出现图 8—6 所示的对话框。与加密视图类似，即使是 sa 用户和 dbo 用户也无法查看加密后的存储过程内容，所以对加密的存储过程一定要以其他方式保存。

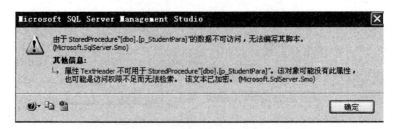

图 8—6 修改加密后存储过程 p＿StudentPara 的定义

8.4.2　存储过程的删除

存储过程的删除是通过 DROP 语句来实现的。

【例 8—12】使用 T-SQL 语句删除存储过程 p _ Student。

在查询分析器中运行如下命令：

```
USE Students
GO
DROP p_Student
```

【例 8—13】使用对象资源管理器删除存储过程 p _ StudentPara。

（1）在控制台树中展开"Students"数据库。

（2）单击"可编程性"→"存储过程"，用鼠标右键单击"p _ StudentPara"，在弹出的菜单中选择"删除"命令。

（3）单击"全部移去"命令按钮。

8.4.3　存储过程的重命名

【例 8—14】将存储过程 p _ ClassNum 重新命名为 p _ CalcClassNum。

（1）在对象资源管理器中展开"Students"数据库。

（2）单击"可编程性"→"存储过程"，在存储过程详细列表中，鼠标右键单击"p _ ClassNum"，在弹出的菜单中单击"重命名"命令。

（3）输入存储过程的新名称"p _ CalcClassNum"。

（4）在重命名对话框中单击"是"按钮，确认新名称。

（5）系统给出成功重命名提示，单击"确定"按钮。

8.5　存储过程的重编译处理

存储过程所用的查询只在编译时进行优化。对数据库进行了索引或其他会影响数据库统计的更改后，已编译的存储过程的效率可能会降低。通过对存储过程进行重新编译，可以重新优化查询。

SQL Server 为用户提供了三种重新编译的方法。

8.5.1　在创建存储过程时使用 WITHRECOMPILE 子句

WITHRECOMPILE 子句可以指示 SQL Server 不将该存储过程的查询计划保存在缓

存中，而是在每次运行时重新编译和优化，并创建新的查询计划。

【例 8—15】使用 WITHRECOMPILE 子句创建例 8—6 中的存储过程，使其每次运行时重新编译和优化。

在查询分析器中运行如下命令：

```
USE Students
GO
CREATE PROCEDURE p_StudentPara
@DeptVARCHAR(50)
WITHRECOMPILE
AS
SELECT * FROM Student WHERE DepartMent = @Dept
```

这种方法并不常用，因为每次执行存储过程时都要重新编译，在整体上降低了存储过程的执行速度，除非存储过程本身进行的是一个比较复杂、耗时的操作，编译的时间相对执行存储过程的时间而言较少。

8.5.2　在执行存储过程时设定重新编译选项

通过在执行存储过程时设定重新编译，可以让 SQL Server 在执行存储过程时重新编译该存储过程，这一次执行完成后，新的查询计划又被保存在缓存中。其语法格式如下：

```
EXECUTE procedure_name WITHRECOMPILE
```

【例 8—16】以重新编译的方式执行存储过程 p_StudentPara。
在查询分析器中运行如下命令：

```
USE Students
GO
EXECUTE p_StudentPara '20000001' WITHRECOMPILE
```

此方法一般在存储过程创建后，数据发生了显著变化时使用。

8.5.3　通过系统存储过程设定重新编译选项

通过系统存储过程设定重新编译选项的语法格式如下：

```
EXECUTE sp_recompile OBJECT
```

其中，OBJECT 为当前数据库中的存储过程、表或视图的名称。

【例 8—17】执行下面的语句将导致使用"Student"表的触发器和存储过程在下次运行时重新编译：

```
EXECUTE sp_recompile Student
```

8.6　触发器简介

8.6.1　触发器的概念及作用

触发器是一种特殊类型的存储过程，这是因为触发器包含了一组 T-SQL 语句。但触发器又与存储过程明显不同，例如，存储过程可以由用户直接调用并执行，而触发器主要是通过事件触发而被执行的，它只能自动执行。如果希望系统自动完成某些操作，并且自动维护确定的业务逻辑和相应的数据完整性，那么可以通过使用触发器来实现。

触发器的作用是强制执行业务规则。SQL Server 2008 主要提供了两种机制来强制执行业务规则，从而保证数据完整性：约束和触发器。触发器在指定的表中数据发生变化时被自动调用以响应 INSERT、UPDATE 或 DELETE 事件。触发器可以查询其他表，并可以包含复杂的 T-SQL 语句。SQL Server 2008 将触发器和触发它的语句作为可在触发器内回滚的单个事务对待，如果检测到严重错误，则整个事务自动回滚。

8.6.2　触发器与约束的比较

触发器与约束相比较具有以下特点：

（1）约束和触发器在特殊情况下各有优势。触发器的主要优点在于它可以包含使用 T-SQL 代码的复杂处理逻辑。因此，触发器可以支持约束的所有功能，但它在所给出的功能上并不一定是最好的方法。

（2）约束只能通过标准的系统传递错误信息。如果应用程序需要使用自定义信息和较为复杂的错误处理，则必须使用触发器。

（3）触发器可以实现比 CHECK 约束定义的约束更为复杂的约束。与 CHECK 约束不同，CHECK 约束只能根据逻辑表达式或同一个表中的另一列来验证列值，而触发器可以引用其他表中的列。例如，触发器可以参照另一个表中某列的值，以确定是否插入或更新数据或者执行其他操作。

触发器可通过数据库中的相关表实现级联更改，不过，通过级联引用完整性约束可以更有效地执行这些更改。

如果触发器表上存在约束，则在 INSTEAD OF 触发器执行后、AFTER 触发器执行前检查这些约束。如果约束被破坏，则回滚 INSTEAD OF 触发器操作并且不执行 AFTER 触发器。

一般来说，设计时，域完整性应先通过索引级别进行限制，这些索引可以是 PRIMARY KEY 或 UNIQUE 约束。然后通过 CHECK 约束进行强制，对引用完整性则应通过 FOREIGN KEY 约束进行强制。

8.6.3 触发器的类型

按照触发事件的不同，可以把 Microsoft SQL Server 2008 系统提供的触发器分成两大类，即 DML 触发器和 DDL 触发器，它们的功能分别如下。

1. DML 触发器

DML 触发器可以在修改数据库中的数据时被执行。DML 事件包括在指定表或视图中修改数据的 INSERT 语句、UPDATE 语句或 DELETE 语句。DML 触发器可以查询其他表，还可以包含复杂的 T-SQL 语句。系统将触发器和触发它的语句作为可在触发器内回滚的单个事务对待，如果检测到错误（如磁盘空间不足），则整个事务自动回滚。

当数据库中发生数据操作语言事件时，将调用 DML 触发器。在 Microsoft SQL Server 2008 系统中，按照触发事件类型的不同，可将 DML 触发器分成三种类型：INSERT 类型、UPDATE 类型和 DELETE 类型。当向一个表中插入数据时，如果该表有 INSERT 类型的 DML 触发器，则该 INSERT 类型的触发器就被触发执行；如果该表有 UPDATE 类型的 DML 触发器，则当对该触发器表中的数据执行更新操作时，该触发器就被执行；如果该表有 DELETE 类型的 DML 触发器，当对该触发器表中的数据执行删除操作时，该 DELETE 类型的 DML 触发器就被触发执行。这三种触发器也可以组合起来使用。

按照触发器和触发事件的操作时间划分，可以把 DML 触发器分为 AFTER 触发器和 INSTEAD OF 触发器。若在 INSERT、UPDATE、DELETE 语句执行之后才执行 DML 触发器的操作，则这种触发器就是 AFTER 触发器。AFTER 触发器只能在表上定义。如果希望使用触发器操作代替触发事件操作，可以使用 INSTEAD OF 类型的触发器。也就是说，INSTEAD OF 触发器可以替代 INSERT、UPDATE 和 DELETE 触发事件的操作。

INSTEAD OF 触发器既可以建立在表上，也可以建立在视图上。通过在视图上建立触发器，可以大大增强通过视图修改表中数据的功能。

DML 触发器的主要优点如下：

（1）DML 触发器可通过数据库中的相关表实现级联更改。不过，通过级联引用完整性约束可以更有效地进行这些更改。

（2）DML 触发器可以防止恶意或错误的插入、修改及删除操作，并强行比较和检查约束更为复杂的其他限制。与检查约束不同，DML 触发器可以引用其他表中的列。例如：触发器可以使用另一个表中的 SELECT 语句比较插入或更新的数据，以及执行其他操作，如修改数据或显示用户定义错误信息。

（3）DML 触发器可以评估数据修改前后表的状态，并根据该差异采取措施。

（4）一个表中的多个同类 DML 触发器（INSERT、UPDATE 或 DELETE）允许采取多个不同的操作来响应同一个修改语句。

（5）维护非范式数据。可以使用触发器维护非范式数据库环境中的行级数据的完整性。

2. DDL 触发器

DDL 触发器是 Microsoft SQL Server 2008 的新增功能。当服务器或数据库中发生数据定义语言（DDL）事件时，将调用这些触发器。DDL 触发器与 DML 触发器的相同之处在于都需要对触发事件进行触发。但是，与 DML 触发器不同的是，DDL 触发器不会为响应针对表或视图的 UPDATE、INSERT 或 DELETE 语句而触发；相反，它会为响应多种数据定义语言（DDL）语句而触发。这些语句主要是以 CREATE、ALTER 和 DROP 等关键字开头的语句。DDL 触发器的主要作用是执行管理操作，例如审核系统、控制数据库的操作等。

需要说明的是，在 Microsoft SQL Server 2008 系统中，也可以创建 CLR 触发器。CLR 触发器既可以是 DML 触发器，也可以是 DDL 触发器。

8.6.4　两个特殊的表

Microsoft SQL Server 2008 为每个触发器都创建有两个特殊的表：插入表（INSERTED 表）和删除表（DELETED 表），如表 8—2 所示。这两张表是逻辑表也是虚表。系统在内存中创建这两张表，不会存储在数据库中。而且两张表都是只读的，只能读取数据而不能修改数据。这两张表的结果总是与被改触发器应用的表的结构相同。当触发器完成工作后，这两张表就会被删除。INSERTED 表的数据是插入或是修改后的数据，而 DELETED 表的数据是更新前或是删除的数据。

表 8—2　　　　　　　　插入表（INSERTED 表）和删除表（DELETED 表）

对表的操作	INSERTED 表	DELETED 表
增加记录（Insert）	存放增加的记录	无
删除记录（Delete）	无	存放被删除的记录
修改记录（Update）	存放更新后的记录	存放更新前的记录

8.7　管理触发器

8.7.1　创建 AFTER 触发器

After Trigger（后触发器）是在数据变动（UPDATE、INSERT 和 DELETE 操作）完成后才被触发。指定 AFTER 与指定 FOR 相同，而且 AFTER 触发器只能在表上定义。在同一个数据表中可以创建多个 AFTER 触发器，默认的为 AFTER 触发器。

1. 使用 SQL Server 2008 管理平台创建 DML 触发器

（1）启动 SQL Server 2008 管理平台，在对象资源管理器中展开选定的数据库节点，再展开要在其中创建触发器的具体数据库表，依次展开"数据库"→"Students"数据

库→"表"→"SC"表节点，用鼠标右键单击"触发器"图标，在弹出的快捷菜单中选择
"新建触发器"命令。

（2）在弹出的"查询编辑器"对话框中（如图 8—7 所示）显示了系统将提供的模版
型规范 T-SQL 代码，可按需要修改原始格式语句，进而创建 DML 触发器或 DDL 触发器
（具体语句将在使用 T-SQL 语句创建如图 8—8 所示的新建与验证触发器对话框中叙述），
按 Tab 键或 Shift＋Tab 组合键可以缩进存储过程的文本。

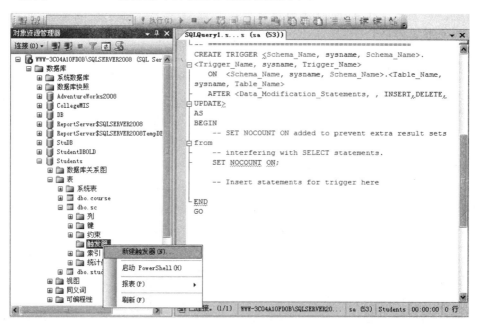

图 8—7　系统自动创建的触发器代码

图 8—8　修改后的触发器代码

（3）完成新建触发器编辑后，单击"分析"按钮进行代码分析；单击"执行"按钮执行修改好的创建触发器语句，即可完成创建触发器的操作及显示提示信息。

2. 用 T-SQL 语句创建 DML 触发器

（1）使用 T-SQL 语句创建 DML 触发器。

使用 CREATE TRIGGER 语句创建 DML 触发器，其语法格式如下：

```
CREATE TRIGGER[schema_name.]trigger_name
   ON table_name|view_name
   [WITH[ENCRYPTION][EXECUTE AS Clause][,…n]]
   {{FOR|AFTER|INSTEAD OF} { [INSERT][,][UPDATE][,][DELETE]}
   [WITH APPEND][NOT FOR REPLICATION]
   AS
{sql_statement[;][…n]|EXTERNAL NAME assembly_name.class_name.method_name}
```

（2）使用 T-SQL 语句创建 DDL 触发器。

与创建 DML 触发器一样，使用 T-SQL 语句即使用 CREATE TRIGGER 语句可创建 DDL 触发器，其语法格式如下：

```
CREATE TRIGGER trigger_name ON{ ALL SERVER|DATABASE}
[WITH [ENCRYPTION][EXECUTE AS Clause][,…n]]
{FOR|AFTER}{event_type|event_group} [,…n]
    AS
{sql_statement[;][…n]|EXTERNAL NAME assembly_name_class_name.method_name[;]}
```

（3）参数说明。

DML 触发器与 DDL 触发器的 CREATE TRIGGER 语句格式中的部分参数说明如下：

● schema_name：DML 触发器所属架构的名称。DML 触发器的作用域是为其创建该触发器的表或视图的架构。对于 DDL 触发器，无法指定 schema_name。

● trigger_name：触发器的名称。

● table_name | view_name：在指定的地方执行触发器的表或视图。

● WITH [ENCRYPTION]：加密 CREATE TRIGGER 语句文本的条目。

● INSTEAD OF：指定执行触发器而不是执行触发语句，从而替代触发语句的操作。在表或视图上，每个 INSERT、UPDATE 或 DELETE 语句都只能定义一个 INSTEAD OF 触发器。

● [INSERT] [,] [UPDATE] [,] [DELETE]：指定在表或视图上执行哪些数据修改语句时将激活触发器的关键字，必须至少指定一个选项。在触发器定义中，允许使用任意顺序组合的这些关键字。当尝试 INSERT、UPDATE 或 DELETE 操作时，T-SQL 语句中指定的触发器操作将生效。

● NOT FOR REPLICATION：表示当复制进程更改触发器所涉及的表时，不要执行该触发器。

● sql_statement：触发器的条件和操作。可以包含任意数量和种类的 T-SQL 语句。

触发器中的 T-SQL 语句常常包含控制流语言。

- EXECUTE AS：指定用于执行该触发器的安全上下文。
- event_type：激发 DDL 触发器的 T-SQL 事件名称。
- event_group：T-SQL 事件分组名称。
- ALL SERVER：将 DDL 触发器的范围应用于当前服务器。如果指定了此参数，则只要当前服务器中的任何位置上出现 event_type 或 event_groupt，就会激发该触发器。
- DATABASE：将 DDL 触发器的范围应用于当前数据库。如果指定了此参数，则只要当前数据库中出现 event_type 或 event_group，就会激发该触发器。
- WITH APPEND：指定应该添加现有类型的其他触发器。

【例 8—18】创建一个 DML 的 INSERT 触发器，当向"Student"表中添加数据时，如果添加的数据与学生表中的数据不匹配（如没有对应的学号），则将此数据删除。

使用 CREATE TRIGGER 命令创建 DML 触发器的程序如下：

```
CREATE TRIGGER trginsstudent  /*定义名称为 trginsstudent 的触发器*/
ON Student                    /*定义触发器所附着的表的名称"学生表"*/
FOR INSERT                    /*定义触发器的类型*/
AS                            /*下面是触发条件和触发器执行时要进行的操作*/
BEGIN
  DECLARE @xh varchar(12)
  SELECT @xh = inserted.sid
  FROM inserted
  IF NOT EXISTS(SELECT sid FROM Student WHERE sid = @xh)
    DELETE Student WHERE sid = @xh
END
```

INSERT 触发器常被用来更新时间标记字段，或者验证被触发器监控的字段中数据满足要求的标准，以确保数据的完整性。当向数据库中插入数据时，INSERT 触发器将被触发执行。INSERT 触发器被触发时，新的记录被添加到触发器的对应表中，并且添加到 Inserted 表中。

【例 8—19】创建一个 DML 的 UPDATE 触发器，该触发器防止用户修改"SC"表的成绩。

使用 CREATE TRIGGER 命令创建 DML 的 UPDATE 触发器的程序如下：

```
CREATE TRIGGER trgupstudent  /*定义名称为 trgupstudent 的触发器*/
ON SC                        /*定义触发器所附着的表的名称"选课表"*/
FOR UPDATE                   /*定义触发器的类型*/
AS                           /*下面是触发条件和触发器执行时要进行的操作*/
IF UPDATE(Grade)
BEGIN
RAISERROR('不能修改课程分数',16,10)
ROLLBACK TRANSACTION
```

```
END
GO
```

UPDATE 触发器和 INSERT 触发器的工作过程基本一致，修改一条记录等于插入了一条新的记录并且删除一条旧的记录。

【例 8—20】使用触发器实现复杂的参照完整性和数据一致性：若修改"SC"表中一个记录的 SID，则要检查"Student"表中是否存在与该 SID 相同的记录。若有，则不允许修改；否则可以修改。程序如下：

```
CREATE TRIGGER TRIGGER_SC ON [dbo].[sc]
FOR UPDATE
AS
IF UPDATE(SID)
   BEGIN
DECLARE @SID_NEW CHAR(2),@SID_OLD CHAR(2),@SID_CNT INT
SELECT @SID_OLD = SID FROM DELETED
SELECT @SID_CNT = COUNT( * ) FROM Student
WHERE SID = @SID_OLD
IF @SID_CNT<>0
   ROLLBACK TRANSACTION
END
```

【例 8—21】使用触发器对数据库进行级联修改：若修改"Student"表中某位学生的学号，则"SC"表中与该学生相关的学号被自动修改。程序如下：

```
CREATE TRIGGER TRIGGER_S ON [dbo].[Student]
FOR UPDATE
AS
   IF UPDATE(SID)
   BEGIN
DECLARE @SNO_NEW CHAR(2),@SNO_OLD CHAR(2)
SELECT @SNO_NEW = SID FROM INSERTED
SELECT @SNO_OLD = SID FROM DELETED
UPDATE SC SET SID = @SNO_NEW
WHERE SID = @SNO_OLD
END
```

【例 8—22】使用触发器实现比 CHECK 约束更为复杂的限制：为"SC"表创建一个触发器，当插入一条记录或修改成绩时，确保此记录的成绩为 0～100 分。程序如下：

```
CREATE TRIGGER TRIGGER_SC1 ON [dbo].[sc]
FOR INSERT, UPDATE
AS
```

```
DECLARE @SCORE TINYINT
SELECT @SCORE = grade FROM INSERTED
IF @SCORE>0 AND @SCORE< = 100
  BEGIN
     PRINT '操作完成'
  RETURN
  END
PRINT '成绩超出 100'
ROLLBACK transaction
GO
```

测试如下：

```
INSERT into sc values('2012102026','C007',80)
GO
```

输出结果为：操作完成。

（1 行受影响）

```
INSERT into sc values('2012102026','C008',101)
GO
```

输出结果为：成绩超出 100。

消息 3609，级别 16，状态 1，第 1 行。

事务在触发器中结束。批处理已中止。

【例 8—23】创建一个 DML 的 DELETE 触发器：当删除"Student"表中的记录时，自动删除"SC"表中对应学号的记录。

使用 CREATE TRIGGER 命令创建 DML 触发器的程序如下：

```
CREATE TRIGGER trgdelstudent  /* 定义名称为 trgdelstudent 的触发器 */
    ON Student                 /* 定义触发器所附着的表的名称"学生表" */
    FOR DELETE                 /* 定义触发器的类型 */
AS                             /* 下面是触发条件和触发器执行时要进行的操作 */
BEGIN
  DECLARE @xh varchar(12)
  SELECT @xh = deleted.sid
     FROM deleted
  DELETE SC WHERE sid = @xh
END
GO
```

DELETE 触发器通常用于两种情况：第一种是为了防止那些确实需要删除但会引起数据一致性问题的记录的删除操作。例如：在学生表中删除记录时，同时要删除和某个学生相关的其他信息表中的信息。通常用作其他表的外部键的记录。第二种是执行可删除主记录的级联删除操作。

使用触发器对数据库进行级联修改。

【例 8—24】为"Course"表创建一个级联删除触发器，通过课程名从"Course"表中删除某课程信息，同时删除"SC"表中与此课程相关的选课记录。程序如下：

```
CREATE TRIGGER TRIGGER_C ON [dbo].[Course]
FOR DELETE
AS
DECLARE @CNO CHAR(2)
SELECT @CNO = CID FROM DELETED
DELETE FROM SC
WHERE CID = @CNO
```

（4）使用嵌套的触发器。

如果一个触发器在执行操作时引发了另一个触发器，而这个触发器又接着引发下一个触发器，这些触发器就是嵌套触发器。例如，在执行过程中，如果一个触发器修改某个表，而这个表已经有了其他的触发器，这时就要使用嵌套触发器。

3. 用 T-SQL 语句创建 DDL 触发器

【例 8—25】创建一个 DDL 触发器来防止实例数据库中的任一表被删除或修改。

使用 CREATE TRIGGER 命令创建 DDL 触发器的程序如下：

```
CREATE TRIGGER dbsafe
  ON DATABASE
  FOR DROP_TABLE,ALTER_TABLE
AS
BEGIN
PRINT '禁止删除或修改数据库中的表'
ROLLBACK
END
```

在响应当前数据库或服务器中处理 T-SQL 事件时，可以激发 DDL 触发器。触发器的作用域取决于事件。例如：每当数据库中发生 CREATE TABLE 事件时，都会触发为响应该事件而创建的 DDL 触发器；每当服务器中发生 CREATE LOGIN 事件时，都会触发为响应该事件而创建的 DDL 触发器。

8.7.2　创建 INSTEAD OF 触发器

Inserted of Trigger（前触发器）是在数据变动以前被触发，并取代变动数据的操作（UPDATE、INSERT 和 DELETE 操作），而去执行触发器定义的操作。INSTEAD OF 触发器可以在表或视图上定义。在表或视图上，每个 UPDATE、INSERT 和 DELETE 语句最多可以定义一个 INSTEAD OF 触发器。一个表的每个修改动作都可以有多个 AFTER 触发器。

INSTEAD OF 触发器被用于更新那些没有办法通过正常方式更新的视图。例如，通常不能在一个基于连接的视图上进行 DELETE 操作，然而，可以编写一个 INSTEAD OF DELETE 触发器来实现删除。INSTEAD OF 触发器包含代替原始数据操作 SQL 语句的代码。

1. INSERT（INSTEAD OF）触发器

INSERT（INSTEAD OF）触发器是指使用 INSERT 选项创建的 INSTEAD OF 触发器。此类触发器执行时将产生临时表 INSERTED，用于保存执行 INSERT 语句时插入的记录。但 INSERT 语句不会影响到基表（除非在触发器中执行对基表的 DML 语句），仅仅是插入的记录被复制到临时表 INSERTED 中。

【例 8—26】有三个年级的学生信息（2015 级、2014 级和 2013 级），分别存储在"Stu2015""Stu2014"和"Stu2013"三个表中，三个表具有相同的结构。视图 Stu_View 包含了三个表的所有学生信息，现为视图 Stu_View 创建 INSTEAD OF 触发器 Stu_Instead 来实现直接向视图 Stu_View 中插入数据，代码如下：

（1）创建"Stu2015""Stu2014"和"Stu2013"表。

```
CREATE TABLE Stu2013
(Sno char(10),
Sname CHAR(8),
Age INT)
CREATE TABLE Stu2014
(Sno char(10),
Sname CHAR(8),
Age INT)
CREATE TABLE Stu2015
(Sno char(10),
Sname CHAR(8),
Age INT)
```

（2）创建视图 Stu_View。

```
CREATE VIEW Stu_View
AS
SELECT * FROM Stu2013
UNION ALL
SELECT * FROM Stu2014
UNION ALL
SELECT * FROM Stu2015
```

（3）为视图 Stu_View 创建 INSTEAD OF 触发器 Stu_Instead。

```
CREATE TRIGGER Stu_Instead
```

```
ON Stu_View
INSTEAD OF INSERT
AS
BEGIN
DECLARE @S_NO CHAR(4)
    /* 该变量用于存放插入数据的学号 Sno 的前两位,以判断插入记录属于哪张表 */
SELECT @S_NO = SUBSTRING(Sno,1,4) FROM INSERTED
IF @S_NO = '2013'    /* 由学号判断该学生属于 2013 级学生,记录插入 Stu2013 表中 */
BEGIN
    INSERT INTO Stu2013
    SELECT Sno, Sname, Age FROM INSERTED
    RETURN
END


ELSE IF @S_NO = '2014' /* 由学号判断该学生属于 2014 级学生,记录插入 Stu2014 表
中 */
BEGIN
    INSERT INTO Stu2014
    SELECT Sno, Sname, Age FROM INSERTED
    RETURN
END


ELSE IF @S_NO = '2015'/* 由学号判断该学生属于 2015 级学生,记录插入 Stu2015 表
中 */
BEGIN
    INSERT INTO Stu2015
    SELECT Sno, Sname, Age FROM INSERTED
    RETURN
END


ELSE
BEGIN
    TRANSACTION ROLLBACK
    RAISERROR('插入记录的学号信息不正确,请确认是 2013 级、2014 级还是 2015
级学生的学号! ',16,1)
END
```

此时,通过下面的语句就可以直接向视图 Stu_View 中插入数据:

```
INSERT INTO Stu_View VALUES('2013101056','李兴花',21)
```

执行过程中，系统首先执行触发器 Stu_Instead，根据插入的学号"2013101056"的前四位判断是 2013 级的学生，因此就将记录插入到"Stu2013"表。此时，查看"Stu2013"表中的数据，结果如图 8—9 所示。

SELECT * FROM Stu2013

	Sno	Sname	Age
1	2013101056	李兴花	21
2	2013101057	李AA花	22

图 8—9　INSTEAD OF 触发器应用

2. UPDATE（INSTEAD OF）触发器

UPDATE（INSTEAD OF）触发器是指使用 UPDATE 选项创建的 INSTEAD OF 触发器。此类触发器执行时将产生两个临时表：INSERTED 表和 DELETED 表。INSERTED 表用于保存 UPDATE 语句涉及的、更新后的新记录，DELETED 表则用于保存 UPDATE 语句涉及的、更新前的旧记录。

同样，UPDATE 语句不会影响基表（除非在触发器中执行对基表的 DML 语句）。

【例 8—27】创建 UPDATE（INSTEAD OF）触发器 Tri_Up_Stu，用于观察执行 UPDATE 语句时 INSERTED 表和 DELETED 表中的数据。该触发器的创建代码如下：

```
CREATE TRIGGER Tri_Up_Stu
ON student
INSTEAD OF UPDATE
AS
  BEGIN
    SELECT * FROM INSERTED;
    SELECT * FROM DELETED;
       --在此可利用 INSERTED 表和 DELETED 表中的数据进行其他方面的处理
END
```

执行上述代码，创建触发器 Tri_Up_Stu，然后执行下列的更新语句：

UPDATE student SET Sex = '女' WHERE SName = '刘东'

从结果可以看到，UPDATE 语句更新后涉及的记录都保存在 INSERTED 表中，更新前涉及的记录则保存在 DELETED 表中，这两个表中的数据如图 8—10 所示。

执行下列操作，通过查询"Student"表可以看到，上述的 UPDATE 并没有影响基表

结果　消息

	Sid	SName	Sex	brithday	Department
1	2013101089	刘东	女	NULL	经济与管理学院

	Sid	SName	Sex	brithday	Department
1	2013101089	刘东	男	NULL	经济与管理学院

图 8—10　执行 UPDATE 操作后 INSERTED 表和 DELETED 表中的数据

中的数据，如图 8—11 所示。

```
SELECT * FROM student WHERE SName = '刘东'
```

结果　消息

	Sid	SName	Sex	brithday	Department
1	2013101089	刘东	男	NULL	经济与管理学院

图 8—11　执行 UPDATE 操作后“Student”表中的数据

3. DELETE（INSTEAD OF）触发器

DELETE（INSTEAD OF）触发器是指使用 DELETE 选项创建的 INSTEAD OF 触发器。此类触发器执行时将产生临时表 DELETED，用于保存执行 DELETE 语句时删除的记录。同样，DELETE 语句不会影响基表（除非在触发器中执行对基表的 DML 语句），仅仅是删除的记录被复制到临时表 DELETED 中。

【例 8—28】 创建 DELETE（INSTEAD OF）触发器 Tri_Del_Stu，用于观察执行 DELETE 语句时 INSERTED 表和 DELETED 表中的数据。该触发器的创建代码如下：

```
CREATE TRIGGER Tri_Del_Stu
ON student
  INSTEAD OF DELETE
AS
  BEGIN
    SELECT * FROM DELETED;
       -- 在此可利用 DELETED 表中的数据进行其他方面的处理
  END
```

执行上述代码，创建触发器 Tri_Del_Stu，然后，执行下列删除语句：

```
DELETE FROM student WHERE Sex = '男'
```

结果如图 8—12 所示。

	Sid	SName	Sex	brithday	Department
1	2012102026	杨舒琪	女	1996-05-03 00:00:00.000	计算机学院
2	2013101059	李巧梅	女	1993-11-22 00:00:00.000	经济与管理学院
3	2013101066	王婷	女	1995-05-03 00:00:00.000	经济与管理学院
4	2013101086	姚永燕	女	NULL	国际商学院
5	2013101088	刘怡	女	1996-02-01 00:00:00.000	经济与管理学院
6	2013101095	赵燕子	女	1994-03-05 00:00:00.000	经济与管理学院
7	2013102029	刘海	女	1994-07-22 00:00:00.000	通信工程学院
8	2013102031	黄鑫	女	1993-09-01 00:00:00.000	通信工程学院

图 8—12　DELETED 表中的数据

执行下列操作，查询“Student”表同样可以发现，该表没有任何记录被删除。

```
SELECT * FROM student WHERE Sex = '女'
```

8.7.3　修改触发器

1. 使用 T-SQL 修改触发器

触发器的修改是由 ALTER TRIGGER 语句来完成的。但修改不同类型的触发器，ALTER TRIGGER 语句的语法是不相同的。

修改 DML 触发器的 T-SQL 语句如下：

```
ALTER TRIGGER schema_name.triggername --修改 DML 触发器
ON (table|view)
  [WITH <dml trigger option>[,…n]]
  (FOR|AFTER|INSTEAD OF)
  {[DELETE][,][INSERT[,][UPDATE]}
  [NOT FOR REPLICATION]
AS{sql statement[;][…n]|EXTERNAL NAME <method specifier>[;]}
<dml_trigger_option>:: = [ENCRYPTION[<EXECUTE AS Clause>]
<method_specifier>:: = assembly_name.class_name.method_name
```

修改 DDL 触发器的 T-SQL 语句如下：

```
ALTER TRIGGER trigger_name --修改 DDL 触发器
ON {DATABASE|ALL SERVER}
[WITH <ddl_trigger_option>[,…n]]
{FOR|AFTER}{event_type[,…n]|event_group}
AS
{sql_statement[;]EXTERNAL NAME <method specifier>[;]}
<ddl_tri gger_option>:: = [ENCRYPTION][<EXECUTE AS Clause>]
<method_specifier>:: = assembly_name.class_name.method_name
```

其中涉及的参数与触发器定义语法中的参数一样，此不赘言。但要注意的是，不能为

DDL 触发器指定架构 schema_name。

使用 T-SQL 修改触发器的优点主要是：用户拥有对它的操作权限不会因为对触发器的修改而发生改变。另外，如果原来的触发器定义是使用 WITH ENCRYPTION 或 WITH RECOMPILE 创建的，那么只有在 ALTER TRIGGER 中也包含这些选项时，这些选项才有效。

【例 8—29】修改例 8—25 中创建的 DDL 触发器 dbsafe，将"禁止删除或修改数据库中的表"改为"禁止创建数据表"。

```
ALTER TRIGGER dbsafe
  ON DATABASE
  FOR CREATE_TABLE
AS
BEGIN
PRINT '禁止删除或修改数据库中的表'
ROLLBACK
END
```

2. 使用 SQL Server 管理器修改触发器

（1）启动 SQL Server 管理平台，在对象资源管理器中展开选定的数据库节点，再展开要在其中创建触发器的具体数据库表——"数据库 a 信息管理 b 表 b 成绩"。

（2）展开触发器节点，用鼠标右键单击要修改的触发器图标，从弹出的快捷菜单中选择"修改"命令。

（3）在弹出的"查询编辑器"对话框中显示了原建触发器的 T-SQL 代码，可按需修改，按 Tab 或 Shift＋Tab 键可以缩进存储过程的文本。

（4）完成修改触发器编辑后，单击"分析"按钮进行代码分析；单击"执行"按钮执行修改好的创建触发器语句，即可完成修改触发器的操作及显示提示信息。

3. 使用系统存储过程 sp_rename 为触发器更名

若要修改触发器的名称，用系统提供的 sp_rename 存储过程即可。

sp_rename 命令的语法格式如下：

```
sp_rename 更改前名字,更改后名字
```

【例 8—30】将已创建的"Tri_Del_Stu"触发器更名为"Tri_删除_Student"。
程序代码如下：

```
sp_rename Tri_Del_Stu,Tri_删除_Student
```

8.7.4 禁用和启用触发器

有时候（特别是在调试阶段），我们并不希望频繁地触发执行一些触发器，但又不能将之删除，这时最好禁用这些触发器。禁用一段时间以后，一般还需重新启用它，这时又

要涉及触发器启用的概念。

禁用触发器的 SQL 语法格式如下：

```
DISABLE TRIGGER{[schema.]trigger_name[,…n]|ALL}
ON{object_name|DATABASE|ALL SERVER}[;]
```

启用触发器的 SQL 语法格式如下：

```
ENABLE TRIGGER{[schema_name.]trigger_name[,…n]|ALL}
ON{object_name|DATABASE|ALL SERVER}[;]
```

参数说明如下：

- trigger _ name：要禁用的触发器的名称。
- schema _ name：触发器所属架构的名称。但 DDL 触发器没有架构。
- ALL：如果选择该选项，则表示对定义在 ON 子句作用域中的所有触发器都起作用。
- object _ name：触发器表或视图的名称。
- DATABASE：将作用域设置为整个数据库。
- ALL SERVER：将作用域设置为整个服务器。

【例 8—31】先禁用 DDL 触发器 dbsafe，然后启用触发器 dbsafe。

（1）在服务器作用域中禁用 DDL 触发器 dbsafe，其语句如下：

```
DISABLE TRIGGER dbsafe ON ALL SERVER;
```

（2）启用所有定义在服务器作用域中的触发器 dbsafe，其语句如下：

```
ENABLE TRIGGER dbsafe ON ALL SERVER;
```

【例 8—32】定义一个 DML 触发器，不允许它对"Student"表进行更新操作。T-SQL 语句格式如下：

```
CREATE TRIGGER DIS_UPDATE_STU
    ON student
    INSTEAD OF UPDATE
AS
BEGIN
    RAISERROR('不允许对表 student 进行更新！',16,10)
    ROLLBACK;
END
GO
```

如果要禁用该 DML 触发器，则可以用下列 DISABLE TRIGGER 语句来完成：

```
DISABLE TRIGGER DIS_UPDATE_STU ON student;
```

如果重新启用该 DML 触发器，则语句如下：

```
ENABLE TRIGGER DIS_UPDATE_STU ON student;
```

如果将上面语句中的"DIS＿UPDATE＿STU"改为"ALL"，则表示启用所有作用在"Student"表上的触发器。

8.7.5　查看触发器

1.　使用管理器查看触发器信息及依赖性

（1）启动 SQL Server Management Studio，在对象资源管理器中展开选定的数据库节点，再展开要在其中创建触发器的具体数据库表："数据库"→"Students"→"表"→"SC"表→"触发器"，选中"SC＿TRI＿INSERT＿UPDATE"触发器。

（2）用鼠标右键单击"SC＿TRI＿INSERT＿UPDATE"触发器，从弹出的快捷菜单中选择"新建触发器""查看依赖关系""修改"或"删除"等命令。

（3）从弹出的快捷菜单中选择"修改"命令可以完成浏览、查阅与修改触发器信息等操作。

（4）从弹出的快捷菜单中选择"禁用"命令，使得触发器被禁止使用但仍然保留，一旦通过启动即可恢复使用。

（5）查看依赖性，从弹出的快捷菜单中选择"查看依赖性"命令。

2.　使用系统存储过程查看触发器相关信息

使用系统存储过程查看触发器相关信息时，主要使用下列系统存储过程语句：

（1）sp＿help：用于查看触发器的名称、属性、类型和创建时间。

（2）sp＿helptext：用于查看触发器的正文信息。

（3）sp＿depends：用于查看触发器所引用的表或表涉及的触发器。

（4）sp＿helptrigger：返回指定表中定义的当前数据库的触发器类型。

【例 8—33】调用系统存储过程 sp＿help、sp＿helptext、sp＿depends、sp＿helptrigger，浏览并查询"SC＿TRI＿INSERT＿UPDATE"触发器信息。

程序代码如下：

```
EXEC sp_help SC_TRI_INSERT_UPDATE
EXEC sp_helptext SC_TRI_INSERT_UPDATE
EXEC sp_depends SC_TRI_INSERT_UPDATE
EXEC sp_depends SC
EXEC sp_helptrigger SC
```

8.7.6　删除触发器

1.　使用 T-SOL 语句删除触发器

当确认一个触发器不再使用时，应当将其删除。DML 触发器和 DDL 触发器的删除方法有所不同，以下分别是删除这两种触发器的 T-SQL 语法格式：

删除 DML 触发器的语法格式如下：

```
DROP TRIGGER schema_name.trigger_name[,…n][;] -- 删除 DML 触发器
```

删除 DDL 触发器的语法格式如下：

```
DROP TRIGGER trigger_name[,…n]
    ON { DATABASE|ALL SERVER}[;]-- 删除 DDL 触发器
```

可以看出，在删除 DDL 触发器时需要指定触发器的名称和作用域（是 DATABASE 还是 ALL SERVER），而删除 DML 触发器时则只需指定其名称。

【例 8—34】使用 T-SQL 语句删除 DML 触发器 DIS＿UPDATE＿STU。

程序代码如下：

```
DROP TRIGGER DIS_UPDATE_STU
```

2. 使用 SQL Server 管理器删除触发器

（1）启动 SQL Server Management Studio，在对象资源管理器中展开选定的数据库节点，再展开要在其中创建触发器的具体数据库表："数据库"→"Students"→"表"→"SC"表→"触发器"，选中"SC＿TRI＿INSERT＿UPDATE"触发器。

（2）用鼠标右键单击要删除的"SC＿TRI＿INSERT＿UPDATE"触发器，从弹出的快捷菜单中选择"删除"命令。在弹出的"删除"对话框中，单击"确定"按钮。

8.8　游标简介

8.8.1　游标概述

1. 什么是游标

虽然使用 SELECT 语句操作会返回包括所有满足条件的行的结果集，但在实际开发应用程序时，往往需要每次处理一行或一部分行，以获取其中存储的数据，供应用程序使用和处理。游标就是为解决这种问题而提供的一种用于定位并控制结果集的机制。

可以将游标看作一种指针，SQL Server 通过这种指针提供了对一个结果集进行逐行处理的能力。游标总是与一个结果集关联在一起的，它可以指向结果集中的任一行。在将游标放置到某一行以后，应用程序可以访问该行或从该行开始的行块上的每一个数据项。

概括地讲，游标是指向 SQL 语句结果集的一种指针。在存储了游标之后，应用程序可以根据需要滚动或浏览其中的数据。

游标支持以下功能：

（1）在结果集中定位特定行。

（2）从结果集的当前位置检索行。

（3）支持对结果集中当前位置的行进行数据修改。

2．游标的类型

SQL Server 支持以下三种类型的游标：

- T-SQL 服务器游标：主要用于 T-SQL 脚本、存储过程和触发器中。
- API 服务器游标：支持 OLEDB、ODBC 和 DB-Library 中的 API 游标函数。
- 客户端游标：客户端游标在 SQL Server ODBC 驱动程序 DB-Library DLL 以及 ADO API DLL 的内部实现。

概括地讲，游标主要分为两种类型：一种是客户端游标；另一种是服务器游标。

（1）客户端游标。

客户端游标是在客户端实现的，并得到 ODBC、DB-Library 和 ADO API 支持的一类游标。客户端游标是通过对客户端高速缓存中的结果集进行操作得以实现的。当应用程序调用这种游标时，ODBC 驱动程序、DB-Library DLL 或 ADO DLL 就对高速缓存中的结果集进行游标操作。但现在客户端游标一般不被使用，SQL Server 对客户端游标的支持主要是考虑向后兼容。实际上，DB-Library 和 ODBC 驱动程序完全支持通过服务器游标的操作，所以更多使用的是服务器游标。

（2）服务器游标。

服务器游标是指在数据库服务器端创建、使用和管理的一类游标。根据实现代码的不同，服务器游标又可以分为两种：T-SQL 游标和 API 游标（应用编程接口游标）。

T-SQL 游标是 T-SQL 语句创建的服务器游标，主要应用在 T-SQL 脚本、存储过程（包括触发器）中。API 游标也是在服务器端实现的，它支持 ODBC、DB-Library 和 OLEDB 中的 API 游标函数。当应用程序调用 API 游标函数时，ODBC 驱动程序、DB-Library DLL 和 OLEDB 驱动程序就把请求传送到服务器，通过 API 游标进行处理。

3．游标的分类

ODBC 和 ADO 定义了 SQL Server 2008 支持的四种游标类型：静态游标、动态游标、只进游标和键集游标。这些游标检测结果集变化的能力和消耗的资源（如在 tempdb 中所占的内存和空间）的情况各不相同。仅当尝试再次提取行时，游标才会检测到行的更改，数据源没有办法通知游标当前提取行的更改。SQL Server 2008 已经扩展了 DECLARE CURSOR 语句，这样就可以为 T-SQL 游标指定这四种游标类型。

这四种游标的特点各不相同，以下分别述之。

（1）静态游标。

静态游标的完整结果集是在打开游标时一次性完成的，并保存在 tempdb 中。此后，数据库中的任何变化都不会反映在该结果集中，除非关闭游标并重新打开它。它的"静态特性"体现在以下几个方面：

- 在静态游标打开后，运用 INSERT 语句向数据库插入的记录不会体现在静态游标中。
- 在静态游标打开后，运用 DELETE 语句删除数据库中的记录仍然显示在静态游标中。

● 在静态游标打开后，运用 UPDATE 语句对数据库所做的修改不会被反映到静态游标中。

此外，静态游标在使用期间都是只读的，支持向后滚动和向前滚动，但不能利用静态游标对数据库进行更新操作。静态游标消耗的资源相对很少，使用静态游标可以获得较高的数据检索效率，利于提高系统性能。

（2）动态游标。

动态游标是相对静态游标而言的，其特点是在滚动期间能检测到所有变化，可以时时反映数据库中数据的变化和更新。也就是说，所有更新语句（包括 INSERT、DELETE 和 UPDATE 语句）对数据库所做的更新操作都可以在游标滚动时被反映出来。但动态游标消耗的资源较多。

（3）只进游标。

只进游标不支持滚动，它只支持游标按从头到尾的顺序提取。行只有在从数据库中提取出来后才能被检索。对所有由当前用户发出或由其他用户提交并影响结果集中的行的 INSERT、UPDATE 和 DELETE 语句，其效果在这些行从游标中提取时是可见的。

由于游标无法向后滚动，故在提取行后对数据库中的行进行的大多数更改通过游标均不可见。当值用于确定所修改的结果集（如更新聚集索引涵盖的列）中行的位置时，修改后的值通过游标可见。

SQL Server 2008 将只进和滚动都作为能应用于静态游标、键集游标和动态游标的选项。T-SQL 游标支持只进静态游标、键集游标和动态游标。数据库 API 游标模型则假定静态游标、键集游标和动态游标都是可滚动的。当数据库 API 游标属性设置为只进时，SQL Server 2008 将此游标作为只进动态游标使用。

（4）键集游标。

键集游标即由键集驱动的游标，它是由一组唯一标识符（键）控制的。键由结果集中的若干列组成，这些列可以唯一标识结果集中的每一行。键集是打开游标时来自符合 SE-LECT 语句要求的所有行中的组键值。键集游标对应的键集是打开该游标时在 tempdb 中生成的。

打开由键集驱动的游标时，该游标中各行的成员身份和顺序是固定的。当用户滚动游标时，对非键集列中的数据值所做的更改是可见的。在游标外对数据库所做的插入在游标内不可见，除非关闭并重新打开游标。

就对数据变化的检测能力而言，键集游标介于静态游标和动态游标之间，能检测到大部分变化，但比动态游标消耗更少的资源。

4. 使用游标的步骤

应用程序对每一个游标的操作过程可分为以下五个步骤：

（1）用 DECLARE 声明和定义游标的类型等。

（2）用 OPEN 语句打开和填充游标。

（3）执行 FETCH 语句，可从一个游标中获取信息（从结果集中提取若干行数据）。可按需使用 UPDATE 和 DELETE 语句在游标当前位置上进行操作。

（4）用 CLOSE 语句关闭游标。

（5）用 DEALLOCATE 语句释放游标。

8.8.2　游标变量与游标函数

1. 游标变量

游标变量是一种新增数据类型，用于定义一个游标变量。可先声明一个游标，例如：

```
DECLARE i_cur scroll cursor for SELECT * FROM student
```

再使用 SET 语句将一个游标赋值给游标变量：

```
DECLARE @pan cursor set @span = i_cur
```

当然，可将声明游标语句放在游标赋值语句中：

```
DECLARE @pan cursor
DECLARE i_cur scroll cursor for SELECT * FROM student set @pan = i_cur
```

2. 游标函数

若要充分发挥使用游标访问一个数据表中的记录功能，则离不开游标函数。SQL Server 为编程人员提供了四个常用于处理游标的函数变量：CURSOR＿STATUS、@@ERROR、@@CURSOR＿ROWS 和 @@FETCH＿STATUS。

（1）CURSOR＿STATUS 函数。该函数用以返回一个游标的当前状态，其返回值及其含义见表 8—3。

表 8—3　　　　　　　　　　CURSOR＿STATUS 函数的返回值及其含义

返回值	含义
1	游标当前所处的结果集中至少包含一条记录
0	游标所处的结果集为空，即没有包含任何记录
−1	该游标已被关闭
−2	未在存储过程中定义为输出参数，或执行该函数前，相关联的游标已被释放
−3	游标未被声明或已声明但没有为其分配结果集，如未执行 OPEN 命令等

CURSOR＿STATUS 函数的声明形式如下：

```
CURSOR_STATUS({'<LOCAL>','<cursor name>'}|{'<GLOBAL'>','<cursor name>'}|{'<VARIABLE>','<cursor_variable>'})
```

其中，LOCAL、GLOBAL 和 VARIABLE 用于指示游标的类型，分别表示局部游标、全局游标和游标变量。实际应用中可在主要过程中定义一个游标，然后再将该游标作为参数传递给另一个函数，从而使该函数获得访问与该游标相关的指定数据集的机会，并且该存储过程也可通过 CURSOR＿STATUS 函数将游标的当前状态返回给主过程。

（2）@@ERROR 函数。此系全局变量，用于判断成功与否。如果成功，则 @@ERROR 为 0。

（3）@@CURSOR＿ROWS 函数。该函数用于返回当前游标最后一次被打开时所含的记录数，也可使用该函数来设置打开一个游标时要包含的记录数。该函数的返回值及其含义见表8—4。

表8—4 @@CURSOR＿ROWS函数的返回值及其含义

返回值	含义
−m	表示从基础表向游标读入数据的处理仍在进行，（−m）表示当前在游标中的数据行数
−1	表示该游标动态反映基础表的所有变化，符合游标定义的数据行经常变动，故无法确定
0	表示无符合条件的记录或游标已被关闭
n	表示从基础表读入数据的处理已经结束，n即游标中已有数据记录的行数据

（4）@@FETCH＿STATUS函数。该函数为全局型函数，可用于检查上一次执行的FETCH语句是否成功。该函数的返回值及其含义见表8—5。

表8—5 FETCH＿STATUS函数的返回值及其含义

返回值	含义
n	FETCH操作成功，而且游标目前指向合法的记录
−1	FETCH操作失败，或者游标指向了记录集之外
−2	游标指向了一个并不存在的记录

8.8.3 使用服务器游标

1. 声明游标

在T-SQL语言中，游标的声明是使用DECLARE CURSOR语句来实现的。该语句语法有两种格式，分别是基于SQL-92标准的语法和使用一组T-SQL扩展插件的语法。其语法格式分别如下。

SQL-92语法格式：

```
DECLARE cursor_name
    [INSENSITIVE]
    [SCROLL]
    CURSOR FOR select_statement
    [FOR{READ ONLY|UPDATE [OF column_name [,…n]]}][;]
```

T-SQL扩展插件的语法格式：

```
DECLARE cursor_name CURSOR
    [LOCAL|GLOBAL]
    [FORWARD ONLY|SCROLL]
    [STATIC|KEYSET|DYNAMIC|FAST_FORWARD][READ_ONLY|SCROLL_LOCKS|OPTIMISTIC]
    [TYPE_WARNING]
        FOR select statement
    [FOR UPDATE[OF column_name[,…n]]][;]
```

声明游标的主要参数及其含义如表 8—6 所示。

表 8—6　　　　　　　　　　　　　声明游标的主要参数及其说明

参数	说明
cursor _ name	给出所定义的游标名称，必须遵从标识符规则
LOCAL	指定作用域仅为所在的存储过程、触发器或批处理中的局部游标，对应操作结束后自动释放；但可在存储过程中使用 OUTPUT 关键字传递给该存储过程的调用者，在存储过程结束后，还可引用该游标变量
GLOBAL	指定作用域是整个当前连接全局游标。选项表明在整个连接的任何存储过程、触发器或批处理中都可以使用该游标，该游标在连接断开时会自动隐性释放
FORWARD ONLY	提取数据时只能从首行向前滚动到末行，FETCH NEXT 是唯一支持的提取选项
SCROLL	指定所选的提取操作（如 FIRST、LAST、PRIOR、NEXT、RELATIVE 和 ABSOLUTE）均可用，该游标增加了随意读取结果集中行数据而不必重开游标的灵活性
STATIC	定义游标为静态游标，与 INSENSITIVE 选项作用相同
KEYSET	指定为打开时顺序已固定的键集驱动游标。唯一标识的键集内置在 tempdb 内一个称为 Keyset 的表中，对基表中的非键值所做的更改在用户滚动游标时是可视的。如果某行已被删除，则对该行的提取操作将返回@@FETCH _ STATUS 值 −2
DYNAMIC	定义为动态游标，即基础表的变化将反映到游标中，行的数据值、顺序和成员在每次提取时都会更改。使用该选项可保证数据的一致性，不支持 ABSOLUTE 选项
FAST _ FORWARD	指定启用了性能优化的 FORWARD _ ONLY 和 READ _ ONLY 游标
READ _ ONLY	是不允许游标内数据被更新的只读状态。UPDATE 和 DELETE 等不能使用游标
SCROLL _ LOCKS	确保通过游标完成的定位更新或删除能成功。当将行读入游标时会锁定这些行以确保其可用于以后的修改。FAST _ FORWARD 与 SCROLL _ LOCKS 指定时互斥
OPTIMISTIC	指明在数据被读入游标后，若游标中某行数据已发生变化，那么对游标数据进行更新或删除可能会导致失败；如果使用了 FAST _ FORWARD 选项，则不能使用该参数
TYPE _ WARNING	指明若游标类型被修改成与用户定义的类型不同，将发送一个警告信息给客户端
SELECT 语句	用于定义游标所要进行处理的结果集。在标准的 SELECT 语句中和游标中不能使用 COMPUTE、COMPUTE BY、FOR BROWSE 和 INTO 语句
UPDATE	用于定义游标内可更新的字段列。若指定 of 字段列 [,…n] 参数，则仅所列出的字段列可被更新修改；否则所有的列都将被更新修改

【例 8—35】定义一个游标，使之可以读取"Student"表中的所有记录，并且可以前后滚动，还可以对 Sex 字段值进行更新。

显然，只有动态游标才能满足这个条件，并且需要运用 FOR UPDATE 关键字。游标的实现代码如下：

```
DECLARE Sex_Update CURSOR
DYNAMIC
FOR SELECT * FROM student
```

```
FOR UPDATE OF Sex
```

如果试图在一个静态游标中设置对 Sex 字段值进行更新，那么将产生错误冲突。

如果以上游标由下面代码定义，则定义将失败：

```
DECLARE Sex_Update CURSOR
STATIC
FOR SELECT * FROM student
FOR UPDATE OF Sex
```

失败的原因是关键字 STATIC 和 FOR UPDATE 相互冲突。

2. 打开游标

游标只有声明后才能被打开，打开的目的是能够从游标中提取数据。在 T-SQL 语言中，打开游标的语句是 OPEN，其语法格式如下：

```
OPEN{ { [GLOBAL]cursor_name}|cursor_variable_name}
```

其主要参数含义及其说明如表 8—7 所示。

表 8—7　　　　　　　　　　　打开游标语法参数及其说明

参数	说明
GLOBAL	表示要打开的是全局游标。如果不指定 GLOBAL，则表示打开的是局部游标
cursor _ name	表示要打开的游标的名称。当然，该游标必须是已经声明过的
cursor _ variable _ name	表示要打开变量 cursor _ variable _ name 的值所指定的游标

【例 8—36】打开游标 Sex _ Update。

程序代码如下：

```
Open GLOBAL Sex_Update
```

3. 使用游标

利用游标可以从数据表中读取、修改和删除数据。

（1）使用游标读取数据。

只有打开游标后才能从中提取数据。在 T-SQL 语言中，从游标中提取数据的语句是 FETCH，该语句的语法格式如下：

```
FETCH
[[NEXT|PRIOR|FIRST|LAST|ABSOLUTE|n|@nvar}|RELATIVE{ n|@nvar}]
FROM
]
{{[GLOBAL]cursor-name}|@cursor_variable_name}
[INTO @variable_name[,…n]]
```

其主要参数含义及其说明如表 8—8 所示。

表 8—8　　　　　　　　　　　　　读取游标语法参数及其说明

参数	说明
NEXT	为默认的游标提取选项，表示要返回紧跟当前行之后的结果行，并且返回行被设置为当前行。如果对游标进行的是第一次 FETCH 操作，则结果集中的第一行被返回，并且将第二行设置为当前行
PRIOR	表示要返回紧接当前行之前的结果行，并且将返回行设置为当前行。如果对游标进行的是第一次 FETCH 操作，则没有行返回并且游标置于第一行之前
FIRST	返回游标中的第一行并将第一行设置为当前行
LAST	返回游标中的最后一行并将最后一行设置为当前行
ABSOLUTE〔n∣@nvar〕	n 为整数常量，@nvar 为 smallint、tinyint 或 int 型变量

【例 8—37】创建游标 Cur _ Student，使之读取"Student"表中的所有数据，然后通过游标操作将第一个记录到最后一个记录的全部数据输出。

可以看出，该例仅要求输出数据，所以使用静态游标即可，这样可以提高检索速度。在建立结果集以后，通过 WHILE 循环并利用 FETCH 语句依次将数据读出。

程序代码如下：

```
DECLARE Cur_Student CURSOR  -- 创建游标
STATIC
FOR SELECT * FROM student
OPEN Cur_Student        -- 打开游标
DECLARE @RowCount Integer,@i Integer;
SET @i = 0
SET @RowCount = @@CURSOR_ROWS -- 获取游标结果集中的记录数
WHILE @i<@RowCount
BEGIN
    FETCH NEXT FROM Cur_Student    -- 输出结果集中的记录
    SET @i = @i + 1
END
```

执行上述代码后，输出的结果如图 8—13 所示。我们注意到，FETCH 操作与 SELECT 语句不同，它每次只提取一条记录，而 SELECT 语句则是提取所有的记录并把它们一起输出。这也说明了游标是逐行处理，而 SQL 语句是对多行组成的结果集进行处理的事实。

【例 8—38】创建游标 Cur _ Score，读取所有男生且课程号为"C001"、平均成绩在 60 分或 60 分以上的学生的姓名（sname）和平均成绩（avgrade）信息；然后将每一个学生的姓名和平均成绩分别输入到两个变量，并将平均成绩加 5 分后分别输出。

程序代码如下：

```
DECLARE Cur_Score CURSOR  -- 创建游标
STATIC
FOR SELECT sname,grade FROM student,SC Where sex = '男' and Cid = 'C001'
```

结果 消息

	Sid	SName	Sex	brithday	Department
1	2012102025	邱杰	男	1995-03-01 00:00:00.000	计算机学院

	Sid	SName	Sex	brithday	Department
1	2012102026	杨舒琪	女	1996-05-03 00:00:00.000	计算机学院

	Sid	SName	Sex	brithday	Department
1	2013101052	龙文刚	男	1993-11-01 00:00:00.000	外国语学院

	Sid	SName	Sex	brithday	Department
1	2013101056	李伟	男	1993-02-01 00:00:00.000	外国语学院

	Sid	SName	Sex	brithday	Department
1	2013101059	李巧梅	女	1993-11-22 00:00:00.000	经济与管理学院

	Sid	SName	Sex	brithday	Department
1	2013101066	王婷	女	1995-05-03 00:00:00.000	经济与管理学院

图 8—13　例 8—37 执行结果

```
Open Cur_Score --打开游标
DECLARE @RowCount Integer,@i Integer;
DECLARE @name char(8),@avgrade numeric(3,1);
SET @i = 1
SET @RowCount = @@CURSOR_ROWS
WHILE @i< = @RowCount
BEGIN
  FETCH NEXT FROM Cur_Score INTO @name,@avgrade
  SET @avgrade = @avgrade + 5 --加分
  PRINT '姓名:' + @name + '平均成绩(+5):' + CAST(@avgrade AS varchar(5))
SET @i = @i + 1
END
```

该段代码运行后输出的结果如图 8—14 所示。

```
消息
姓名：邱杰    平均成绩(+5)： 57.0
姓名：龙文刚  平均成绩(+5)： 57.0
姓名：李伟    平均成绩(+5)： 57.0
姓名：李燕辉  平均成绩(+5)： 57.0
姓名：刘东    平均成绩(+5)： 57.0
姓名：刘康?   平均成绩(+5)： 57.0
姓名：王安康? 平均成绩(+5)： 57.0
姓名：黄良    平均成绩(+5)： 57.0
姓名：王鑫    平均成绩(+5)： 57.0
姓名：邱杰    平均成绩(+5)： 58.0
姓名：龙文刚  平均成绩(+5)： 58.0
姓名：李伟    平均成绩(+5)： 58.0
姓名：李燕辉  平均成绩(+5)： 58.0
姓名：刘东    平均成绩(+5)： 58.0
姓名：刘康?   平均成绩(+5)： 58.0
```

图 8—14　例 8—38 执行结果

（2）使用游标修改数据。

通过游标可以修改数据库中的数据。由于游标是逐行进行操作的，所以可以利用游标对数据库中的数据逐个地进行修改。具体方法是：首先创建带关键字 FOR UPDATE 的游标，指出可用于修改的行，然后利用带子句 WHERE CURRENT OF 的 UPDATE 语句来实现数据的修改。

【例 8—39】通过游标实现对数据表"SC"中学生成绩（grade）的修改，不能修改其他字段值。程序代码如下：

```
DECLARE Cur_Score Update CURSOR -- 创建带关键字 FOR UPDATE 的游标
SCROLL
FOR
SELECT * FROM student,sc where student.sid = sc.sid
FOR UPDATE OF grade -- 将 grade 设置为可修改字段
Open Cur_ScoreUpdate
DECLARE @RowCount Integer;
SET @RowCount = 6 -- 指定要修改的行
   FETCH ABSOLUTE @RowCount FROM Cur_ScoreUpdate
-- 将变量@RowCount 标识的行设置为当前行
   Update sc set grade = 92.9 WHERE CURRENT OF Cur_ScoreUpdate
-- 修改游标中的当前行
```

程序说明如下：

● 最后一条语句表示对游标结果集中的当前行所对应的在"SC"表中的记录进行修改。如果游标结果集中的当前行发生改变，那么数据表中对应的记录也会跟着改变。这样通过移动游标，就可以对任意一条记录进行修改。

● 本例指定了 grade 作为修改字段，如果想将多个字段设置为修改字段，只需将字段名列在 FOR UPDATE OF 之后并用逗号隔开即可；如果欲将结果集中的所有字段都设置为修改字段，则只需使用关键字 FOR UPDATE 即可（不带"OF＋字段名列表"）。

（3）使用游标删除数据。

删除数据也可通过创建带关键字 FOR UPDATE 的游标来实现。

【例 8—40】利用游标删除"Student"表中指定的记录。

先创建带 FOR UPDATE 的游标，然后运用带 WHERE CURRENT OF 的 DELETE 语句来实现。程序代码如下：

```
DECLARE Cur_Delete CURSOR
SCROLL
FOR SELECT * FROM student
FOR UPDATE
Open Cur_Delete
DECLARE @RowCount Integer;
SET @RowCount = 1 -- 设置要删除的行
```

```
FETCH ABSOLUTE @RowCount FROM Cur_Delete -- 将待删除的行设置为当前行
Delete From student WHERE CURRENT OF Cur_Delete -- 删除当前行
```

4. 关闭和删除游标

（1）关闭游标。

当不再使用游标时，最好能及时将其关闭。关闭游标的好处体现在：一是释放游标结果集所占用的内存资源；二是解除定位游标行上的游标锁定。

关闭游标的语法格式如下：

```
CLOSE{{[GLOBAL]cursor_name}|cursor_variable_name}
```

其参数意义是明显的，此不赘言。

【例 8—41】关闭游标 Cur_Delete，可以使用下列 CLOSE 语句完成：

```
CLOSE Cur_Delete
```

（2）删除游标。

游标关闭后，它仍然占用一定的系统资源。如果确认不再使用，可以使用 DEALLO-CATE 语句将其删除，然后组成该游标的数据结构由 SQL Server 释放。DEALLOCATE 语句的语法格式如下：

```
DEALLOCATE{{[GLOBAL]cursor_name}|@cursor_variable_name}
```

参数说明如下：

● cursor_name：表示待删除的游标的名称。

● @cursor_variable_name：表示其值为待删除的游标的名称；如果指定 GLOBAL，则 cursor_name 指全局游标，否则指局部游标。

【例 8—42】删除游标 Cur_Delete，可以使用下列语句：

```
DEALLOCATE Cur_Delete
```

显然，被删除的游标肯定被关闭（实际上，游标被删除以后就已经不存在了，所以也就无所谓关闭），但被关闭的游标不一定被删除。要删除一个游标，必须通过显式调用 DEALLOCATE 语句来实现。

一般来说，游标的应用应该遵循"声明游标→打开游标→使用游标→关闭游标→删除游标"的顺序。因此，一个涉及游标的程序不但有声明和打开游标的语句，同时应该有删除游标的语句，以释放系统资源。

【例 8—43】根据游标使用的步骤，Cur_Delete 游标的完整程序修改代码如下：

```
DECLARE Cur_Delete CURSOR
    SCROLL
    FOR SELECT * FROM student
    FOR UPDATE
Open Cur_Delete
DECLARE @RowCount Integer;
```

SET @RowCount = 1 -- 设置要删除的行

FETCH ABSOLUTE @RowCount FROM Cur_Delete -- 将待删除的行设置为当前行

DELETE FROM student WHERE CURRENT OF Cur_Delete -- 删除当前行

CLOSE Cur_Delete -- 关闭游标

DEALLOCATE Cur_Delete -- 删除游标

本章小结

本章介绍了存储过程、触发器和游标的基本概念，以及如何使用对象资源管理器与 T-SQL 语言在查询分析器中创建、管理、执行和修改存储过程、触发器；如何使用 T-SQL 语言创建和使用游标。此外，通过一系列实例介绍了参数、变量、SELECT 语句在存储过程中的使用，INSERT、UPDATE、DELETE 和嵌套触发器的应用，以及游标的应用。

存储过程是 T-SQL 语句的预编译集合，这些语句在一个名称下存储并作为一个单元进行处理。触发器是一种特殊的存储过程，它与表紧密相连，依表而建立，可视作表的一部分。它不能被显式调用，用户创建触发器后，当表中的数据发生插入、删除或修改时，触发器会自动运行。在 SQL Server 中，按照触发事件的不同，将触发器分为两大类：DML 触发器和 DDL 触发器。游标是一种处理数据的方法，总是与一条 T-SQL 选择语句相关联，可对结果集进行逐行处理。可将游标视作一种指针，用于指向并处理结果集中任意位置的数据。应用程序对每一个游标的操作过程可分为五个步骤：用 DECLARE 语句声明、定义游标的类型和属性；用 OPEN 语句打开和填充游标；执行 FETCH 语句；用 CLOSE 语句关闭游标；用 DEALLOCATE 语句释放游标。

习　题

一、选择题

1. 下列关于存储过程的描述中，正确的一项是（　　）。

A. 存储过程独立于表，它不是数据库对象

B. 存储过程只是一些 T-SQL 语句的集合，非 SQL Server 的对象

C. 存储过程可以使用控制流语句和变量，这大大增强了 SQL Server 的功能

D. 存储过程在调用时会自动编译，因此使用方便

2. 下列关于触发器的叙述中，正确的是（　　）。

A. 触发器是可以自动执行的，但需要在一定条件下触发

B. 触发器不属于存储过程

C. 触发器不可以同步数据库的相关表以进行级联更改

D. SQL Server 不支持 DML 触发器

3. 下列不是 DML 触发器的是（　　）。

A. AFTER　　　　　B. INSTEAD OF　　　　C. CLR　　　　D. UPDATE

4. 按触发事件不同，将触发器分为两大类：DML 触发器和（　　）触发器。

A. DDL   B. CLR   C. DDT   D. URL

5. 系统存储过程由 SQL Server（　　）。

A. 创建   B. 触发   C. 管理   D. 内建

6. 使用 T-SQL 语句删除一个触发器时，使用（　　）TRIGGER 命令关键字。

A. KILL   B. DELETE   C. AFTER   D. DROP

7. 创建存储过程中，（　　）表示对所建信息的加密。

A. WITH SA   B. WITH GUEST

C. WITH RECOMPILE   D. WITH ENCRYPTION

8. 一个存储过程可指定高达（　　）个参数。

A. 1 024   B. 2 048   C. 128   D. 256

9. 游标是一种处理数据的方法，它可对结果集进行（　　）。

A. 逐行处理   B. 修改处理   C. 分类处理   D. 服务器处理

10. 从应用角度出发，游标分类不包括（　　）游标。

A. T-SQL   B. API 服务器   C. WEB 服务器   D. 客户机

11. 通常使用（　　）来声明一个游标。

A. CREATE Cursor   B. DECLARE

C. CONNECTION   D. DECLARE Cursor

二、思考与实验

1. 何谓存储过程？简述其作用及分类。何谓触发器？简述其作用及分类。

2. 试说明 DML 触发器的分类及 DML 与 DDL 触发器的应用条件。

3. 根据学号创建一个存储过程，用于显示学生学号和姓名。

4. 试完成实验：修改书中存储过程例题："根据学号检查'计算机文化基础'课程成绩是否优秀"，要求根据不同学号有三种返回：用户没有选"计算机文化基础"这门课、没有达到优秀、达到优秀。

5. 试完成实验：在"SC"表上创建一个触发器"成绩插入、更新"。当用户插入、更新记录时触发。

6. 试完成实验：在"SC"表上创建一个触发器"成绩删除"。当用户删除记录时触发。

7. 试完成实验：在"SC"表上创建一个触发器"信息管理"。当用户插入、更新或删除记录信息时触发。

8. 试完成实验：试创建一个 DDL 触发器，当操作者试图修改和删除数据库表时，该触发器向客户端显示一条消息。

9. 简述下列程序的运行结果并完成实验。

```
USE Students
IF EXISTS(SELECT name FROM sysobjects
        WHERE name = '根据性别显示学生信息' AND type = 'P' )
DROP PROCEDURE 根据性别显示学生信息
GO
CREATE PROC 根据性别显示学生信息@性别_1 char（2）
```

AS SELECT Sid,Sname FROMStudent WHERESex = @性别_1

10. 简述下列程序的运行结果并完成实验。

```
USE Students
IF EXISTS(SELECT name FROM sysobjects WHERE name = 'CJ_IU' AND type = 'TR')
DROP TRIGGER CJ_IU
   GO
   CREATE TRIGGER CJ_IU ON cj
     FOR INSERT, UPDATE
   AS
PRINT'插入或更新了 CJ 库'
   GO
```

11. 试述存储过程与触发器的联系与区别。
12. DDL 触发器是 SQL Server 2008 新增的触发器类型，请叙述它的特点。
13. 何谓游标？简述其特点。
14. 简述 SQL Server 2008 中游标的分类。
15. 简述游标声明的两种格式。
16. 简述在 SQL Server 2008 中打开游标的方法。
17. 简述游标的操作步骤。
18. 简述在 SQL Server 2008 的游标中逐行提取数据的方法。
19. 简述关闭游标的语法格式。
20. 简述释放游标的语法格式。

SQL Server 2008 备份与恢复

 本章学习目标

- 理解 SQL Server 2008 的备份方式（完整备份、差异备份、事务日志备份）和恢复模式；
- 能够进行完整备份、差异备份、事物日志备份操作；
- 使用维护计划实现日常的数据库备份操作。

 单元任务书

1. 利用 SQL Server 2008 提供的几种备份功能对数据库进行备份；
2. 利用 SQL Server 2008 提供的功能删除备份；
3. 利用 SQL Server 2008 提供的功能恢复数据库；
4. 利用 SQL Server 2008 提供的功能复制数据库；
5. 利用 SQL Server 2008 提供的功能完成数据库的分离与附加。

9.1 备份概述

9.1.1 备份的重要性

数据库的备份和恢复是数据库管理员保证数据库安全性和完整性必不可少的操作，合理地进行备份和恢复可以将可预见的和不可预见的问题对数据库造成的伤害降到最低。SQL Server 2008 还提供了分离和附加数据库的功能，当运行 SQL Server 2008 的服务器出现故障或者数据库遭到某种程度的破坏时，可以利用以前对数据库所做的备份重建或恢复数据库，以及分离和附加数据库。

9.1.2　备份和恢复体系结构

1．备份类型

（1）完整备份。

完整备份是指用户执行完全的数据库备份，包括所有对象、系统表以及数据。在备份开始时，SQL Server 2008 复制数据库中的一切数据，包括备份进行过程中所需要的事务日志部分。因此，利用完整备份可以还原数据库在备份操作完成时的完整数据库状态。采用完整备份方法，首先将事务日志写到磁盘上，然后创建相同的数据库和数据库对象并复制数据。由于是对数据库的完整备份，因而这种备份类型不仅速度较慢，而且占用大量的磁盘空间。在对数据库进行完整备份时，所有未完成的事务或者发生在备份过程中的事务都将被忽略，所以尽量在一定条件下使用这种备份类型。

（2）差异备份。

差异备份用于备份自最近一次完整备份之后发生改变的数据。因为只保存改变内容，所以这种类型的备份速度比较快，可以频繁执行。和完整备份一样，差异备份也包括事务日志部分，为了能将数据库还原至备份操作完成时的状态，会需要这些事务日志部分。

在下列情况下可以考虑使用数据库差异备份：

1）自上次数据库备份后数据库中只有相对较少的数据发生了更改，如果多次修改相同的数据，则差异备份尤其有效。

2）使用的是完整恢复模型或大容量日志记录恢复模型，希望使用最少的时间在还原数据库时前滚事务日志备份。

3）使用的是简单恢复模型，希望进行更频繁的备份，但不进行频繁的完整数据库备份。

（3）事务日志备份。

事务日志备份是备份所有数据库修改的系列记录，用来还原操作期间提交完成的事务以及回滚未完成的事务。在备份事务日志时，备份将存储自上一次事务日志备份后发生的改变，然后截断日志，以此清除已经被提交或放弃的事务。不同于完整备份和差异备份，事务日志备份记录备份操作开始时的事务日志状态（而不是结束时的状态）。

在以下情况下常选择事务日志备份：

1）存储备份文件的磁盘空间很小或者留给进行备份操作的时间很短。

2）不允许在最近一次数据库备份之后发生数据丢失或损坏现象。

3）准备把数据库恢复到发生失败的前一点，数据库变化较为频繁。

（4）文件和文件组备份。

SQL Server 2008 可以备份数据库文件和文件组而不是备份整个数据库。如果正在处理大型数据库，并且希望只备份文件而不是整个数据库以节省时间，则选择使用文件和文件组备份。有许多因素会影响文件和文件组的备份。由于在使用文件和文件组备份时，还必须备份事务日志，所以不能在启用"在检查点截断日志"选项的情况下使用这种备份方法。此外，如果数据库中的对象跨越多个文件或文件组，则必须同时备份所有相关文件和文件组。

2. 恢复模式

（1）简单恢复模式。

简单恢复模式是为了恢复到上一次备份点的数据库而设计的。这种模式的备份策略由完整备份和差异备份组成。当启用简单恢复模式时，不能执行事务日志备份。

（2）完整恢复模式。

完整恢复模式用于需要恢复到失败点或者指定时间点的数据库。使用这种模式，所有操作被写入日志中，包括大容量操作和大容量数据加载。这种模式的备份策略应该包括完整备份、差异备份以及事务日志备份，或仅包括完整备份和事务日志备份。

（3）大容量日志恢复模式。

使用大容量日志恢复模式，可减少日志空间的使用，但仍然保持完整恢复模式的灵活性。使用这种模式，以最低限度将大容量操作和大容量加载写入日志，但不能针对逐个操作对其进行控制。如果数据库在执行一个完整备份或差异备份以前失败，将需要手动重做大容量操作和大容量加载。这种模式的备份策略应该包括完整备份、差异备份以及事务日志备份，或仅包括完整备份和事务日志备份。

上述三种恢复模式的比较见表 9—1。

表 9—1　　　　　　　　　　　　　　　三种恢复模式的比较

模式类型	特点	恢复态势	工作损失情况
简单恢复模式	允许高性能、大容量复制操作，可收回日志空间	可恢复到任何备份的尾端，随后需要重做更改	必须重做最新的数据库或差异备份后所发生的更改
完整恢复模式	数据文件损失不导致工作损失，可恢复到任意即时点	可恢复到任意即时点	正常情况下无损失。若日志损坏，则需要重做最新的日志备份后所发生的更改
大容量日志恢复模式	允许高性能、大容量复制操作，大容量操作使用最小的日志空间	可恢复到任何备份的尾端，随后需要重做更改	若日志损坏或最新的日志备份后发生操作，则需要重做上次备份后所做的更改；否则将丢失工作数据

9.1.3　备份设备

1. 磁带驱动器

磁带驱动器是最常见的备份设备。磁带设备必须能物理连接到运行 SQL Server 2008 实例的计算机上。

2. 数字音频磁带（DAT）驱动器

目前，DAT 驱动器正在成为首选的备份设备。有许多 DAT 格式可供使用，最常见的格式是数字线性磁带（DLT）或超级 DLT。

3. 磁盘备份设备

磁盘备份设备就是存储在硬盘或者其他磁盘媒体上的文件，与常规操作系统文件一样。磁盘驱动器提供最快速的方式来备份和还原文件。

4. 逻辑备份设备

逻辑备份设备通常比物理备份设备能更简单、有效地描述备份设备的特征。逻辑备份设备名称被永久保存在 SQL Server 2008 的系统表中。

9.2 备份数据

9.2.1 创建备份设备

1. 使用 SQL Server Management Studio 创建备份设备

具体步骤如下：

（1）启动 SQL Server Management Studio，打开 SQL Server Management Studio 窗口，并使用 Windows 或者 SQL Server 身份验证建立连接。

（2）在对象资源管理器视图中，展开服务器的"服务器对象"文件夹，如图 9—1 所示。

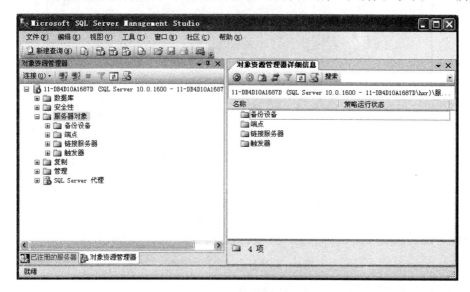

图 9—1　对象资源管理器视图

（3）用鼠标右键单击"备份设备"，然后从快捷菜单中选择"新建备份设备"，打开"备份设备"对话框，如图 9—2 所示。

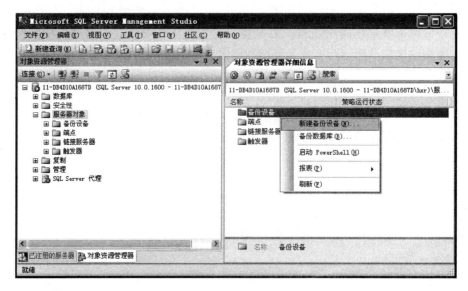

图 9—2　备份设备

（4）在"设备名称"对话框中，输入"students 备份"，设置好目标文件或者保持默认值。这里必须保证 SQL Server 2008 所选择的硬盘驱动器上有足够的可用空间。如图 9—3 所示。

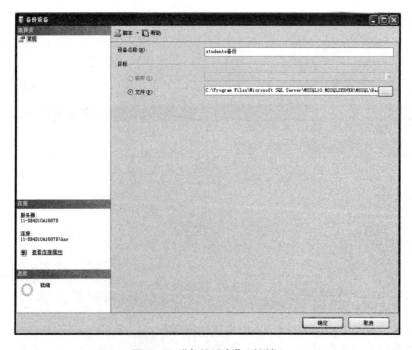

图 9—3　"备份设备"对话框

（5）单击"确定"按钮，完成创建永久备份设备。

2．使用系统存储过程 sp＿addumpdevice 创建备份设备

使用 sp＿addumpdevice 创建备份设备的语法格式如下：

```
sp_addumpdevice [@devtype = ]'device_type' ,
    [@logicalname = ]'logical_name' ,
    [@physicalname = ]'physical_name'
    [, { [@cntrltype = ]controller_type
        |[@devstatus = ]'device_status'
        }
    ]
```

【例 9—1】添加磁盘转储设备：添加一个名为 mydiskdump 的磁盘备份设备，其物理名称为 "C:\Dump\Dump1.bak"。
程序代码为：

```
USE master
EXEC sp_addumpdevice 'disk', 'mydiskdump', 'C:\Dump\Dump1.bak'
```

【例 9—2】添加网络磁盘备份设备：显示一个远程磁盘备份设备，在其下启动 SQL Server 的名称时必须对该远程文件拥有权限。
程序代码为：

```
USE master
EXEC sp_addumpdevice 'disk', 'networkdevice',
    '\\servername\sharename\path\filename.ext'
```

【例 9—3】添加磁带备份设备：添加 tapedump1 设备，其物理名称为 "\\.\Tape0"。
程序代码为：

```
USE master
EXEC sp_addumpdevice 'tape', 'tapedump1','\\.\tape0'
```

9.2.2　管理备份设备

1．查看备份设备

在 SQL Server 2008 系统中查看服务器上每个设备的有关信息时，可以使用系统存储过程 sp＿helpdevice，其中包括备份设备，如图 9—4 所示。

2．删除备份设备

使用 SQL Server Management Studio 删除备份设备的方法是：启动 SQL Server Management Studio，展开 "服务器对象" 节点下的 "备份设备" 节点，该节点下列出了当前系统的所有备份设备，如图 9—5 所示。

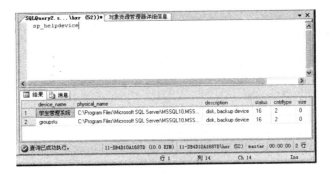

图 9—4　查看备份设备

图 9—5　展开服务器对象

选中需要删除的备份设备"students 备份"，在其上单击鼠标右键，在弹出的快捷菜单中选择"删除"命令，如图 9—6 所示。

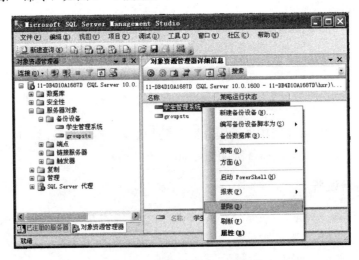

图 9—6　删除"students 备份"

单击"删除"命令后将打开"删除对象"对话框，在右窗格中，验证"对象名称"列中显示的设备名称，最后单击"确定"按钮即可删除备份设备，如图 9—7 所示。

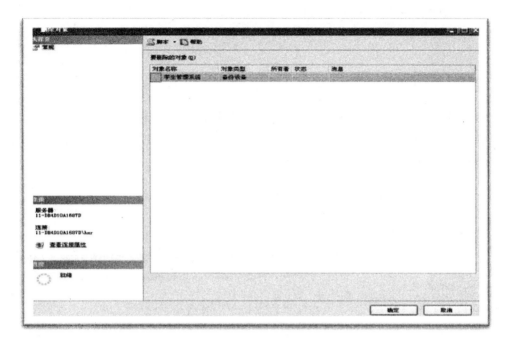

图 9—7 "删除对象"对话框

9.2.3 完整备份

完整备份是指备份整个数据库，不仅包括表、视图、存储过程和触发器等数据库对象，还包括能够恢复这些数据的足够的事务日志。完整备份的优点是操作比较简单，在恢复时只需要一步就可以将数据库恢复到以前的状态。

完整数据库备份的基本 T-SQL 语法格式如下：

```
BACKUP DATABASE database_name
TO backup_device [, … n]
[WITH with_options [, … o]];
```

参数说明如下：

- database_name：指定要备份的数据库。
- backup_device：备份的目标设备，采用"备份设备类型＝设备名"的形式。
- WITH 子句：指定备份选项。

【例 9—4】对数据库"students"做一次完整备份，备份设备为以前创建好的"students 备份"本地磁盘设备。使用 BACKUP 命令创建代码如下：

```
USE students;
GO
BACKUP DATABASE    students
```

```
TO DISK = 'D:\SQLServerBackups\ students 备份.Bak'
WITH INIT
NAME = 'Full Backup of students'
GO
```

9.2.4　差异备份

差异备份比完整备份占用空间更小、更快。使用该备份会缩短备份时间，但将增加复杂程度。对于大型数据库，差异备份的间隔可以比完整备份的间隔更短，这能降低工作失误造成的风险。

1.　使用 BACKUP 语句创建差异备份

具体语法格式如下：

```
BACKUP DATABASE database_name TO <backup_device> WITH DIFFERENTIAL
```

参数说明如下：
- WITH DIFFERENTIAL：指明本次备份是差异备份。
- 其他参数与完整备份的参数一样。

【例 9—5】对数据库"students"执行一次差异备份。
程序代码如下：

```
BACKUP DATABASE students
TO students 备份   WITH DIFFERENTIAL
```

2.　使用 SQL Server Management Studio 创建差异备份

（1）启动 SQL Server Management Studio，展开"数据库"节点，用鼠标右键单击数据库"students"，从弹出的菜单中选择"任务｜备份"命令，打开"备份数据库"对话框。在该对话框中，从"数据库"下拉列表中选择"students"数据库；在"备份类型"选项中选择"差异"；保留"名称"文本框中的内容不变；在"目标"列表框中确保列有"students 备份"的备份设备。如图 9—8 所示。

（2）单击左侧"选项"选项，打开"选项"页面，选中"覆盖所有现有备份集"选项，该选项用于初始化新的设备或者覆盖现在的设备；选中"可靠性"部分中的"完成后验证备份"复选框，该选项用来核对实际数据库与备份副本，并确保它们在备份完成之后一致。设置完成后，单击"确定"按钮开始备份。如图 9—9 所示。

9.2.5　事务日志备份

SQL Server 2008 系统中的事务日志备份有以下三种类型：
（1）纯日志备份：仅包含一定间隔的事务日志记录，不包含在日志恢复模式下执行的任何大容量更改的备份。

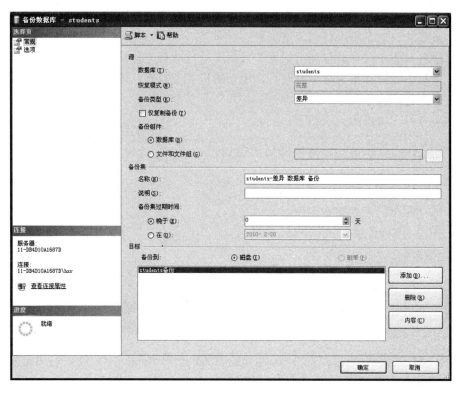

图 9—8　"备份数据库"对话框

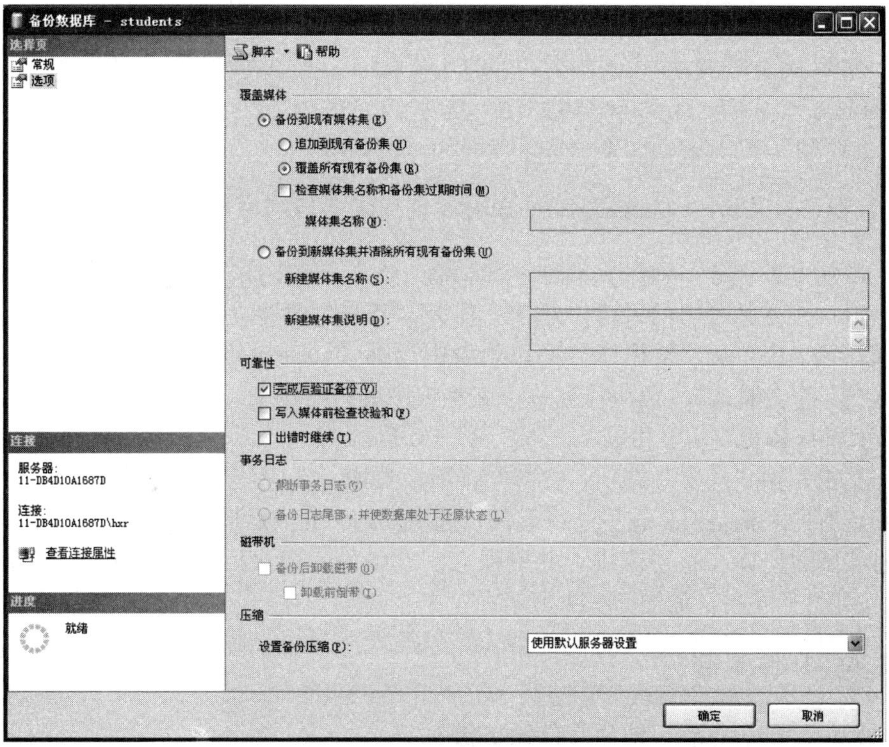

图 9—9　完成差异备份

（2）大容量操作日志备份：包含日志记录及由大容量操作更改的数据页的备份。不允许对大容量操作日志备份进行时间点恢复。

（3）事务日志备份：对可能已损坏的数据库进行的日志备份，用于捕获尚未备份的日志记录。尾日志备份在出现故障时进行，用于防止丢失数据，可以包含纯日志记录或者大容量操作日志记录。

创建事务日志备份的方法如下。

1. 使用 BACKUP 语句创建事务日志备份

具体语法格式如下：

```
BACKUP LOG database_name
TO <backup_device>[,¡n]
WITH
[[,]NAME = backup_set_name]
[[,]DESCRIPTION = ¡-TEXT¡-]
[[,]{INIT|NOINIT}]
[[,]{COMPRESSION|NO_COMPRESSION}]
```

【例 9—6】创建两个设备备份：students＿1 和 studentslog＿1，然后利用这两个备份设备对"students"数据库及其日志进行备份。

程序代码如下：

```
EXEC sp_addumpdevice'disk','students_1','D:\students_1.bak'
EXEC sp_addumpdevice'disk','studentslog_1','D:\studentslog_1.bak'
BACKUP DATABASE students to students_1
BACKUP LOG students to studentslog_1
```

2. 使用 SQL Server Management Studio 创建事务日志备份

（1）启动 SQL Server Management Studio，展开"数据库"节点，用鼠标右键单击数据库"students"，从弹出的菜单中选择"任务｜备份"命令，打开"备份数据库"对话框。在该对话框中，从"数据库"下拉列表中选择"students"数据库；在"备份类型"选项中选择"事务日志"；保留"名称"文本框中的内容不变，在"目标"列表框中确保列有"students 备份"的备份设备。如图 9—10 所示。

（2）单击左侧"选项"选项，打开"选项"页面，选中"追加到现在备份集"选项，以免覆盖现有的完整备份；选中"可靠性"选项中的"完成后验证备份"复选框，该选项用来核对实际数据库与备份副本，并确保它们在备份完成之后一致。设置完成后，单击"确定"按钮开始备份。如图 9—11 所示。

9.2.6 文件组备份

1. 使用 BACKUP 语句创建文件组备份

具体语句格式如下：

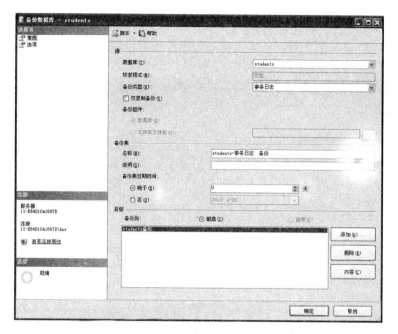

图 9—10　创建事务日志备份

图 9—11　追加到现有备份集（一）

BACKUP DATABASE database_name<file_or_filegroup>[,…n]

TO<backup_device> [,…n]

WITH options

参数说明如下：

● file _ or _ filegroup：用于指定要备份的文件或文件组。如果是文件，则写作"file=

逻辑文件名"；如果是文件组，则写作"filegroup＝逻辑文件组名"。

● WITH options：用于指定备份选项，与前几种备份设备类型相同。

【例9—7】使用BACKUP语句将数据库"students"中的文件组"FileGruop_students"备份到本地磁盘备份设备"students备份"中。

程序代码如下：

```
BACKUP DATABASE students
FILEGROUP = 'FileGruop_students'
TO students 备份
WITH
Description = '这是 students 文件组备份'
```

2. 使用 SQL Server Management Studio 创建文件组备份

具体操作如下：

（1）启动 SQL Server Management Studio，展开"数据库"节点，用鼠标右键单击数据库"students"，从弹出的菜单中选择"任务｜备份"命令，打开"备份数据库"对话框。在该对话框中，从"数据库"下拉列表中选择"students"数据库；在"备份类型"选项中选择"完整"；保留"名称"文本框中的内容不变。

（2）在"备份组件"部分选中"选择文件和文件组"选项，然后单击右侧的按钮，打开"选择文件和文件组"对话框。选中"FileGruop_students"旁边的复选框，单击"确定"按钮。如图9—12所示。

图 9—12 "选择文件和文件组"对话框

（3）单击左侧的"选项"，打开"选项"页面，选择"追加到现有备份集"选项，以免覆盖现有的完整备份。在"可靠性"选项中选择"完成后验证备份"。如图9—13所示。

图 9—13 追加到现有备份集（二）

9.2.7 备份压缩

备份压缩的好处包括以下几点：

（1）通过减少 I/O 和提高缓存命中率来提升查询的性能。

（2）提供对数据仓库（DW）实际数据 2 倍到 7 倍的压缩比率。

（3）和其他特点是正交的。

（4）对数据和索引都可用。

实现备份压缩的方法有如下两种。

1. 使用 BACKUP 语句的 WITH COMPRESSION 选项设置备份压缩

【例 9—8】在创建数据库"students"的完整备份时启用备份压缩功能。

程序代码如下：

```
BACKUP DATABASE students
TO students 备份
WITH INIT,COMPRESSION
```

2. 在服务器上设置备份压缩

具体的步骤如下：

（1）启动 SQL Server Management Studio，连接服务器。

（2）用鼠标右键单击"服务器"，在弹出的命令菜单中选择"属性"，打开"服务器属性"对话框。单击左侧的"数据库设置"选项，在右侧选中"压缩备份"复选框。如图 9—14 所示。

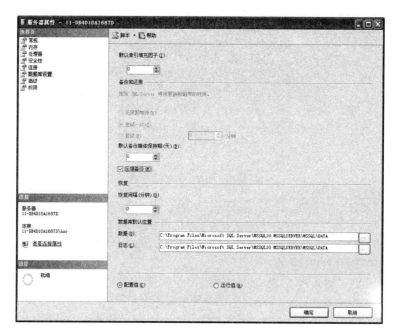

图 9—14 在服务器上设置备份压缩

9.3 恢复数据库

使用 T-SQL 恢复数据库的相关语法格式如下：

（1）恢复数据库的 RESTORE 命令的语法格式：

RESTORE DATABASE {database_name|@database_name_var}

＜file_or_filegroup＞[,…n]

[FROM＜backup_device＞[,…n]]

[WITH[[,]NORECOVERY|RECOVERY][[,]REPLACE]]

（2）恢复日志文件的 RESTORE 命令的语法格式：

RESTORE LOG {database_name|@database_name_var} [FROM＜backup_device＞[,…n]]

[WITH[[,]NORECOVERY|RECOVERY][[,]STOPAT = {data_time|data_time_var}]

两种语句的部分参数说明如下：

- DATABASE：表示进行数据库备份，而不是事务日志备份。
- database_name|@database_name_var：进行备份的数据名称或变量。
- file_or_filegroup：用来定义备份的文件或文件组。

● LOG：指定对数据库应用事务日志备份。

● NORECOVERY | RECOVERY：表示还原操作是否回滚任何未提交的事务，默认为 RECOVERY（回滚）。

● REPLACE：表示还原操作是否将原来的数据库或数据文件、文件组删除并替换掉。

● STOPAT＝data＿time | data＿time＿var：使用事务日志进行恢复时，将数据库还原到指定的日期和时刻的状态。

【例 9—9】创建磁盘备份设备，备份数据库日志文件（将数据库"students"差异备份到名为"stu"的逻辑备份上，并将日志备份到名为"stulog"的逻辑备份设备上），最后还原数据库。

程序代码如下：

```
EXEC sp_addumpdevice 'disk','stu','D:\aa\stu.dat'
BACKUP DATABASE students TO stu WITH DIFFERENTIAL
RESTORE DATABASE students FROM stu
GO
EXEC sp_addumpdevice 'disk','stulog','D:\aa\stulog.dat'
BACKUP LOG students TO stulog
RESTORE LOG students FROM stulog
GO
```

9.4　复制数据库

一般情况下，复制和转移数据及其对象主要有以下几个原因：

第一，如果升级服务器，则"复制数据向导"是一个快速转移数据到新系统的工具。

第二，利用"复制数据向导"可以创建另一个服务器上的数据库的副本，以供紧急情况下使用。

第三，开发人员可以复制现有的数据库，并可对这个副本做修改，而不影响生产数据库。

【例 9—10】创建"students"数据库的一个副本。具体步骤如下：

（1）启动 SQL Server Management Studio，连接服务器。在"对象资源管理器"窗口中，用鼠标右键单击"管理"节点，从弹出的菜单中选择"复制数据库"命令，打开"欢迎使用复制数据库向导"窗口，如图 9—15 所示。

图 9—15 "欢迎使用复制数据库向导"窗口

（2）单击"下一步"按钮，打开"选择源服务器"窗口，设置源服务器为"11-DB4D10A1687D"，启用"使用 Windows 身份验证"，如图 9—16 所示。

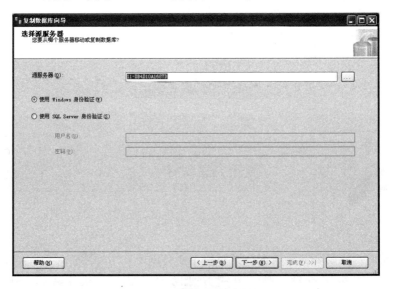

图 9—16 "选择源服务器"窗口

（3）单击"下一步"按钮，打开"选择目标服务器"窗口，设置目标服务器为"(lo-cal)"，即本机服务器。启用"使用 Windows 身份验证"，如图 9—17 所示。

（4）单击"下一步"按钮，打开"选择传输方法"窗口，启用"使用分离和附加方法"，如图 9—18 所示。

（5）单击"下一步"按钮，打开"选择数据库"窗口，选择要复制或者移动的数据库，这里我们选择"students"数据库，如图 9—19 所示。

（6）单击"下一步"按钮，打开"配置目标数据库"窗口，启用"如果目标上已存在同名的数据库或文件则停止传输"，并修改相应文件名，如图 9—20 所示。

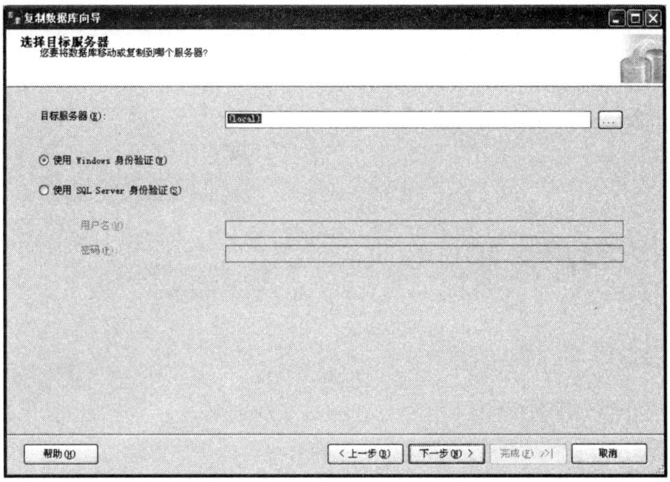

图 9—17 “选择目标服务器”窗口

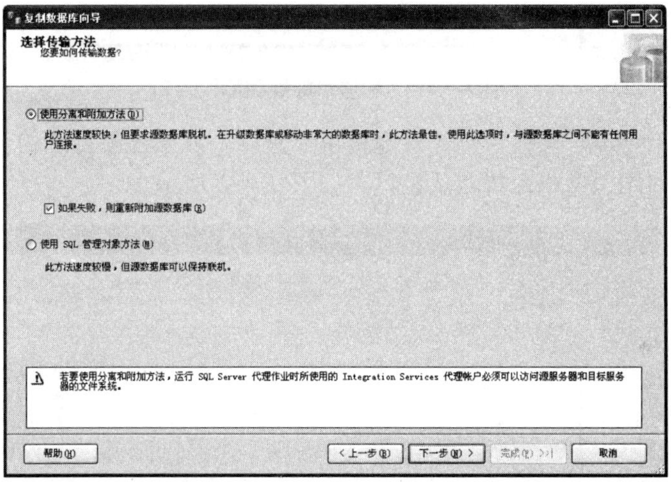

图 9—18 “选择传输方法”窗口

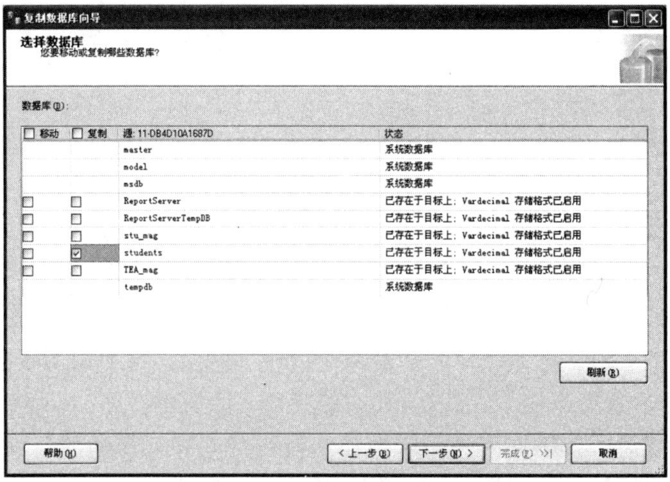

图 9—19 “选择数据库”窗口

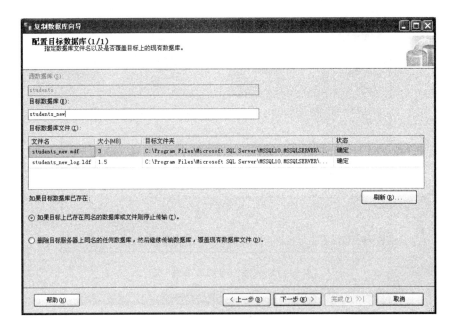

图 9—20 "配置目标数据库"窗口

（7）单击"下一步"按钮，打开"配置包"窗口，设置将要创建的包的名称，该包可以供以后执行时使用，这里保持默认设置，如图 9—21 所示。

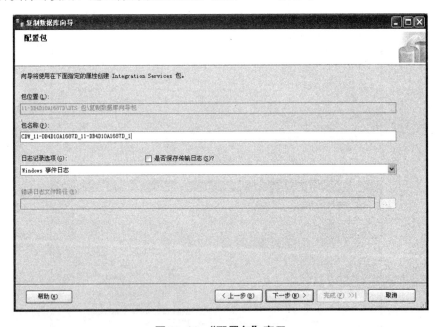

图 9—21 "配置包"窗口

（8）单击"下一步"按钮，打开"安排运行包"窗口，该界面用于设定何时运行它所创建的 DTS 作业，这里启用"立即运行"，如图 9—22 所示。

（9）设置完成后，单击"下一步"按钮，将打开"完成该向导"窗口，单击"完成"按钮即可完成数据库的复制，如图 9—23 所示。

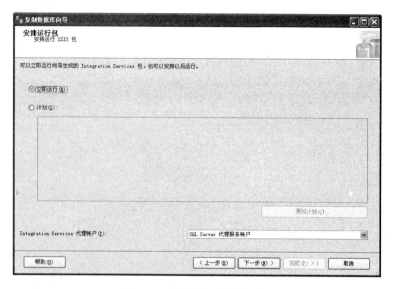

图 9—22　"安排运行包"窗口

图 9—23　"完成该向导"窗口

9.5　分离数据库

分离数据库的操作由以下六步构成：

（1）启动 SQL Server Management Studio，并连接到数据库服务器，在对象资源管理器中展开服务器节点。在数据库对象下找到需要分离的数据库名称，这里以"student _ Mis"数据库为例。用鼠标右键单击"student _ Mis"数据库，在弹出的快捷菜单中选择"属性"命令，则"数据库属性"对话框被打开，如图 9—24 所示。

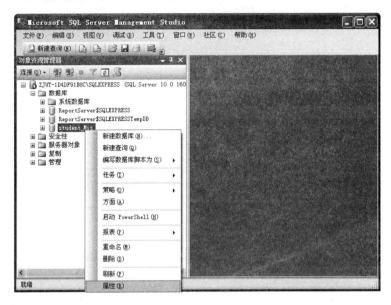

图 9—24　选择"数据库属性"命令

（2）在"数据库属性"对话框左侧选定"选项"，然后在右边区域的"其他选项"列表中找到"状态"项，单击"限制访问"文本框，在其下拉列表中选择"SINGLE _ USER"，如图 9—25 所示。

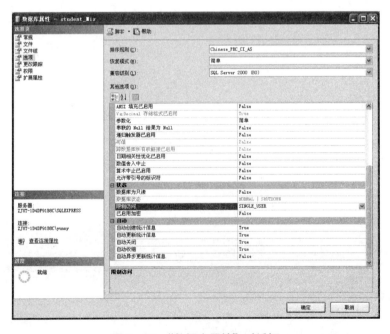

图 9—25　"数据库属性"对话框

（3）在图 9—25 中，单击"确定"按钮后将出现一个消息框，通知我们此操作将关闭所有与这个数据库的连接，询问是否继续这个操作，如图 9—26 所示。注意：在大型数据库系统中，随意断开数据库的其他连接是一个危险的动作，因为我们无法知道连接到数据库上的应用程序正在做什么，也许被断开的是一个正在对数据进行复杂更新操作且已经运行较长时间的事务。

图 9—26　确认关闭数据库连接窗口

（4）在图 9—26 中，单击"是"按钮后，数据库名称后面增加显示"单个用户"，如图 9—27 所示。用鼠标右键单击该数据库名称，在弹出的快捷菜单中选择"任务"的二级菜单项"分离"，出现如图 9—28 所示的"分离数据库"对话框。

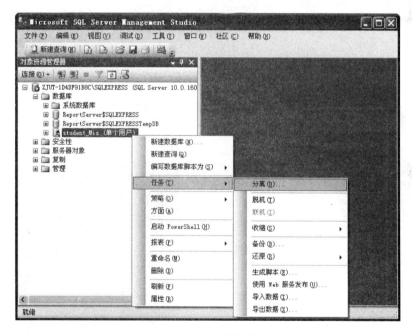

图 9—27　选择"分离"项

（5）在如图 9—28 所示的"分离数据库"对话框中列出了要分离的数据库名称，选中"更新统计信息"复选框。若"消息"列中没有显示存在活动连接，则"状态"列显示"就绪"；否则显示"未就绪"，此时必须勾选"删除连接"列的复选框，如图 9—28 所示。

（6）分离数据库参数设置完成后，单击图 9—28 底部的"确定"按钮，就完成了所选数据库的分离操作。这时在对象资源管理器的数据库对象列表中就见不到刚才被分离的数据库名称"student _ Mis"了，如图 9—29 所示。

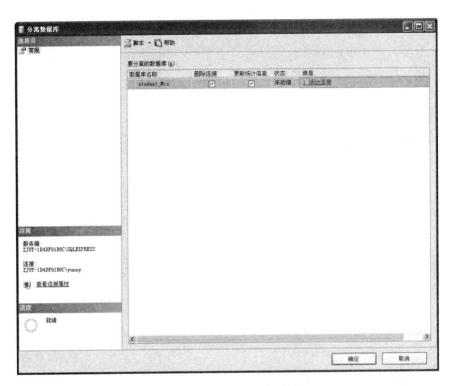

图 9—28　"分离数据库"对话框

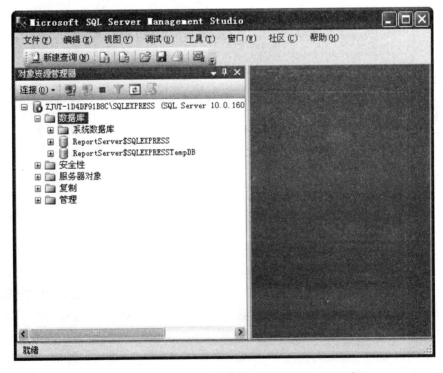

图 9—29　"student _ Mis" 数据库被分离后的 SSMS 窗口

9.6 附加数据库

附加数据库的操作由如下四步构成：

（1）将需要附加的数据库文件和日志文件拷贝到某个已经创建好的文件夹中。出于教学目的，我们将该文件拷贝到安装 SQL Server 时所生成的目录 DATA 文件夹中。

（2）在如图 9—30 所示的窗口中，用鼠标右键单击数据库对象，并在弹出的快捷菜单中选择"附加"命令，打开"附加数据库"对话框，如图 9—30 所示。

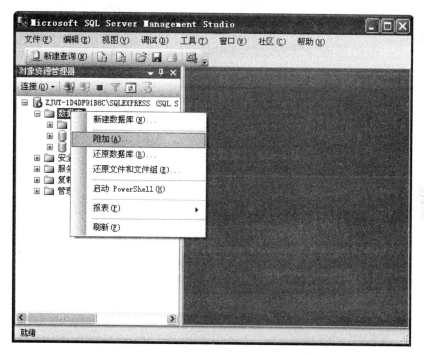

图 9—30　选择"附加"命令

（3）在"附加数据库"对话框中，单击页面中间的"添加"按钮，打开"定位数据库文件"对话框，在其中定位刚才拷贝到 SQL Server 的 DATA 文件夹中的数据库文件目录，选择要附加的数据库文件（后缀为.mdf），如图 9—31 所示。

（4）单击"确定"按钮就完成了附加数据库文件的工作。这时，在"附加数据库"对话框中列出了需要附加数据库的信息。如果需要修改附加后的数据库名称，则修改"附加为"文本框中的数据库名称。我们这里均采用默认值，单击"确定"按钮，完成数据库的附加任务，如图 9—32 所示。

图 9—31　"定位数据库文件"对话框

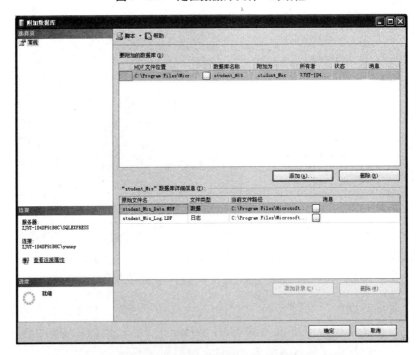

图 9—32　添加附加数据库后的"附加数据库"对话框

　　完成以上操作后，我们在对象资源管理器中就可以看到刚刚附加的数据库"student＿Mis"，如图 9—33 所示。

　　从以上操作中可以看出，如果要将某个数据库迁移到同一台计算机的不同 SQL Server 实例中或其他计算机的 SQL Server 系统中，分离和附加数据库的方法是很有用的。

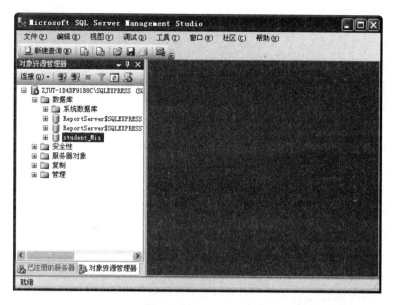

图 9—33　已经附加了数据库"student _ Mis"的 SSMS 窗口

本章主要介绍了如下几方面的知识。

1. 数据备份物理设备与逻辑设备的区别。

2. 数据备份的方式。

SQL Server 2008 提供了如下四种数据库备份方法：

（1）完全备份。

（2）差异备份。

（3）事务日志备份。

（4）文件和文件组备份。

3. 以下各 T-SQL 语句的功能：

（1）BACKUP DATABASE Mydb TO Student1。

（2）BACKUP DATABASE Mydb TO DISK='d：\ Mydb. bak'。

（3）BACKUP DATABASE Mydb TO Student1 WITH DIFFERENTIAL。

（4）RESTORE DATABASE Mydb FROM Student1。

（5）RESTORE DATABASE Mydb FROM DISK='D：\Mydb. bak'。

4. 数据库的附加和分离、数据库的导入和导出的操作。

一、选择题

1. 下列关于差异备份的说法中，正确的是（　　）。

A. 差异备份备份的是从上次备份到当前时间数据库变化的内容

B. 差异备份备份的是从上次完整备份到当前时间数据库变化的内容

C. 差异备份仅备份数据，不备份日志

D. 两次完整备份之间进行的各差异备份的备份时间都是一样的

2. 下列关于简单恢复的说法中，错误的是（　　）。

A. 最大限度减少事务日志的管理开销

B. 不备份事务日志，如果数据库损坏，就会面临极大的数据丢失风险

C. 只能恢复到最新备份状态，备份间隔尽可能短，以防止数据大量丢失。仅用于测试和开发数据库或主要包含只读数据的数据库（数据仓库），不适合生产系统

D. 支持还原单个数据页

3. 下列关于数据库恢复的说法中不正确的是（　　）。

A. 介质故障恢复是还原最近的一个数据库副本，并利用备份日志重做已提交事务的操作

B. 非介质故障恢复是不可修复性故障，由 DBMS 的某个过程在数据库系统重新启动后，根据检测到的数据库不一致的状况，使用 REDO 与 UNDO 操作恢复数据

C. 对于人为破坏、用户误操作导致某些数据丢失的情况，根据具体情况选择合适的恢复策略

D. 数据库系统在出现故障时利用先前建立的冗余数据（备份副本）把数据库恢复到某个正确、一致的状态

4. 下列不是 SQL Server 2008 常用的数据库备份策略的是（　　）。

A. 简单备份

B. 完整备份

C. 完整备份＋日志备份

D. 完整备份＋日志备份＋差异备份

5. 在数据库技术中，对数据库进行备份，这主要是为了维护数据库的（　　）。

A. 开放性　　　　B. 一致性　　　　C. 完整性　　　　D. 可靠性

二、思考与实验

1. 备份的类型以及备份的设备有几种？

2. 如何备份数据？备份数据后如何管理备份？有几种备份方法？

3. 如何恢复数据库和复制数据库？

4. 怎样分离数据库和附加数据库？

第 10 章

数据库安全管理

本章学习目标

- 了解数据库安全性；
- 掌握管理 SQL Server 服务器安全性；
- 掌握管理角色；
- 掌握管理架构。

单元任务书

1. 掌握数据库的安全管理的重要性，掌握安全管理的方法；
2. 掌握数据库的安全管理的级别以及其主体；
3. 掌握 SQL Server 2008 登录的几种身份验证模式；
4. 掌握如何创建数据库用户账户。

10.1 数据库安全性概述

　　数据库的安全性是指保护数据库以防止不合法的使用所造成的数据泄漏、更改或破坏。系统安全保护措施是否有效是检验数据库系统的主要指标之一。数据库的安全性和计算机系统的安全性（包括操作系统、网络系统的安全性）是紧密联系、相互支持的。

　　随着越来越多的网络相互连接，安全性也变得日益重要。企业的资产必须受到保护，尤其是数据库，因为它们存储着企业的重要信息。安全是数据引擎的关键特性之一，以保护企业免受各种威胁。Microsoft SQL Server 2008 安全特性的宗旨是使数据库更加安全，而且使数据保护人员能够更方便地使用和理解安全。

数据库是电子商务、金融以及企业资源计划（ERP）系统的基础，通常都保存着重要的商业数据和客户信息，如交易记录、工程数据、个人资料等。数据的完整性和合法存取会受到很多方面的安全威胁，包括密码策略、系统后门、数据库操作以及本身的安全方案。另外，数据库系统中存在的安全漏洞和不当的配置通常会造成严重的后果，而且都难以发现，因此数据库安全是数据库管理中一个十分重要的方面。

10.1.1　SQL Server 2008 安全管理新特性

在过去几年中，世界各地的人们对于计算机以及计算机所使用软件的安全问题都有了新的认识。Microsoft 公司在此过程中一直处于前沿，而 SQL Server 就是落实这种理解的首批产品之一。它实现了重要的"最少特权"原则，因此不必授予用户超出工作所需的权限。它提供了深层次的防御工具，可以采取措施防御最危险黑客的攻击。

Microsoft SQL Server 2008 可以对整个数据库、数据文件和日志文件进行加密，而不需要改动应用程序。进行加密可以达到遵守规范和极其关注数据隐私的要求。它为加密和密钥管理提供了一个全面的解决方案，满足不断发展的对数据中心信息的更强的安全性需求。SQL server 2008 使用户可以审查数据的操作，从而提高了遵从性和安全性。审查不只包括对数据修改的所有信息，还包括关于什么时候对数据进行读取的信息。

Microsoft SQL Server 2008 提供了丰富的安全特性，用于保护数据和网络资源。它的安装更轻松、更安全，除了最基本的特性之外，其他特性都不是默认安装的，即便安装了，也处于未启用的状态。SQL Server 2008 提供了丰富的服务器配置工具，特别值得关注的是 SQL Server Surface Area Configuration Tool，它的身份验证特性得到了增强，使 SQL Server 2008 更加紧密地与 Windows 身份验证相集成，并保护弱口令或陈旧的口令。有了细粒度授权、SQL Server Agent 和执行上下文，在经过验证之后，授权和控制用户可以采取的操作将更加灵活，元数据也更加安全，因为系统元数据视图仅返回关于用户有权以某种形式使用的对象的信息。在数据库级别，加密提供了最后一道安全防线，而用户与架构的分离使得用户的管理更加轻松。

10.1.2　SQL Server 2008 安全性机制

对于数据库管理来说，保护数据不受内部和外部侵害是一项重要的工作。SQL Server 2008 的身份验证、授权和验证机制可以保护数据免受未经授权的泄漏和篡改。

SQL Server 2008 的安全机制主要包括以下三个等级。

1. 服务器级别的安全机制

这个级别的安全性主要通过登录账户进行控制，要想访问一个数据库服务器，必须拥有一个登录账户。登录账户可以是 Windows 账户或组，也可以是 SQL Server 的登录账户。登录账户可以属于相应的服务器角色。至于角色，可以理解为权限的组合。

2．数据库级别的安全机制

这个级别的安全性主要通过用户账户进行控制，要想访问一个数据库，必须拥有该数据库的一个用户账户身份。用户账户是通过登录账户进行映射的，可以属于固定的数据库角色或自定义数据库角色。

3．数据对象级别的安全机制

这个级别的安全性通过设置数据对象的访问权限进行控制。如果是使用图形界面管理工具，可以在表上用鼠标右键单击，选择"属性"→"权限"选项，然后选中相应的权限复选框即可。

注意：通常情况下，客户操作系统安全的管理是操作系统管理员的任务。SQL Server 2008 不允许用户建立服务器级别的角色。另外，为了减少管理的开销，在对象级别安全管理上应该在大多数场合赋予数据库用户以广泛的权限，然后针对实际情况在某些敏感的数据上实施具体的访问权限限制。

10.1.3 SQL Server 2008 安全主体

在 SQL Server 2008 中，数据库中的所有对象都是位于架构内的。每一架构的所有者都是角色，而不是独立的用户，允许多用户管理数据库对象。这解决了旧版本中的一些问题，即没有重新指派每一个对象的所有者就不能从数据库中删除用户。现在，用户仅需要更改架构的所有权，而不用更改每一个对象的所有权。

SQL Server 2008 中广泛使用安全主体和安全对象管理安全。一个请求服务器、数据库或架构资源的实体称为安全主体。每一个安全主体都有唯一的安全标识符（ID）。安全主体在三个级别上管理：Windows、SQL Server 和数据库。安全主体的级别决定了安全主体的影响范围。通常，Windows 和 SQL Server 级别的安全主体具有实例级的范围，而数据库级别的安全主体的影响范围是特定的数据库，如表 10—1 所示。

表 10—1　　　　　　　　　　安全主体级别和所包括的主体

主体级别	主体对象
Windows 级别	Windows 域登录、Windows 本地登录、Windows 组
SQL Server 级别	服务器角色、SQL Server 登录 SQL Server 登录映射为非对称密钥 SQL Server 登录映射为证书 SQL Server 登录映射为 Windows 登录
数据库级别	数据库用户、应用程序角色、数据库角色、公共数据库角色 数据库映射为非对称密钥 数据库映射为证书 数据库映射为 Windows 登录

安全主体能在分等级的实体集合（也称为安全对象）上分配特定的权限。如表 10—2 所示，最顶层的三个安全对象是服务器、数据库和架构。这些安全对象的每一个都包含其他的安全对象，后者依次又包含其他的安全对象，这些嵌套的层次结构称为范围。因此，

也可以说 SQL Server 中的安全对象范围是服务器、数据库和架构。

表 10—2　　　　　　　　　　**安全对象范围及包含的安全对象**

安全对象范围	包含安全对象
服务器	服务器（当前实例）、数据库、端点、登录、服务器角色
数据库	应用程序角色、程序集、非对称密钥 证书、合同、数据库角色 全文目录、消息类型、远程服务绑定 路由、架构、服务、对称密钥、用户
架构	聚合、函数、过程 队列、同义词、表 类型、视图、XML 架构集合

10.2　登录账号管理

要想保证数据库的安全，就必须搭建一个相对安全的环境。在 SQL Server 2008 中，对服务器进行安全性管理主要是通过完善的验证模式来实现的。安全的登录服务器的账户管理以及对服务器角色的控制，更加有力地保证了服务器的安全、便捷。

10.2.1　身份验证模式

SQL Server 2008 提供了 Windows 身份验证模式和混合身份验证模式，每一种身份验证都有一个不同类型的登录账户。无论采用哪种模式，SQL Server 2008 都需要对用户的访问进行两个阶段的检验：验证阶段和许可确认阶段。

1. Windows 身份验证模式

Windows 身份验证模式是系统默认的身份验证模式，它比混合身份验证模式要安全得多。当数据库仅在内部访问时，使用 Windows 身份验证模式可以获得最佳工作效率。在使用 Windows 身份验证模式时，可以使用 Windows 域中有效的用户和组账户来进行身份验证。在这种模式下，用户不需要独立的 SQL Server 用户账户和密码就可以访问数据库。这对于普通用户来说是非常有益的，因为这意味着域用户不需要记住多个密码。即使用户更新了自己的域密码，也不必更改 SQL Server 2008 的密码。但是，在该模式下，用户仍然要遵从 Windows 安全模式的所有规则，并可以用这种模式去锁定账户、审核登录和迫使用户周期性地更改登录密码。

当用户通过 Windows 账户连接时，SQL Server 使用操作系统中的 Windows 主体标记验证账户名和密码。也就是说，用户身份由 Windows 进行确认。

如图 10—1 所示，本地账户启用 SQL Server Management Studio 窗口时，使用操作系统中的 Windows 主体标记进行连接。

图 10—1　Windows 身份验证

2. 混合身份验证模式

在混合身份验证模式下，可以同时使用 Windows 身份验证和 SQL Server 验证登录。用户可以通过 Windows 账户登录，也可以通过 SQL Server 专用账号登录。使用 SQL Server 验证登录时，在 SQL Server 中创建的登录名并不是基于 Windows 用户账号。所创建的账号和密码都储存在 SQL Server 中，通过混合身份验证模式进行连接的用户每次连接时必须提供其凭据（登录名和密码），SQL Server 验证登录界面如图 10—2 所示。

图 10—2　SQL Server 身份验证

3. 管理身份验证模式

通过前面的学习，大家已经对 SQL Server 2008 的两种身份验证模式有了一定的认识。下面我们将学习在安装 SQL Server 之后，设置和修改服务器身份验证模式的操作方法。在第一次安装 SQL Server 2008 或使用 SQL Server 2008 连接其他服务器的时候，需要指定验证模式。对于已验证模式的 SQL Server 2008 服务器还可以进行修改，具体操作步骤如下：

（1）打开 SQL Server Management Studio，选择一种身份验证模式建立与服务器的连接，在"对象资源管理器"窗口中，用鼠标右键单击当前服务器的名称，选择"属性"命令，打开"服务器属性"对话框。

（2）在"安全性"页面中的"服务器身份验证"下，选择新的服务器身份验证模式，然后单击"确定"按钮，如图 10—3 所示。

图 10—3　设置身份验证模式

（3）重新启动 SQL Server，使设置生效。

10.2.2　服务器角色

数据库角色存在于每个数据库中，在数据库级别提供管理特权分组。管理员可将任何有效的数据库用户添加为固定数据库角色成员。每个成员都获得应用于数据库角色的权限。用户不能增加、修改和删除固定数据库角色。

SQL Server 2008 在数据库级别设置了固定数据库角色来提供最基本的数据库权限的综合管理。在创建数据库时，系统默认创建了八个固定数据库角色，下面分别介绍。

（1）sysadmin：sysadmin 角色的成员可以在服务器上执行任何操作。默认情况下，Windows BUILTIN \ Administrators 组（本地管理员组）的所有成员以及 sa 都是 sysadmin 固定服务器角色的成员。

（2）serveradmin：serveradmin 角色的成员可以更改服务器范围的配置选项和关闭服务器。

（3）securityadmin：securityadmin 角色的成员可以管理登录名及其属性。此角色可以拥有 Grant、Deny 和 Revoke 服务器级别的权限，也可以拥有 Grant、Deny 和 Revoke 数据库级别的权限。此外，它还可以重置 SQL Server 登录名的密码。

（4）processadmin：processadmin 角色的成员可以终止在 SQL Server 2008 实例中运行的进程。

（5）setupadmin：setupadmin 角色的成员可以添加和删除链接服务器。

（6）diskadmin：diskadmin 角色的成员可以运行 BULK INSERT 语句。

（7）dbcreator：dbcreator 固定服务器角色的成员可以创建、更改、删除和还原任何数据库。

（8）public：每个 SQL Server 2008 登录账号都属于 public 服务器角色。如果未向某个登录账号授予特定权限，该用户将继承 public 角色的权限。

这八个服务器角色的权限都是系统预设好了的，不能进行修改。只有 public 角色的权限可以根据需要修改，而且对 public 角色设置的权限，所有的登录账号都会自动继承。查看和设置 public 角色的权限的步骤如下：

1）用鼠标右键单击 public 角色，在弹出的快捷菜单中选择"属性"。

2）在"服务器属性"对话框的"权限"页中，可以查看当前 public 角色的权限并进行修改。

10.2.3　数据库账号管理

在 SQL server 中，无论是 Windows 账户还是 SQL Server 账户，在进入数据库后的其他操作都是一样的。但必须有一个前提，就是对数据库有访问权。SQL Server 2008 通过为登录账号指派数据库用户使其获得对数据库的访问权限。简单地说，就是登录数据库后，管理员必须在数据库中为它创建一个数据库用户账户，然后用数据库用户来访问数据库的权限。

在 SQL Server Management Studio 中创建用户账户，其具体步骤如下：

（1）在对象资源管理器中展开安全性节点，然后用鼠标右键单击"登录名"，在弹出的快捷菜单中选择"新建登录名"。

（2）在"登录名—新建"对话框中，选择"常规"页。

"常规"页中包含的内容如下：

● 登录名：在对应的文本框中输入相应的登录账号名，也可以使用右边的"搜索"按钮打开"选择用户或组"对话框。

● Windows 身份验证：指定该登录账号使用 Windows 账号。

● SQL Server 身份验证：指定该用户登录账号为 SQL Server 专用账号，使用 SQL Server 身份验证。

● 映射到证书：指定该登录账号和某个证书相关联，可以通过文本框输入证书名称。

● 映射到非对称密匙：表示该登录账号与某个非对称密匙相关联，可以在文本框中输入非对称密匙名称。

- 映射到凭据：此选项将凭据链接到登录名。
- 默认数据库：为该登录账号选择默认的数据库。
- 默认语言：为该登录账号选择默认的语言。

（3）在"登录名—新建"对话框中，选择"服务器角色"页。在这个页面上可以将该登录账号添加到某个服务器角色中，使其成为它的成员并拥有该角色的权限。其中，public 角色是自动选中的，不能删除。

 本章小结

本章主要介绍了如下三个方面的内容：

1. SQL Server 2008 登录账户的管理。

（1）掌握 SQL Server 的安全层次。

（2）网络中的主机访问 SQL Server 2008 服务器，要求拥有登录名。

（3）访问 SQL Server 2008 数据库中的表和列要拥有权限。

2. SQL Server 2008 的两种身份验证模式和修改方法。

3. 创建 SQL Server 2008 中的角色及其映射。

习 题

1. 关于登录账户和用户账户，下面说法错误的是（   ）。

A. 登录账户是在服务器级别创建的，用户账户是在数据库级别创建的

B. 用户账户是登录在某个数据库中的映射

C. 用户账户和登录账户必须同名

D. 一个登录账户可以对应多个用户账户

2. 向用户授予操作权限的 SQL 语句是（   ）。

A. CTEATE   B. REVOKE   C. SELECT   D. GRANT

3. SQL Server 2008 采用的身份验证模式有 Windows 身份验证模式和_____模式。

4. _____实体完整性_____用于保证数据库中数据表的每一个特定实体的记录都是唯一的。

第 11 章

综合应用实验

 实验目标

- 巩固训练数据库设计的建模方法；
- 熟练应用 SQL Server 2008 数据库的操作；
- 熟练应用 SQL Server 2008 数据表的操作；
- 熟练应用 SQL Server 2008 数据查询的操作；
- 熟练应用 SQL Server 2008 索引和视图的操作。

 实验任务书

1. 完成系统的整体规划和设计；
2. 在 SQL Server 中完成数据库的创建；
3. 在 SQL Server 中完成数据表的创建，以及记录的插入、删除、修改操作；
4. 在 SQL Server 中完成数据的相关查询操作；
5. 在 SQL Server 中完成索引和视图的设计与创建。

 实验 1 "物流公司管理系统" 综合实验

11..1.1 系统说明

建立一个物流公司管理系统，分为车队管理员、仓储管理员、调度管理员、客户和超

级管理员五部分，要求实现如下功能：

（1）车队管理员。

● 管理车队下辖车辆的信息，包括车辆型号、车牌、车辆的载重量等信息。

● 管理车辆状态，如车辆是否处于可以执行任务、维修、在任务中等状态。

● 管理司机状态，对于被分配任务的车辆，看司机是否可以执行任务。

● 根据调度管理员下达的货运任务安排车辆、司机执行。

（2）仓储管理员。

● 管理仓库的相关信息，如仓库是否空闲、空闲的位置、仓库的类型（比如冷库、危险品库）、状态是否正常。

● 根据调度管理员下达的仓储任务为货物安排仓储。

（3）调度管理员。

● 管理客户提交的货运请求，如所运货物的类型、数量、属性（危险品和易燃易爆品等）、目的地、时间限制等。

● 制订客户货物仓储计划，决定哪些货物在什么时间需要存储、在什么时间，下发给仓库管理员。

● 制订货物的运输计划。

（4）客户。

● 提交订单，包括所运送商品的类型、数量、属性、目的地、时间限制等。

● 查看订单完成情况。

（5）超级管理员。

管理各类用户，完成添加用户、删除用户、修改用户信息等操作。

11.1.2　数据库规划与设计

（1）系统说明为不完整信息题目，需要同学尽可能根据生活中所掌握的知识去采集信息点及分析需求，每题的可扩展空间都很大。

（2）分析系统并做出规划，画出 E-R 图。

（3）设计数据库逻辑模型。

（4）根据概念模型和逻辑模型，分析并设计出数据字典。

11.1.3　数据库及数据表创建

（1）在 SQL Server 中创建数据库，自拟名字，根据实际情况设置参数。

（2）在数据库中创建系统需要的各张数据表，依照数据字典设置数据表名称、字段名称、数据类型、数据长度等。

（3）根据数据库设计方案，设置数据表的主键及外键。

（4）根据数据库设计方案，设置需要的 DEFAULT 约束和 CHECK 约束。

11.1.4　数据记录操作

（1）通过输入方式在各表中添加 1～3 条记录。

（2）通过命令方式在各表中添加 1～3 条记录。

（3）通过命令方式测试修改和删除记录操作。

11.1.5 数据查询操作

在系统实际运行过程中会涉及各种查询，利用数据查询语句完成下列各个操作：

（1）客户下订单后，调度管理员需要安排运送和仓储，因此调度管理员需要随时查询最新的未处理的客户订单。

（2）调度管理员安排运送计划后，车队管理员需要进行以下查询操作：

- 获取最新的未处理的运送计划。
- 根据运送计划要求查询有无可用的车辆。
- 根据可用车辆类型查询有无可用的司机。

（3）调度管理员安排仓储计划后，仓储管理员需要进行以下查询操作：

- 获取最新的未处理的仓储计划。
- 根据仓储计划要求查询可用仓库的具体信息。

（4）客户下单后，查询自己订单的具体情况（包括当前进度、车辆信息、仓库信息等）。

11.1.6 索引及视图操作

（1）根据系统说明的实际应用情景和数据库设计，设计该系统数据库中需要创建的索引，并在 SQL Server 中创建这些索引。

（2）根据系统说明的实际应用情景和数据库设计，设计该系统数据库中需要创建的视图，并在 SQL Server 中创建这些视图。

实验 2 "医院病例管理系统"综合实验

11.2.1 系统说明

建立某医院病例管理系统，系统使用对象是系统管理员、医生和病人，要求完成以下工作：

（1）医生信息管理。

- 系统管理员进行医生的注册、离职等操作。
- 系统管理员负责病房房间的管理，如增加或删除病房，设置病房的最大人数限制等。
- 医院分为不同的科室，每个医生属于不同的科室，病房也属于不同的科室。
- 系统管理员可以修改任何医生的所有信息，如姓名、年龄、职称、科室、管理的病房（每个病房只有一个医生负责，每个医生可以管理多个病房）。

- 医生可以查阅自己的信息并修改其中某些基本信息，如联系方式等。

（2）病人病例和病房管理。

- 医生可以添加新病人，修改或删除已有病人（若已故，则其对应的病例一同删除）的信息。
- 医生可以添加新的病例记录，形成病人治疗日志。病例的录入有提交提示，一经确认，不可以再被修改。
- 病例中要考虑保存照片或图片。
- 医生要安排病人的病房（不得超出病房的人数限制）。
- 管理员可以任意查询所有医生或病人的情况和病例。
- 管理员可以统计任意医生的病人或者任意病人的病例。
- 医生可以任意查询自己负责的病人情况和病例，统计其负责病人的病例。
- 病人只能查看自己的基本信息和病例信息。

11.2.2　数据库规划与设计

（1）系统说明为不完整信息题目，需要同学尽可能根据生活中所掌握的知识去采集信息点及分析需求，每题的可扩展空间都很大。

（2）分析系统并做出规划，画出 E-R 图。

（3）设计数据库逻辑模型。

（4）根据概念模型和逻辑模型，分析并设计出数据字典。

11.2.3　数据库及数据表创建

（1）在 SQL Server 中创建数据库，自拟名字，根据实际情况设置参数。

（2）在数据库中创建系统需要的各张数据表，依照数据字典设置数据表名称、字段名称、数据类型、数据长度等。

（3）根据数据库设计方案，设置数据表的主键及外键。

（4）根据数据库设计方案，设置需要的 DEFAULT 约束和 CHECK 约束。

11.2.4　数据记录操作

（1）通过输入方式在各表中添加 1～3 条记录。

（2）通过命令方式在各表中添加 1～3 条记录。

（3）通过命令方式测试修改和删除记录操作。

11.2.5　数据查询操作

在系统实际运行过程中会涉及各种查询，利用数据查询语句完成下列各个操作：

（1）系统管理员的查询操作。

- 查询某医生的基本信息及管理的病房号。
- 查询某科室医生的基本信息。
- 查询某病房的基本信息及管理医生的基本信息。
- 统计某月医生负责的平均病例数。

● 统计某月病例最多和最少的医生。

（2）医生查询操作。

● 查询自己管理的病房中可安排的病房的基本信息。

● 查询某病人的某个月的病例信息，按时间排序。

（3）病人查询自己的基本信息和病例信息。

11.2.6　索引及视图操作

（1）根据系统说明的实际应用情景和数据库设计，设计该系统数据库中需要创建的索引，并在 SQL Server 中创建这些索引。

（2）根据系统说明的实际应用情景和数据库设计，设计该系统数据库中需要创建的视图，并在 SQL Server 中创建这些视图。

实验 3　"商品销售管理系统"综合实验

11.3.1　系统说明

建立一个商品销售管理系统，其管理系统设计要求包括供应商管理、商品和库存管理和顾客管理三部分。面向的用户分为商店店员和顾客。

（1）供应商管理。

● 供应商的增加，基本信息的修改和删除，包括供应商的名称、资质、地址、联系方式、法人代表、开户行等信息。

● 商品信息，如商品名称、单位、进价、产地等。

● 进货订单管理，进货订单的生成、修改、撤销和执行确认（一旦执行确认后就不可以再修改和撤销）。

● 按年、月统计订货量。

（2）商品和库存管理。

● 由商店店员进行管理。

● 新商品的增加，现有商品的信息修改和删除。

● 商品价格管理，进货价格、售货价格、顾客折扣等信息的管理。

● 商品销售情况查询（按商品或顾客）。

● 商品库存量的查询。

● 按年、月统计商品销售总量、营业额、利润等指标。

（3）顾客管理。

● 由商店店员对顾客信息进行管理，如增加和修改顾客信息。

- 顾客折扣的管理，如顾客购买的商品到达一定额度可给予一定的折扣。
- 由商店店员进行销售订单管理，包括销售订单的生成、修改、撤销和执行确认（一旦执行确认后就不可以再修改和撤销）。
- 顾客可以查询商品信息，可以在网上订购商品。

11.3.2　数据库规划与设计

（1）系统说明为不完整信息题目，需要同学尽可能根据生活中所掌握的知识去采集信息点及分析需求，每题的可扩展空间都很大。

（2）分析系统并做出规划，画出 E-R 图。

（3）设计数据库逻辑模型。

（4）根据概念模型和逻辑模型，分析并设计出数据字典。

11.3.3　数据库及数据表创建

（1）在 SQL Server 中创建数据库，自拟名字，根据实际情况设置参数。

（2）在数据库中创建系统需要的各张数据表，依照数据字典设置数据表名称、字段名称、数据类型、数据长度等。

（3）根据数据库设计方案，设置数据表的主键及外键。

（4）根据数据库设计方案，设置需要的 DEFAULT 约束和 CHECK 约束。

11.3.4　数据记录操作

（1）通过输入方式在各表中添加 1～3 条记录。

（2）通过命令方式在各表中添加 1～3 条记录。

（3）通过命令方式测试修改和删除记录操作。

11.3.5　数据查询操作

在系统实际运行过程中会涉及各种查询，利用数据查询语句完成下列各个操作：

（1）店员查询操作。

- 查询某商品的供应商信息。
- 查询某供应商提供的商品信息。
- 查询某月的进货单记录，按时间排序。
- 统计某商品某月的订货量。
- 统计某商品某年某月的平均订货量。
- 查询某商品的某月销售记录。
- 统计某顾客某年购买的总金额。
- 统计某月的总营业额和利润。

（2）顾客查询操作。

- 查询自己的基本信息和折扣信息。
- 查询自己某月的购买记录。
- 根据分类和模糊商品名查询商品信息，按分类排序。

11.3.6　索引及视图操作

（1）根据系统说明的实际应用情景和数据库设计，设计该系统数据库中需要创建的索引，并在 SQL Server 中创建这些索引。

（2）根据系统说明的实际应用情景和数据库设计，设计该系统数据库中需要创建的视图，并在 SQL Server 中创建这些视图。

附录 A

样本数据库 Student 表结构

样本数据库 Student 中的 Student 表如附表 1 所示。

附表 1   Student

列名	数据类型	允许 NULL 值	约束
Sid	char（10）		主键
SName	nvarchar（4）		
Sex	nchar（10）	☑	检查约束：范围男—女
Birthday	datetime	☑	
Department	varchar（50）	☑	默认值：计算机学院

样本数据库 Student 中的 Course 表如附表 2 所示。

附表 2   Course

列名	数据类型	允许 NULL 值	约束
Cid	char（10）		主键
Cname	nvarchar（30）		
Period	tinyint	☑	
Term	int	☑	检查约束：范围 1～8

样本数据库 Student 中的 SC 表如附表 3 所示。

附表 3   SC

列名	数据类型	允许 NULL 值	约束
Sid	char（10）		组合主键，外键：引用 Student（Sid）
Cid	char（10）		组合主键，外键：引用 Course（Cid）
Grade	float	☑	检查约束：范围＞0

样本数据库 Student 数据

样本数据库 Student 中的 Student 表数据如附图 1 所示。

	Sid	SName	Sex	birthday	Department
▸	2102025	邱杰	男	1995-03-01 00:00:00.000	计算机学院
	2012102026	杨舒琪	女	1996-05-03 00:00:00.000	计算机学院
	2013101052	龙文刚	男	1993-11-01 00:00:00.000	外国语学院
	2013101056	李伟	男	1993-02-01 00:00:00.000	外国语学院
	2013101059	李巧梅	女	1993-11-22 00:00:00.000	经济与管理学院
	2013101066	王婷	女	1995-05-03 00:00:00.000	经济与管理学院
	2013101086	姚永燕	女	*NULL*	国际商学院
	2013101087	李燕辉	男	*NULL*	国际商学院
	2013101088	刘怡	女	1996-02-01 00:00:00.000	经济与管理学院
	2013101089	刘东	男	*NULL*	经济与管理学院
	2013101095	赵燕子	女	1994-03-05 00:00:00.000	经济与管理学院
	2013102027	刘康	男	1995-04-21 00:00:00.000	计算机学院
	2013102028	王安康	男	1995-03-01 00:00:00.000	计算机学院
	2013102029	刘海	女	1994-07-22 00:00:00.000	通信工程学院
	2013102030	黄良	男	1995-12-12 00:00:00.000	通信工程学院
	2013102031	黄鑫	女	1993-09-01 00:00:00.000	通信工程学院
	2013102032	王鑫	男	1995-02-01 00:00:00.000	外国语学院

附图 1　Student 表数据

样本数据库 Student 中的 Course 表数据如附图 2 所示。

Cid	Cname	Period	Term
C001	电子商务基础	3	1
C002	计算机文化基础	5	1
C003	JAVA	4	2
C004	数据库原理与应用	5	6
C005	商务英语	3	3
C006	ORACLE	3	4

附图 2　Course 表数据

样本数据库 Student 中的 SC 表数据如附图 3 所示。

Sid	Cid	grade
2012102025	C001	50
2012102026	C002	90
2013101052	C001	89
2013101052	C003	78
2013101059	C001	70
2013101059	C002	89
2013101059	C005	83
2013101086	C001	30
2013101086	C002	*NULL*
2013101086	C003	*NULL*

附图 3　SC 表数据

参考文献

［1］刘金岭，冯万利. 数据库系统及应用教程. 北京：清华大学出版社，2013.

［2］何玉洁，梁琦. 数据库原理与应用（第2版）. 北京：机械工业出版社，2011.

［3］王珊，萨师煊. 数据库系统概论（第4版）. 北京：高等教育出版社，2006.

［4］王能斌. 数据库系统教程（上册）（第2版）. 北京：电子工业出版社，2008.

［5］邵超，张斌，张巧荣. 数据库实用教程 SQL Server 2008. 北京：清华大学出版社，2009.

［6］何玉洁. 数据库原理与应用教程（第3版）. 北京：机械工业出版社，2013.

［7］张蒲生. 数据库应用技术 SQL Server 2005（基础篇）. 北京：机械工业出版社，2008.

［8］李红. 数据库原理与应用（第2版）. 北京：高等教育出版社，2007.

［9］张冬玲. 数据库实用技术 SQL Server 2008. 北京：清华大学出版社，2012.

［10］［英］C. J. Date. 数据库系统导论（第5版）. 孟小峰，等，译. 北京：机械工业出版社，2007.